水下攻防装备技术丛书

助飞鱼雷总体技术
Rocket-Assisted Torpedo Overall Technology

主　编　王　中
副主编　石小龙　李建芬

国防工业出版社
·北京·

图书在版编目(CIP)数据

助飞鱼雷总体技术／王中主编. —北京：国防工业出版社，2023.2
ISBN 978-7-118-12617-4

Ⅰ.①助… Ⅱ.①王… Ⅲ.①鱼雷—总体设计—高等学校—教材 Ⅳ.①TJ630.2

中国国家版本馆 CIP 数据核字(2023)第 020855 号

※

国防工业出版社出版发行
(北京市海淀区紫竹院南路 23 号　邮政编码 100048)
三河市腾飞印务有限公司印刷
新华书店经售

*

开本 710×1000　1/16　印张 23　字数 390 千字
2023 年 2 月第 1 版第 1 次印刷　印数 1—2000 册　定价 138.00 元

(本书如有印装错误，我社负责调换)

国防书店：(010)88540777　　书店传真：(010)88540776
发行业务：(010)88540717　　发行传真：(010)88540762

致 读 者

本书由中央军委装备发展部**国防科技图书出版基金**资助出版。

为了促进国防科技和武器装备发展，加强社会主义物质文明和精神文明建设，培养优秀科技人才，确保国防科技优秀图书的出版，原国防科工委于1988年初决定每年拨出专款，设立国防科技图书出版基金，成立评审委员会，扶持、审定出版国防科技优秀图书。这是一项具有深远意义的创举。

国防科技图书出版基金资助的对象是：

1. 在国防科学技术领域中，学术水平高，内容有创见，在学科上居领先地位的基础科学理论图书；在工程技术理论方面有突破的应用科学专著。

2. 学术思想新颖，内容具体、实用，对国防科技和武器装备发展具有较大推动作用的专著；密切结合国防现代化和武器装备现代化需要的高新技术内容的专著。

3. 有重要发展前景和有重大开拓使用价值，密切结合国防现代化和武器装备现代化需要的新工艺、新材料内容的专著。

4. 填补目前我国科技领域空白并具有军事应用前景的薄弱学科和边缘学科的科技图书。

国防科技图书出版基金评审委员会在中央军委装备发展部的领导下开展工作，负责掌握出版基金的使用方向，评审受理的图书选题，决定资助的图书选题和资助金额，以及决定中断或取消资助等。经评审给予资助的图书，由国防工业出版社出版发行。

国防科技和武器装备发展已经取得了举世瞩目的成就，国防科技图书承担着记载和弘扬这些成就，积累和传播科技知识的使命。开展好评审工作，使有限的基金发挥出巨大的效能，需要不断摸索、认真总结和及时改进，更需要国防科技和武器装备建设战线广大科技工作者、专家、教授，以及社会各界朋友的热情支持。

让我们携起手来，为祖国昌盛、科技腾飞、出版繁荣而共同奋斗！

国防科技图书出版基金
评审委员会

国防科技图书出版基金
2020 年度评审委员会组成人员

主 任 委 员	吴有生
副 主 任 委 员	郝 刚
秘 书 长	郝 刚
副 秘 书 长	刘 华

委　　员　于登云　王清贤　甘晓华　邢海鹰
（按姓氏笔画排序）
　　　　　巩水利　刘　宏　孙秀冬　芮筱亭
　　　　　杨　伟　杨德森　吴宏鑫　肖志力
　　　　　初军田　张良培　陆　军　陈小前
　　　　　赵万生　赵凤起　郭志强　唐志共
　　　　　康　锐　韩祖南　魏炳波

"水下攻防装备技术丛书"编委会

顾　　　问	徐德民	董春鹏	邱志明	杨德森	徐　青
主任委员	王　中				
副主任委员	宋保维	沈亚东	许西安	史小锋	杨云川
委　　　员 （排名不分先后）	何心怡	笪良龙	张静远	贾　跃	乔　钢
	潘　光	党建军	刘占生	翁春生	白博峰
	许波建	尤　力	陈　勇	颜　开	杨　晔
	佘湖清	杜拴平	杜选民	夏春艳	舒晓苈
	李建辰	尹韶平	郝保安	杨春武	段　浩
	李德林	陈彦勇			
办　公　室	赵京丽	刘孟秦	迪玉茹		

序

　　世纪之交，水中兵器界的专家学者们在国防科技图书出版基金评审委员会和国防工业出版社的支持下，编写了"水中兵器技术丛书"，总结凝练了过往几十年水中兵器事业科研理论成果和实践经验，中国船舶集团有限公司第七〇五研究所主编并连续出版了《鱼雷总体技术》《鱼雷定位技术》《鱼雷减振降噪技术》《鱼雷发射技术》等共 10 册，为促进水中兵器行业技术进步和武器装备发展，培养新一代科技人才发挥了重要作用。

　　作为我国海军主战装备建设的中坚力量，近 20 年来，水中兵器界科研工作者，在创新发展的洪流中，奋勇争先，砥砺前行，埋头苦干，攻坚克难，突破一道道技术难关，完成一项项重大工程，已走出"研仿""跟随"的旧研发模式，全面步入自主创新发展的新阶段，正朝着国际"并跑""领跑"道路迈进。科研实践中，又取得了一批原创性强、学术水平高、国防特色鲜明、高层次科研自主创新成果，积累了丰富的工程实践经验，同时也培养出了一批科研、教学、生产、试验及服务的高水平创新型人才。

　　为进一步完善和充实水中兵器理论基础和实践知识体系，注入新时期的科技内涵，凝练和总结近 20 年来的研究成果和工程经验，中国船舶集团有限公司第七〇五研究所牵头，联合行业相关单位，提出编撰"水下攻防装备技术丛书"的想法，并得到业界的热烈响应。本系列丛书包含《水下航行器线导通信技术》《鱼雷导航与控制技术》《助飞鱼雷总体技术》《水下无人航行器技术》《鱼雷能源与动力技术》《鱼雷防御技术》《鱼雷通用质量特性技术》等分册，由水下攻防装备建设战线有突出贡献、知名度高的专家、学科带头人主编。丛书密切结合国防现代化和武器装备现代化需要,坚持理论与实践相结合,以工程技术人员、大学高年级学生和研究生为读者对象,具有较强的理论指导和工程实践参考价值,对于推动水中兵器行业自主创新发展,助力科技人才的培养有着极强的现实意义,也将为水中兵器事业承上启下、接续奋斗、开创未来发挥不可替代的作用。

丛书编撰一如继往得到各领导机关重视和行业各单位的支持,得到国防科技图书出版基金评审委员会和国防工业出版社的鼎力资助和支持,得到丛书编委会的精心指导,在此向上述各单位、领导和专家们致以诚挚谢意!也希望中国船舶集团有限公司第七〇五研究所以此为新的契机,携手水中兵器行业各单位和专家学者们,踔厉风发,赓续前行,开创更加辉煌的未来。

2022 年 8 月 1 日

前 言

随着世界各国国防科技水平的进步,针对不同的作战需求,传统鱼雷逐步发展成重型鱼雷、轻型鱼雷、助飞鱼雷、反鱼雷鱼雷、超空泡鱼雷等分支,鱼雷的外延得到很大扩展。

助飞鱼雷是由携载平台在发现目标后发射,空中助飞到达预定海域入水,自动搜索、跟踪和攻击潜艇或水面舰艇的一种跨介质鱼雷武器。其利用空中飞行阻力小的优势弥补了传统鱼雷水下航速航程的不足,同时保留了鱼雷水下作战的隐蔽性,具有射程远、接敌速度快、突击性强、命中概率高、全天候作战等特点。美国、俄罗斯、法国、意大利等世界传统海军强国均装备了助飞鱼雷。

助飞鱼雷是鱼雷和导弹两种武器相结合而形成的跨学科、创新型武器,其总体设计既兼容了常规鱼雷、导弹总体设计相关内容,又具有自身的特性。同传统鱼雷、导弹一样,其总体设计需要按照全雷战术技术指标要求,综合运用多学科优化、仿真、试验等技术进行结构气动布局、电气设计、力学设计、控制设计、动力设计等,力求在满足全雷战术技术指标的前提下,实现全雷综合性能指标最优、费用最低、研制周期最短;其独特性在于,助飞鱼雷总体设计需要考虑空中飞行与水下航行的接续性、匹配性,对多级分离、稳定减速、降载及与之匹配的控制、弹道、测试系统设计要统筹考虑,从而产生了新的技术需求。

全书共分 12 章,第 1 章介绍助飞鱼雷的作用、组成、分类及特点,助飞鱼雷的发展情况;第 2 章介绍助飞鱼雷总体设计的方法、流程及关键分系统方案选择的思路;第 3 章介绍气动布局设计及试验方法;第 4 章介绍弹道设计方法,包括飞行弹道、雷伞弹道等;第 5 章介绍结构特性分析及验证;第 6 章介绍分离技术,包括级间分离、雷箭分离等;第 7 章介绍稳定减速设计及试验技术;第 8 章介绍入水缓冲技术;第 9 章介绍内测、遥测技术;第 10 章介绍试验规划及全雷级试验方法;第 11 章介绍气候环境、力学环境适应性设计方法;第 12 章介绍助飞鱼雷作战使用，包括发射控制技术、射击方法以及效能评估。

在中国造船工程学会水中兵器学术委员会组织下，中国船舶集团有限公司第七〇五研究所承担了《助飞鱼雷总体技术》的编著任务，研究所领导非常重视本书的编写工作，研究所科学技术委员会、科研计划部及有关研究部室给予了大力支持，保证了本书的编写进度与质量。

本书主要作者有王中、石小龙、李建芬、王鹏、王岩松、秦晓辉、叶剑鸿、蔡卫军、刘孟秦、高山、卞敏华、徐新栋、刘旭晖、王雪峰、白治宁、陆璋丽、苏萌、舒航、郭君、李云、王升、王改娣，全书统稿修改工作由王中完成。

本书的出版得到了"水下攻防装备技术丛书"编委会、中国船舶集团公司、第七〇五研究所等有关单位领导和专家的关心和支持；邱志明、宋保维对书稿的相关内容进行了审查，提出了很多宝贵的意见；在编写过程中，第七〇五研究所赵京丽、项庆睿以及冯鹏辉给予了很多帮助，在此表示衷心的感谢！作者在撰写过程中参阅了许多参考文献，谨向原著者表示谢意。

本书可供从事助飞鱼雷设计的科研人员，以及在此领域内从事生产、试验和使用的技术人员使用，也可供高等学校有关专业的师生参考。

由于作者大多从事工程设计工作，理论水平有限，书中疏漏和不妥之处在所难免，殷切希望得到宝贵的批评和指正。

目 录

第1章 绪论 ·· 1
  1.1 助飞鱼雷的地位和作用 ··· 1
  1.2 助飞鱼雷的组成、分类及技术特点 ····································· 2
    1.2.1 组成 ·· 2
    1.2.2 分类 ·· 3
    1.2.3 主要技术特点 ·· 4
  1.3 国外典型助飞鱼雷 ··· 5
    1.3.1 美国的"阿斯洛克"助飞鱼雷 ······································· 5
    1.3.2 美国的 VLA-ER 助飞鱼雷 ·· 5
    1.3.3 法意的"米拉斯"助飞鱼雷 ··· 6
    1.3.4 俄罗斯的"瀑布"助飞鱼雷 ··· 7
    1.3.5 美国的"海长矛"助飞鱼雷 ··· 9
  1.4 助飞鱼雷发展趋势 ·· 10
    1.4.1 发射平台和发射方式多样化 ······································· 10
    1.4.2 攻击目标类型通用化 ·· 10
    1.4.3 多雷协同攻击网络化 ·· 11
    1.4.4 空中助飞距离远程化 ·· 11
    1.4.5 助飞鱼雷体积小型化 ·· 11
  参考文献 ·· 11

第2章 助飞鱼雷总体设计 ·· 12
  2.1 助飞鱼雷总体设计内容及流程 ·· 12
    2.1.1 总体设计的原则 ··· 12
    2.1.2 总体设计流程 ··· 14
    2.1.3 总体设计基本内容 ··· 14
    2.1.4 总体设计注意的问题 ·· 17

2.2 气动外形 ··· 18
2.2.1 设计要求 ··· 18
2.2.2 气动布局形式 ·· 20
2.3 结构布局 ··· 22
2.3.1 设计要求 ··· 22
2.3.2 结构布局影响因素 ··· 25
2.4 分离设计要求 ··· 26
2.4.1 助飞鱼雷分离方式 ··· 26
2.4.2 分离设计要求 ··· 27
2.5 运载方案 ··· 28
2.5.1 运载器工作原理 ··· 28
2.5.2 飞航式运载器 ··· 29
2.5.3 弹道式运载器 ··· 34
2.5.4 运载方案选择方法 ··· 37
2.6 发射箱(筒)方案 ··· 40
2.6.1 发射箱(筒)设计要求 ··· 40
2.6.2 发射箱分类及工作原理 ··· 42
2.6.3 同心发射筒设计 ··· 42
2.7 电气布局及信息综合设计 ··· 47
2.7.1 全雷电气系统设计 ··· 47
2.7.2 电气信息设计 ··· 52
2.7.3 电磁兼容性设计 ··· 54
2.8 全雷工作流程设计 ··· 56
2.8.1 发射前准备 ··· 56
2.8.2 发射和出箱 ··· 57
2.8.3 助飞飞行 ··· 57
2.8.4 雷箭分离 ··· 58
2.8.5 雷伞段 ··· 58
2.8.6 入水 ··· 59
2.8.7 战斗载荷水下作战 ··· 59
2.9 助飞鱼雷发射方式及舰载需求 ··· 59
2.9.1 助飞鱼雷发射方式及要求 ··· 59
2.9.2 垂直发射 ··· 60
2.9.3 倾斜发射 ··· 60

  2.9.4　舰载发射对助飞鱼雷设计需求 ………………………………… 60
 参考文献 …………………………………………………………………… 61

第3章　气动布局设计及试验 ………………………………………………… 62

 3.1　外形设计 ………………………………………………………………… 62
  3.1.1　气动布局选择 ……………………………………………… 62
  3.1.2　头段外形设计 ……………………………………………… 65
  3.1.3　尾段外形设计 ……………………………………………… 66
  3.1.4　主翼外形及参数选择 ……………………………………… 68
  3.1.5　尾舵设计 …………………………………………………… 75
 3.2　动态特性分析 …………………………………………………………… 75
  3.2.1　干扰力和干扰力矩 ………………………………………… 75
  3.2.2　稳定性和操纵性 …………………………………………… 76
 3.3　气动特性计算 …………………………………………………………… 79
  3.3.1　升阻力特性 ………………………………………………… 79
  3.3.2　气动热影响分析 …………………………………………… 82
 3.4　风洞试验及数据处理分析 ……………………………………………… 84
  3.4.1　全尺寸模型气动特性试验 ………………………………… 85
  3.4.2　多体干扰与分离试验 ……………………………………… 86
  3.4.3　风洞虚拟飞行试验 ………………………………………… 88
 参考文献 …………………………………………………………………… 89

第4章　空中弹道设计 …………………………………………………………… 90

 4.1　助飞弹道设计 …………………………………………………………… 90
  4.1.1　助飞弹道设计一般要求 …………………………………… 90
  4.1.2　助飞弹道设计方法 ………………………………………… 91
  4.1.3　助飞弹道分析 ……………………………………………… 94
 4.2　雷伞弹道设计 …………………………………………………………… 100
  4.2.1　雷伞弹道设计一般要求 …………………………………… 100
  4.2.2　雷伞弹道设计方法 ………………………………………… 101
  4.2.3　雷伞弹道分析 ……………………………………………… 103
  4.2.4　试验数据处理 ……………………………………………… 115
 4.3　全雷精度分析 …………………………………………………………… 120
  4.3.1　发射平台位置精度 ………………………………………… 120

  4.3.2 助飞段导航精度 ·· 121
  4.3.3 雷伞段飞行精度 ·· 122
  4.3.4 全雷精度 ·· 122
 参考文献 ··· 123

第5章 结构特性分析及验证 ·· 124

 5.1 使用载荷分析 ·· 124
  5.1.1 助飞鱼雷载荷特点 ·· 124
  5.1.2 与载荷相关的承载结构 ·· 126
  5.1.3 静态载荷 ·· 126
  5.1.4 动态载荷 ·· 129
  5.1.5 计算对象选择 ·· 131
 5.2 强度和稳定性计算及试验验证 ·· 131
  5.2.1 强度与稳定性分析的基本理论 ······································· 131
  5.2.2 强度与稳定性计算模型的建立与求解 ····················· 133
  5.2.3 强度及稳定性试验 ·· 137
 5.3 模态计算及试验验证 ·· 140
  5.3.1 模态计算的基本理论 ·· 140
  5.3.2 模态计算模型建立与求解 ·· 141
  5.3.3 模态试验 ·· 144
 5.4 冲击响应计算及试验验证 ·· 148
  5.4.1 基于有限元动力学的冲击响应数值计算方法 ········· 148
  5.4.2 冲击计算模型的建立与求解 ·· 149
  5.4.3 冲击试验方法 ·· 155
 参考文献 ··· 155

第6章 分离技术 ·· 157

 6.1 级间分离 ·· 157
  6.1.1 级间分离方法 ·· 157
  6.1.2 级间分离设计原则 ·· 159
  6.1.3 级间分离结构形式 ·· 159
 6.2 雷箭分离 ·· 163
  6.2.1 雷箭分离方法 ·· 163
  6.2.2 分离系统设计原则 ·· 165

  6.2.3 分离系统接口设计原则 …… 166
  6.2.4 分离系统设计流程 …… 167
 6.3 分离计算方法 …… 173
  6.3.1 级间分离数值计算 …… 173
  6.3.2 雷箭分离计算 …… 176
 6.4 分离试验技术 …… 188
  6.4.1 单项功能性试验 …… 188
  6.4.2 整体功能性模拟试验 …… 190
 参考文献 …… 191

第7章 稳定减速技术 …… 192

 7.1 鱼雷稳定减速技术的发展 …… 192
 7.2 助飞鱼雷稳定减速装置的功能与组成 …… 193
 7.3 降落伞设计技术 …… 194
  7.3.1 降落伞的用途 …… 194
  7.3.2 鱼雷用降落伞设计准则 …… 194
  7.3.3 鱼雷用降落伞及其特点 …… 194
  7.3.4 降落伞主要设计参数影响 …… 198
 7.4 稳定减速装置开伞技术 …… 199
  7.4.1 开伞延时时间设计 …… 199
  7.4.2 延时开伞机构设计 …… 200
  7.4.3 开伞方式设计 …… 200
  7.4.4 开伞过程动载控制 …… 201
 7.5 雷伞连接与分离技术 …… 202
 7.6 雷伞系统稳定性设计技术 …… 204
  7.6.1 雷伞系统稳定性分析 …… 204
  7.6.2 降落伞拉直充气段稳定性设计 …… 205
  7.6.3 降落伞充满气后的雷伞段稳定性设计 …… 207
  7.6.4 雷伞系统稳定性影响因素综合分析 …… 207
 7.7 稳定减速装置试验技术 …… 208
  7.7.1 各组成部分功能性试验 …… 208
  7.7.2 稳定减速装置整体时序及功能性试验 …… 211
 参考文献 …… 213

第8章 入水缓冲技术 ······ 214

8.1 入水载荷分析 ······ 214
- 8.1.1 入水过程分析 ······ 214
- 8.1.2 撞水载荷 ······ 215
- 8.1.3 侵水载荷 ······ 218

8.2 入水缓冲及限载机理 ······ 223

8.3 缓冲头帽设计 ······ 226
- 8.3.1 主要工作环境 ······ 226
- 8.3.2 设计分析 ······ 227
- 8.3.3 典型入水缓冲头帽 ······ 229

8.4 缓冲头帽试验技术 ······ 232

参考文献 ······ 236

第9章 内遥测技术 ······ 237

9.1 内遥测的概念及组成 ······ 237

9.2 传感技术 ······ 239
- 9.2.1 测试传感器分类 ······ 240
- 9.2.2 测试传感器选择 ······ 243

9.3 接口及信号调理技术 ······ 245
- 9.3.1 模拟量调理 ······ 246
- 9.3.2 数字信号接口技术 ······ 246

9.4 信号采集与存储技术 ······ 248
- 9.4.1 信号采集技术 ······ 249
- 9.4.2 编码技术 ······ 249
- 9.4.3 数据存储与回放技术 ······ 251

9.5 自主式弹道测量技术 ······ 252
- 9.5.1 惯性测量技术 ······ 252
- 9.5.2 陀螺仪技术 ······ 253
- 9.5.3 加速度计技术 ······ 255
- 9.5.4 微型敏感器件 ······ 255
- 9.5.5 惯性器件误差补偿模型 ······ 255
- 9.5.6 惯性测量装置标定技术 ······ 257
- 9.5.7 初始对准 ······ 258

  9.5.8 姿态更新算法 ······ 260
  9.5.9 卫星定位测量技术 ······ 261
 9.6 遥测数据传输技术 ······ 263
  9.6.1 遥测数据编码 ······ 264
  9.6.2 调制解调体制 ······ 264
  9.6.3 遥测发射装置 ······ 268
  9.6.4 遥测接收装置 ······ 272
 参考文献 ······ 275

第10章 试验技术 ······ 277

 10.1 试验类别 ······ 277
 10.2 陆上试验 ······ 279
  10.2.1 全雷风洞试验 ······ 279
  10.2.2 全雷与反潜武器系统匹配试验 ······ 280
  10.2.3 全雷模态试验 ······ 280
  10.2.4 全雷强刚度试验 ······ 281
  10.2.5 全雷功能振动试验 ······ 282
  10.2.6 全雷惯导初始对准试验 ······ 282
  10.2.7 全雷电气匹配试验 ······ 283
  10.2.8 全雷火工品点爆试验 ······ 284
  10.2.9 全雷运输试验 ······ 284
  10.2.10 全雷颠震试验 ······ 285
  10.2.11 雷筒匹配发射试验 ······ 286
  10.2.12 全雷电磁兼容性试验 ······ 287
  10.2.13 环境适应性试验 ······ 288
  10.2.14 战雷跌落试验 ······ 290
  10.2.15 软件测试及测评 ······ 290
  10.2.16 陆上飞行试验 ······ 291
 10.3 实航试验 ······ 291
  10.3.1 试验目的 ······ 291
  10.3.2 试验方法 ······ 291
  10.3.3 试验保障条件 ······ 292
 10.4 试验结果分析及评定 ······ 292
  10.4.1 试验结果分析 ······ 292

10.4.2　试验结果评定……294

　参考文献……295

第11章　环境适应性设计……296

　11.1　任务环境剖面……296

　11.2　环境因素及影响分析……298

　11.3　环境适应性设计……303

　　　11.3.1　环境适应性设计基本原则……303

　　　11.3.2　气候环境适应性设计……303

　11.4　环境试验……308

　　　11.4.1　环境试验条件……308

　　　11.4.2　助飞鱼雷环境试验……309

　　　11.4.3　环境试验产品状态……317

　参考文献……318

第12章　助飞鱼雷作战使用方法……319

　12.1　发射控制技术……319

　　　12.1.1　发射控制的基本任务……319

　　　12.1.2　发射控制原理……322

　　　12.1.3　发射控制系统组成及功能……323

　　　12.1.4　发射控制流程设计方法……324

　12.2　射击方法……325

　　　12.2.1　现在点射击……326

　　　12.2.2　前置点射击……327

　　　12.2.3　指令修正射击……329

　12.3　作战效能评估……332

　　　12.3.1　助飞鱼雷作战流程……332

　　　12.3.2　效能评估……333

　　　12.3.3　仿真方法……334

　　　12.3.4　结果分析……336

　参考文献……337

Contents

Chapter 1 Introduction ··· 1

1.1 Role and function of rocket-assisted torpedo ··· 1
1.2 Composition, classification, and technical characteristics of rocket-assisted torpedo ··· 2
    1.2.1 Composition of rocket-assisted torpedo ··· 2
    1.2.2 Classification of rocket-assisted torpedo ··· 3
    1.2.3 Main technical characteristics of rocket-assisted torpedo ··· 4
1.3 Representative rocket-assisted torpedoes abroad ··· 5
    1.3.1 "ASROC" developed by United States ··· 5
    1.3.2 "VLA-ER" developed by United States ··· 5
    1.3.3 "MILAS" developed by France and Itlay ··· 6
    1.3.4 "Waterfall" developed by Russia ··· 7
    1.3.5 "Sea Lance" developed by United States ··· 9
1.4 Development trends of rocket-assisted torpedoes ··· 10
    1.4.1 Diversification of launch platforms and modes ··· 10
    1.4.2 Universalization of target types ··· 10
    1.4.3 Networking of multi-torpedo cooperative attack ··· 11
    1.4.4 Long rocket range ··· 11
    1.4.5 Miniaturization ··· 11
References ··· 11

Chapter 2 Rocket-assisted torpedo overall design ··· 12

2.1 Overall design content and process ··· 12
    2.1.1 Overall design principle ··· 12
    2.1.2 Overall design process ··· 14
    2.1.3 Basic content of overall design ··· 14

		2.1.4	Overall design considerations	17
2.2	Aerodynamic configuration			18
	2.2.1	Design requirements		18
	2.2.2	Forms of aerodynamic configuration		20
2.3	Structural layout			22
	2.3.1	Design requirements		22
	2.3.2	Influencing factors of structural layout		25
2.4	Separation design requirement			26
	2.4.1	Separation methods		26
	2.4.2	Separation design requirements		27
2.5	Launch vehicle scheme			28
	2.5.1	Working principles of launch vehicles		28
	2.5.2	Cruise vehicle		29
	2.5.3	Ballistic vehicle		34
	2.5.4	Selection method of launch vehicle schemes		37
2.6	Launch canister scheme			40
	2.6.1	Design requirements		40
	2.6.2	Classification and working principle		42
	2.6.3	Design of concentric launch canister		42
2.7	Comprehensive design of electrical configuration and information			47
	2.7.1	Electrical system design		47
	2.7.2	Electrical information design		52
	2.7.3	Electromagnetic compatibility design		54
2.8	Workflow design			56
	2.8.1	Pre-launch preparation		56
	2.8.2	Launching and exiting from canister		57
	2.8.3	Rocket-assisted flight		57
	2.8.4	Torpedo-rocket separation		58
	2.8.5	Torpedo-parachute phase		58
	2.8.6	Water entry		59
	2.8.7	Undersea operation of torpedo		59
2.9	Launch modes of rocket-assisted torpedo and Design requirements			59
	2.9.1	Launch modes and requirements		59
	2.9.2	Vertical launch		60

	2.9.3	Oblique launch ········· 60
	2.9.4	Design requirements of rocket-assisted torpedo for shipboard launch ········· 60
References ········· 61		

Chapter 3 Design and test of aerodynamic configuration ········· 62

3.1	Configuration design ········· 62	
	3.1.1	Aerodynamic configuration selection ········· 62
	3.1.2	Configuration design of head section ········· 65
	3.1.3	Configuration design of tail section ········· 66
	3.1.4	Selection of main wing configurations and parameters ········· 68
	3.1.5	Configuration design of tail rudder ········· 75
3.2	Dynamic characteristic analysis ········· 75	
	3.2.1	Disturbing force and torque ········· 75
	3.2.2	Stability and controllability ········· 76
3.3	Calculation of aerodynamic characteristics ········· 79	
	3.3.1	Lift and drag characteristics ········· 79
	3.3.2	Aerothermal analysis ········· 82
3.4	Wind tunnel test and data processing analysis ········· 84	
	3.4.1	Aerodynamic characteristics test of full-scale model ········· 85
	3.4.2	Multi-body interference and separation test ········· 86
	3.4.3	Wind tunnel based virtual flight test ········· 88
References ········· 89		

Chapter 4 Trajectory design ········· 90

4.1	Trajectory design of rocket-assisted phase ········· 90	
	4.1.1	General requirements ········· 90
	4.1.2	Design methodology ········· 91
	4.1.3	Trajectory analysis ········· 94
4.2	Trajectory design of torpedo-parachute phase ········· 100	
	4.2.1	General requirements ········· 100
	4.2.2	Design methodology ········· 101
	4.2.3	Trajectory analysis ········· 103
	4.2.4	Test data processing ········· 115

4.3　Accuracy analysis of rocket-assisted torpedo ﾠ120
　　4.3.1　Position accuracy of launch platform ﾠ120
　　4.3.2　Navigation accuracy of rocket-assisted phase ﾠ121
　　4.3.3　Flight accuracy of torpedo-parachute phase ﾠ122
　　4.3.4　Overall accuracy of rocket-assisted torpedo ﾠ122
References ﾠ123

Chapter 5　Analysis and validation of structural characteristics ﾠ124

5.1　Load analysis ﾠ124
　　5.1.1　Load characteristics of rocket-assisted torpedo ﾠ124
　　5.1.2　Bearing structure ﾠ126
　　5.1.3　Static load ﾠ126
　　5.1.4　Dynamic load ﾠ129
　　5.1.5　Selection of calculation objects ﾠ131
5.2　Calculation and test validation of strength and stability ﾠ131
　　5.2.1　Basic analysis theory ﾠ131
　　5.2.2　Calculation modeling and solving ﾠ133
　　5.2.3　Strength and stability test ﾠ137
5.3　Modal calculation and test validation ﾠ140
　　5.3.1　Basic theory ﾠ140
　　5.3.2　Calculation modeling and solving ﾠ141
　　5.3.3　Modal test ﾠ144
5.4　Calculation and test validation of impact response ﾠ148
　　5.4.1　Numerical calculation method based on finite element dynamics ﾠ148
　　5.4.2　Calculation modeling and solving ﾠ149
　　5.4.3　Impact test methods ﾠ155
References ﾠ155

Chapter 6　Separation technology ﾠ157

6.1　Stage separation ﾠ157
　　6.1.1　Stage separation methods ﾠ157
　　6.1.2　Stage separation design principle ﾠ159
　　6.1.3　Stage separation structures ﾠ159

6.2 Torpedo-rocket separation ... 163
    6.2.1 Torpedo-rocket separation methods ... 163
    6.2.2 Separation system design principle ... 165
    6.2.3 Separation system interface design principle ... 166
    6.2.4 Separation system design process ... 167
6.3 Separation calculation methods ... 173
    6.3.1 Numerical calculation of stage separation ... 173
    6.3.2 Numerical calculation of torpedo-rocket separation ... 176
6.4 Separation test technology ... 188
    6.4.1 Single function test ... 188
    6.4.2 Overall function simulation test ... 190
References ... 191

Chapter 7 Stabilization and deceleration technology ... 192

7.1 Development of torpedo stabilization and deceleration technology ... 192
7.2 Functions and composition of stabilization and deceleration equipment for rocket-assisted torpedo ... 193
7.3 Parachute design technology ... 194
    7.3.1 Parachute usage ... 194
    7.3.2 Design criterion of torpedo parachute ... 194
    7.3.3 Torpedo parachute and its characteristics ... 194
    7.3.4 Effects of main design parameters of torpedo parachute ... 198
7.4 Parachute opening technology ... 199
    7.4.1 Design of delayed opening time ... 199
    7.4.2 Design of delayed opening structure ... 200
    7.4.3 Design of parachute opening mode ... 200
    7.4.4 Dynamic load control during parachute opening process ... 201
7.5 Torpedo-parachute connection and separation technology ... 202
7.6 Stability design of torpedo-parachute system ... 204
    7.6.1 Stability analysis of torpedo-parachute system ... 204
    7.6.2 Stability design of parachute straightening and inflation phase ... 205
    7.6.3 Stability design of torpedo-parachute system after inflation ... 207

  7.6.4 Analysis of factors influencing the stability of torpedo-parachute system ··· 207
7.7 Test technology of stabilization and deceleration device ················ 208
  7.7.1 Component function test ··· 208
  7.7.2 Overall action sequence and function test ························ 211
References ·· 213

Chapter 8 Water-entry impact reduction technology ······················ 214

8.1 Analysis of water-entry loads ·· 214
  8.1.1 Analysis of water-entry process ····································· 214
  8.1.2 Impact load ·· 215
  8.1.3 Immersion load ··· 218
8.2 Reduction and limiting mechanisms of water-entry loads ················ 223
8.3 Nose cap design for impact reduction ··· 226
  8.3.1 Main working condition ·· 226
  8.3.2 Design analysis ·· 227
  8.3.3 Typical nose caps for water-entry impact reduction ············ 229
8.4 Test technology of nose cap for impact reduciton ························· 232
References ·· 236

Chapter 9 Internal measurement and telemetry design ······················ 237

9.1 Concepts and composition ··· 237
9.2 Sensing technology ··· 239
  9.2.1 Sensor classification ·· 240
  9.2.2 Sensor selection ··· 243
9.3 Interface and singal-conditioning technology ································ 245
  9.3.1 Analog conditioning ··· 246
  9.3.2 Interface technology of digital signal ······························ 246
9.4 Signal acquisition and storage technology ···································· 248
  9.4.1 Signal acquisition technology ·· 249
  9.4.2 Coding technology ··· 249
  9.4.3 Data storage and playback technology ···························· 251
9.5 Autonomous trajectory testing technology ···································· 252
  9.5.1 Inertia measurement technology ···································· 252

		9.5.2	Gyroscope technology	253
		9.5.3	Accelerometer technology	255
		9.5.4	Micro sensing device	255
		9.5.5	Error compensation model of inertial measurement unit	255
		9.5.6	Calibration technology of inertia measurement unit	257
		9.5.7	Initial alignment	258
		9.5.8	Attitude updating algorithm	260
		9.5.9	Satellite positioning measurement technology	261
	9.6	Telemetry data transmission technology		263
		9.6.1	Telemetry data coding	264
		9.6.2	Modulation and demodulation system	264
		9.6.3	Telemetry transmitter	268
		9.6.4	Telemetry receiver	272
	References			275

Chapter 10 Testing technology ... 277

	10.1	Test classification		277
	10.2	Land-based test		279
		10.2.1	Wind tunnel test	279
		10.2.2	Matching test with anti-submarine weapon system	280
		10.2.3	Modal test	280
		10.2.4	Strength and stiffness test	281
		10.2.5	Vibration test	282
		10.2.6	Initial alignment test of inertia measurement unit	282
		10.2.7	Electrical matching test	283
		10.2.8	Ignition test of initiating explosive devices	284
		10.2.9	Transportation test	284
		10.2.10	Bump test	285
		10.2.11	Matching test with launching canister	286
		10.2.12	Electromagnetic compatibility test	287
		10.2.13	Environmental adaptability test	288
		10.2.14	Drop test of warshot rocket-assisted torpedo	290
		10.2.15	Software testing and evaluation	290
		10.2.16	Land flight test	291
	10.3	Run test		291

	10.3.1	Testing purposes	291
	10.3.2	Testing methods	291
	10.3.3	Testing support conditions	292
10.4	Analysis and evaluation of test results		292
	10.4.1	Test result analysis	292
	10.4.2	Test result evaluation	294
References			295

Chapter 11 Environmental adaptability design ... 296

11.1	Mission environment profiles		296
11.2	Environmental factors and impact analysis		298
11.3	Environmental adaptability design		303
	11.3.1	Basic principle	303
	11.3.2	Climate and environmental adaptability design	303
11.4	Environmental test		308
	11.4.1	Conditions of environmental test	308
	11.4.2	Environmental test	309
	11.4.3	Product status of environmental test	317
References			318

Chapter 12 Combat operation methods of rocket-assisted torpedo ... 319

12.1	Launch control technology		319
	12.1.1	Basic tasks	319
	12.1.2	Launch control principle	322
	12.1.3	Composition and function of launch control system	323
	12.1.4	Design methods of launch control process	324
12.2	Shooting methods		325
	12.2.1	Present-point shooting	326
	12.2.2	Lead-point shooting	327
	12.2.3	Command-corrected shooting	329
12.3	Operational effectiveness evaluation		332
	12.3.1	Operational process	332
	12.3.2	Effectiveness evaluation	333
	12.3.3	Simulation methods	334
	12.3.4	Result analysis	336
References			337

第1章

绪　论

1.1　助飞鱼雷的地位和作用

鱼雷是水下精确制导武器，用于打击敌水面舰艇、潜艇等目标，自18世纪问世至今已有约200年历史，在两次世界大战中均得到大量使用，取得了显著战绩，已经成为海军主战武器之一。鱼雷和导弹的结合产生了助飞鱼雷，20世纪50年代，在相关技术成熟后，各国争相开始研制助飞鱼雷，短短的几十年时间已经发展了三代，广泛装备各类舰艇，可见其重要程度不容忽视。

助飞鱼雷是一种由携载平台在发现目标后发射，空中助飞到达预定海域入水，自动搜索、跟踪和攻击潜艇、水下无人航行器（UUV）或水面舰艇的一种鱼雷武器。反潜型助飞鱼雷也称为反潜导弹，是各国目前发展的重点方向。

众所周知，受海洋环境和探测手段的限制，海战中潜艇具有天然优势，加之潜艇的性能和攻击能力逐渐提高，如核潜艇水下航速已赶超水面舰艇，可以采用线导鱼雷、潜射反舰导弹和潜射助飞鱼雷在几十千米外实施攻击。军事实力的差距决定着军事需求，面对潜艇的致命威胁，为能够实现先敌打击、提高自身生存力，舰艇必须具备对中远程高速潜艇的打击能力，第一代助飞鱼雷便应运而生。

21世纪以来，各国舰艇纷纷装备拖曳线列阵声纳、变深声纳等新型声纳，水面舰艇普遍搭载有直升机、无人机，对潜探测距离大幅提升；更加显著的变化是，各海军强国普遍采用舰艇混合编队执行任务，空天海潜协同作战模式日益成熟，对远程精确打击火力有着迫切的需求，这也极大地拓宽了助飞鱼雷的使用范围，从舰载到机载，从反潜到反舰，助飞鱼雷方兴未艾。

目前，主流的反潜型助飞鱼雷已经发展到第三代，反舰型也屡见报道，新型助飞鱼雷凭借射程远、反应快、精度高且载弹量大等特点，在现代军队强大的探测预警能力和指挥控制能力支持下，成为中程反潜和反舰的利器。助飞鱼雷在全球分布非常广泛,据统计,美国现役巡洋舰和驱逐舰100%地装备了助飞鱼雷,约占水面舰艇总数的84%;俄罗斯也有57%的巡洋舰和驱逐舰以及17%的护卫舰装备了助飞鱼雷,装备助飞鱼雷的潜艇约占潜艇总数的60%,平均每艘舰艇装有4条助飞鱼雷;日本海军"九·九"舰队的所有舰艇都装备了助飞鱼雷。

可以预见,随着科学技术的快速发展,助飞鱼雷正朝着发射平台及发射方式多样化、体积小型化、攻击目标多样化、多雷攻击协同化的方向综合发展,在未来的海战场上将发挥出更大的作用。

1.2　助飞鱼雷的组成、分类及技术特点

1.2.1　组成

助飞鱼雷一般包括战斗载荷(常规鱼雷)、运载器、分离系统和稳定减速系统,同时配备有发射箱。以美国"阿斯洛克"助飞鱼雷(RUR-5A)为例,其组成如图1-1所示。

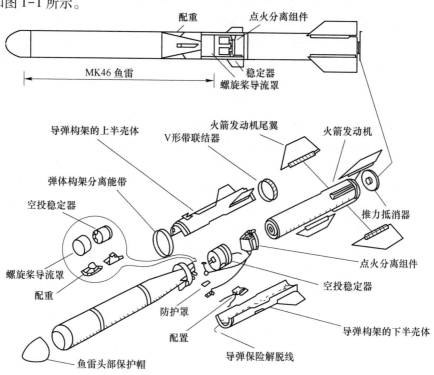

图1-1　"阿斯洛克"助飞鱼雷(RUR-5A)组成

1. 战斗载荷

战斗载荷是一条完整的传统鱼雷,可分为反潜型、反舰型和通用型,主要由结构、电路供电、能源动力、控制、自导和战斗部(含引信)六个部分组成。其功能是在水下完成对目标的搜索、跟踪和攻击。

2. 运载器

运载器主要由推进、控制等子系统组成。其主要功能是为助飞鱼雷飞行提供动力,同时完成空中飞行制导与控制。

根据需求和技术储备,助飞鱼雷可选择使用弹道式或飞航式运载器,其中弹道式运载器也称作助飞火箭。运载器最好具备带载可变有效载荷的能力,以增强助飞鱼雷的适用性,美国的"阿斯洛克"即可选择带载 MK46、MK50 等轻型鱼雷。

3. 分离系统

分离系统主要由分离舱、分离箍带等部件组成。其主要功能是连接战斗载荷和运载器,并可靠实现雷箭分离。分离系统应当保证在雷箭分离后战斗载荷与分离舱等残骸不会产生干涉。

4. 稳定减速系统

稳定减速系统主要由头部保护帽、降落伞等组成。其主要功能是对雷箭分离后的战斗载荷实现稳定和减速,保护战斗载荷在飞行和入水过程中不致损坏。

1.2.2 分类

为了便于掌握助飞鱼雷的主要特点,对助飞鱼雷进行如下分类:

1. 按弹道形式分类

助飞鱼雷按弹道形式分类为弹道式助飞鱼雷和飞航式助飞鱼雷。

弹道式助飞鱼雷发射后,一般按照程序弹道飞行到一定高度并达到一定速度后,发动机关机,在发动机分离后鱼雷靠动能按照近似抛物线弹道飞行至入水点,美国的"阿斯洛克"系列是其典型代表。飞航式助飞鱼雷则在到达一定高度后,依靠发动机的推力和弹翼的气动升力,以巡航状态飞行至入水点附近,如法意联合研制的"米拉斯"助飞鱼雷。

2. 按发射姿态分类

助飞鱼雷按发射姿态分类为垂直发射助飞鱼雷和倾斜发射助飞鱼雷。

早期的助飞反潜鱼雷发射装置加装在现役舰船的舰面,因而以倾斜发射为主,其射界等指标受到了限制。现代舰艇则都装备有垂直发射装置,如美国的 MK41 VLS 广泛装备各国军舰,助飞鱼雷以垂直发射为主,具备全向射击、载弹量大等优点。

3. 按发射平台分类

助飞鱼雷按发射平台分类为舰载、潜载、潜舰通用型、机载、陆基车载等助飞鱼雷。

随着助飞鱼雷的蓬勃发展和海洋侦搜体系的日趋完善,助飞鱼雷发射平台也在扩展,未来将不仅能从水面舰艇、潜艇上发射,还可以从固定翼反潜机、发射车上发射,构建更加严密的水面水下远程快速打击体系。

1.2.3 主要技术特点

助飞鱼雷兼具导弹的优势,与传统鱼雷相比具有许多自身的优点。

1. 射程远

一般鱼雷水下航速通常只有几十节,而导弹空中飞行速度可轻松达到 500kn 以上,利用运载器,助飞鱼雷大部分航程在空中完成,解决了水下航行时增程和增速之间的矛盾,易于实现高速和远射程,增加了鱼雷攻击时的突然性。

目前,新型助飞鱼雷射程一般在 50km 以上,大大提高了发射平台的隐蔽性和对潜火力打击范围,也更适用于编队协同作战。

2. 反应快

助飞鱼雷反应速度快,面对敌方目标,便于实现先敌打击:

(1) 全向射击,对舰艇航行无要求,不需占位,发现目标后可迅速发射。

(2) 系统反应时间较其他反潜武器时间短,射击方法灵活多变。

(3) 平均接敌速度极快,远高于传统鱼雷和反潜直升机,在空中飞行时潜艇无法发现。

(4) 全天候作战,第二次世界大战以来的战例表明,潜艇经常在夜晚或恶劣气象条件等的掩护下,抵近舰艇实施鱼雷攻击,相较于航空反潜,助飞鱼雷的使用不受昼夜和恶劣海况的影响,可实现全天候作战,适应能力更强。

(5) 舰载助飞鱼雷一般具备无线电指令修正功能,即使目标机动也能迅速修正落点,鱼雷命中概率也不会降低。

3. 精度高且载弹量大

现代的助飞鱼雷依靠惯性和卫星导航,飞行段导航精度高,弹道散布小,鱼雷入水点精度很高,一般在几百米以内,因此留给对方舰艇的反应时间极短,难以开展有效的反鱼雷对抗。

目前,各海军强国大中型水面舰艇安装有垂直发射装置或多联装倾斜发射装置,在执行区域反潜作战任务时助飞鱼雷载弹量均较大。据报道,美国"伯克"级驱逐舰装载有24条"阿斯洛克"火箭助飞鱼雷,俄罗斯1155型反潜舰装载有8条"喇叭口"助飞鱼雷。

凭借高精度和大载弹量,助飞鱼雷在单位时间内可有效实施攻击的海域面积将远大于管装鱼雷和飞机空投鱼雷;并且可通过连射、向可疑区域齐射等方法进行较大区域攻击甚至饱和攻击,在面对敌方先进型潜艇和舰艇编队时具备更高的作战效能。

1.3 国外典型助飞鱼雷

在国际上,助飞鱼雷一般分为弹道式和飞航式。其中,美国、日本、韩国等国家以弹道式为主,如"阿斯洛克"系列、"红鲨";西欧国家以飞航式为主,如法意联合研制的"米拉斯";俄罗斯则两者均有发展。

1.3.1 美国的"阿斯洛克"助飞鱼雷

"阿斯洛克"是美国研制的水面舰艇发射弹道式助飞反潜鱼雷。1956 年,美国霍尼韦尔公司开始研制"阿斯洛克"助飞鱼雷(RUR-5A),这是世界上最早的助飞鱼雷之一,该雷于 1961 年装备部队,共生产了超过 12000 枚。1993 年,垂直发射型"阿斯洛克"助飞鱼雷(RUM-139)接替其服役,主承包商是洛拉尔防御系统公司,该雷与舰空导弹共用垂直发射装置,目前已经装备所有美国海军巡洋舰、驱逐舰,并出口至日本、韩国等许多国家。

"阿斯洛克"助飞鱼雷雷体为圆柱形,头部为卵形,雷体中后部和尾部分别有 4 片"×形"配置的稳定翼;雷体由战斗载荷、中间连接舱段和发动机舱段组成;战斗载荷为一条轻型鱼雷,中间连接舱段将战斗载荷与发动机连为一体,内装控制设备,发动机舱段主要装有一台固体火箭发动机。

RUM-139 助飞鱼雷主要性能指标如下:
(1)射程:1.6~20km(垂直发射)。
(2)飞行速度:马赫数 1。
(3)战斗载荷:MK46、MK50、MK54 鱼雷。
(4)动力装置:一台固体火箭发动机。
(5)制导方式:单轴加速度计+三个速率陀螺的捷联惯导+鱼雷自动寻的。

1.3.2 美国的 VLA-ER 助飞鱼雷

2006 年,美国海军提出了"高空反潜战武器概念"(HAAWC),开始了高空反潜鱼雷的研制,即为轻型鱼雷安装高空滑翔组件,实现鱼雷在高空、防区外的投放;与此同时,也开始助飞鱼雷滑翔组件的研制,并将其直接应用于现役垂直发射助飞鱼雷,构成了滑翔式垂直发射的增程型助飞鱼雷(VLA-ER),射程大幅度提高。

VLA-ER 由洛克希德·马丁公司负责进行研发,通过一些改进来提供一种新型的反潜作战能力,它比研制一新型助飞鱼雷要更为节省。相对于普通助飞鱼雷,VLA-ER 助飞鱼雷主要增加了一个高空滑翔弹翼组件,用于飞行中的增程和弹道修正;此外,在自动驾驶仪增加了 GPS 导航等功能,其他组件基本没有改动。高空滑翔弹翼组件采用的是低剖面、轻型高强度铝,每个翼的后缘有升降副翼,用于控制鱼雷飞行至目标入水点。图 1-2 为 VLA-ER 助飞鱼雷组成。

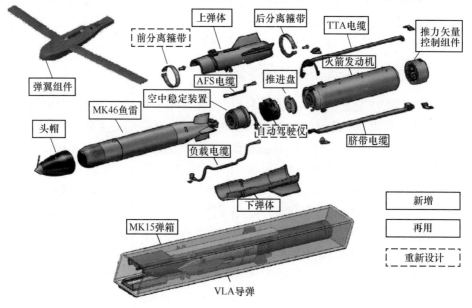

图 1-2　VLA-ER 助飞鱼雷组成

通过对现有助飞鱼雷系统的改进,VLA-ER 助飞鱼雷的射程可能达到 100km。同时,由于 VLA-ER 助飞鱼雷是在现有助飞鱼雷基础上安装弹翼组件,并对机械接口和软件进行少量的修改,所以现有部件的重用率可达 80%,极大地降低了 VLA-ER 助飞鱼雷系统的成本和研制风险。

1.3.3　法意的"米拉斯"助飞鱼雷

"米拉斯"助飞鱼雷是由法国马特拉公司和意大利的奥托·梅莱拉公司联合研制的水面舰艇发射飞航式助飞反潜鱼雷。20 世纪 80 年代,面对苏联海军咄咄逼人的扩张局面,欧洲急需研制新型助飞鱼雷。1986 年,法国和意大利在

"马拉丰"助飞鱼雷及"奥托马特"MK2 反舰导弹的基础上进行了多方面改进,研制"米拉斯"鱼雷,用于取代性能落后的"马拉丰"助飞鱼雷,已于 1995 年广泛装备部队。

"米拉斯"助飞鱼雷采用了"奥托马特"反舰导弹的外形。雷体呈回转体,前段部分的直径较小,后段部分直径较大,在运载体与鱼雷结合部雷径逐渐减小,雷体中后部和尾部各有 4 片"×形"配置的可折叠的截尖三角形弹翼和操纵舵,雷体中部还有 4 片"×形"配置的梯形非折叠弹翼,具体如图 1-3 所示。该助飞鱼雷动力系统采用一台由法国微型涡轮发动机公司生产的"阿比丘"涡轮喷气发动机,发动机由两级空气压缩机(第一级为轴流式,第二级为离心式)、一级涡轮机、环形燃烧室和尾部喷管组成,起飞推力为 3.9kN,巡航推力为 3.24kN;两台固体火箭助推器捆绑在雷体两侧,尾喷管向外倾斜。燃烧时间为 4s;4s 之后,借助连接爆炸螺栓的爆炸而与雷体脱离。

(a)"米拉斯"鱼雷外形

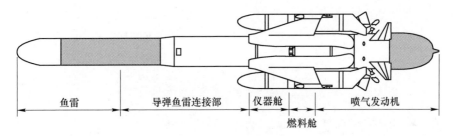

(b)"米拉斯"鱼雷结构

图 1-3 "米拉斯"助飞鱼雷外形及结构

"米拉斯"助飞鱼雷主要性能指标如下:

(1)射程:5~55km(倾斜发射)。
(2)飞行速度:马赫数为 0.9。
(3)战斗载荷:MU90 鱼雷等。
(4)动力装置:一台涡喷发动机,两台固体火箭助推器。
(5)制导方式:捷联惯导+指令修正+鱼雷自动寻的。

1.3.4 俄罗斯的"瀑布"助飞鱼雷

"瀑布"助飞鱼雷(SS-N-16)是苏联革新家设计局研制的潜艇发射弹道式

助飞反潜鱼雷,如图1-4所示。该助飞鱼雷的特点是战斗载荷为重型鱼雷,威力巨大。20世纪70年代,苏联在"暴风雪"潜对潜助飞鱼雷(SS-N-15)的基础上开始研制"瀑布"鱼雷,并于80年代初装备部队。"瀑布"有两个型号,分别可从533mm和650mm发射管发射,目前已装备"台风""奥斯卡"等多型潜艇。

发射后的"瀑布"鱼雷离开发射艇至安全距离外后,发动机点火,通过推力矢量控制方法使之爬升到水面,出水后按弹道式飞行弹道飞行。到达预定速度时,发动机熄火并被抛掉,其余部分按要求飞向目标区,到达预定点,鱼雷与运载体分离,打开减速伞减速入水。鱼雷在水下按预定方式搜索目标,一旦发现目标,即转为追踪攻击。

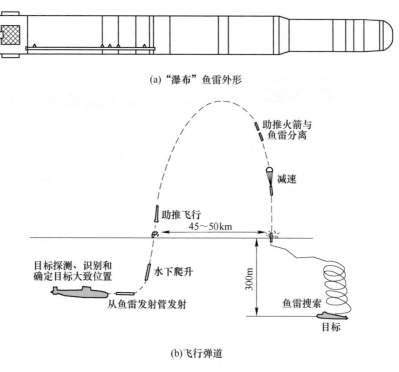

图1-4 "瀑布"助飞鱼雷外形及作战示意图

"瀑布"助飞鱼雷主要性能指标如下:
(1) 射程:约120km。
(2) 作战深度:500m。
(3) 战斗载荷:65-73、Э45-75A、ЭТ-80鱼雷,部分战斗载荷可换装核战斗部。

(4) 动力装置:固体火箭发动机。

(5) 制导方式:惯性导航(INS,简称惯导)。

1.3.5 美国的"海长矛"助飞鱼雷

"海长矛"助飞鱼雷(UUM-125)是美国开发的一种防区外发射的弹道式助飞鱼雷,如图1-5所示。于1979年开始进行探索性研究,1983年6月选定波音公司为主承包商。"海长矛"鱼雷的最大特点是射程远,达到160km,而且可以从装有533mm标准鱼雷发射管的潜艇和装备MK41垂直发射装置的水面舰艇发射,是反潜助飞鱼雷中的佼佼者。

(a) "海长矛"鱼雷外形

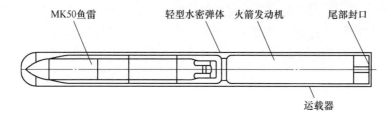

(b) "海长矛"鱼雷结构

图1-5 "海长矛"助飞鱼雷外形及结构

该鱼雷原计划在20世纪80年代末服役,装备在潜艇、驱逐舰和巡洋舰上。但种种原因,研制计划在执行过程中多次调整,进度也屡次推迟,并且经费也不断上涨,迫使美国海军终于在1990年停止向该计划提供经费,该项发展计划由此被搁置。

"海长矛"助飞鱼雷主要性能指标如下:

(1) 长度:6.096m。
(2) 直径:533mm。
(3) 射程:110~160km。
(4) 反潜深度:600m。
(5) 动力:固体火箭发动机。
(6) 制导方式:惯导+鱼雷自导、远程目标探测。
(7) 飞行速度:超声速。
(8) 战斗载荷:MK50鱼雷。

1.4　助飞鱼雷发展趋势

纵观国外助飞鱼雷的发展情况可以看出,助飞鱼雷发展趋势主要有发射平台及发射方式多样化、攻击目标类型通用化、多雷协同攻击网络化、空中助飞距离远程化、助飞鱼雷体积小型化等。

1.4.1　发射平台和发射方式多样化

当前的助飞鱼雷发射平台以水面舰艇为主,有小部分助飞鱼雷为潜艇发射。未来随着目标潜艇防空能力的增强,将会发展从固定翼反潜机发射的滑翔增程鱼雷或助飞滑翔鱼雷,以在防区外对潜攻击,提高发射平台的生存能力。

舰载助飞鱼雷发射方式有垂直发射和倾斜发射两种。垂直发射具有能够全向攻击、载弹量大等优点,但垂直发射由于需要纵向空间,难以在轻型水面舰上装载。倾斜发射的助飞鱼雷与垂直发射的助飞鱼雷相比,存在发射盲区、载弹量小等缺点,但其可在小吨位轻型水面舰上装载。垂直和倾斜两种发射方式共存的局面预计仍会延续多年。

1.4.2　攻击目标类型通用化

当前,助飞鱼雷主要用于反潜,仅俄罗斯研制的"喇叭口"鱼雷具备反潜功能的同时兼具反舰功能,但反舰效果未见明确报道。

随着水面舰近程反导技术发展、末端防御系统(如"密集阵")性能逐步提高及激光反导武器的发展,导弹突破水面舰防御将会更加困难。助飞鱼雷可采用高超声速火箭助推或掠海飞行涡轮喷气式(简称涡喷)发动机运载战斗载荷突破水面舰外层反导系统,通过鱼雷水下航行避开水面舰近程及末端反导系统,在水下攻击水面舰,实现对水面舰的高效毁伤。

1.4.3　多雷协同攻击网络化

由于鱼雷对潜艇威胁较大,各国潜艇都在采用各种方法对抗鱼雷,很多军事强国潜艇配备有干扰器、诱饵等,并将逐步配备反鱼雷鱼雷。为了进一步提高助飞鱼雷的打击效果,需要助飞鱼雷具备双雷甚至多雷齐射功能,具备网络化协同攻击功能,能有效对抗各种干扰、诱骗和拦截,实现对目标的有效毁伤。

1.4.4　空中助飞距离远程化

国外的助飞鱼雷从最初"阿斯洛克"(RUR-5A)的9~10km射程发展到后续"阿斯洛克"(RUM-139A)的15~20km射程,进一步发展到"米拉斯"的超过55km射程。美国海军还进行了滑翔式增程助飞鱼雷研制,以期射程进一步提高到120~280km。从军事需求方面看,一方面军事强国大量装备水下监听网,水下探测范围大幅度提高;另一方面现代军事更强调体系作战,强调舰舰协同、舰机协同、空天海一体作战等,探测范围的提高及协同作战需求都需要助飞鱼雷不断提高其射程。

1.4.5　助飞鱼雷体积小型化

未来海战中,水面舰将会面临越来越复杂的作战局面,会携载弹道式高超声速反舰导弹、掠海突防飞航式反舰导弹、远程防空导弹、近程反导导弹、助飞鱼雷、管装鱼雷、水声对抗器材,甚至远程探测弹等,多种类的武器装载需要每种武器在满足航程、航速等主要战术技术指标的情况下尽量占用较小的空间,能够在一个发射阵位装载多个武器。因此,体积小型化,在一个发射阵位装载多条助飞鱼雷,即一筒多雷将是助飞鱼雷未来发展的必然趋势。

参 考 文 献

[1] 尹韶平,刘瑞生. 鱼雷总体技术[M]. 北京:国防工业出版社,2011.
[2] 王建国. 海军指挥与控制[M]. 北京:海军装备部电子部,2002.
[3] 梁良. 国外舰载助飞鱼雷发展综述[J]. 鱼雷技术,2014,22(2):157-160.

第2章 助飞鱼雷总体设计

助飞鱼雷是鱼雷和导弹两种武器相结合而形成的一种组合型、创新型武器，其总体设计既兼容了常规鱼雷、导弹总体设计相关内容，又具有自身的"独特性"，这种"独特性"充分体现在助飞鱼雷既要在空中飞行，又要接续在水下航行的技术特征上，这就必然涉及航行介质改变带来的各种技术难题。助飞鱼雷总体设计是助飞鱼雷设计中最重要和最关键的一步，同鱼雷、导弹总体设计相似，主要内容仍是按照全雷战术技术指标的要求，通过综合运用多学科优化技术、仿真技术、数字风洞技术，以及试验技术等，进行可行性论证、总体方案论证、工程设计和综合试验验证等工作，来确定全雷技术状态，力求在满足全雷战术技术指标的前提下，实现全雷综合性能指标最优、费用最低、研制周期最短。因此，助飞鱼雷总体设计决定着助飞鱼雷研制工作的成败与总体性能的优劣。

本章主要对助飞鱼雷总体设计的内容、流程、气动布局、结构布局、分离方案、运载方案、发射箱方案、电气及信息综合、全雷工作流程等主要内容进行阐述，和总体设计密切相关的弹道设计和试验规划，由于内容相对独立，后面专题讨论。

2.1 助飞鱼雷总体设计内容及流程

2.1.1 总体设计的原则

助飞鱼雷是一个由多个分系统、多种设备构成的复杂系统，需要适应空中和水下两种航行介质环境，给总体设计带来极大困难，注定了其研制过程必然是反复实践和认识的过程。在总体设计中，应遵循技术先进性、综合性、高可靠性、经济性等原则。

1. 技术先进性

一型先进的助飞鱼雷,取决于新技术的采用和系统的合理综合。因此,总体设计应综合体现现代科学技术的发展,即把先进技术应用到助飞鱼雷总体设计中。但是,新技术的应用并非越多越好,越新越好。在满足系统战术技术性能要求的前提下,总体设计既要大胆采用新技术,又要充分考虑武器系统的继承性和标准化程度。一个成功的总体设计在于把一定时间内可以掌握的新技术与经过实践证明有效的成熟技术巧妙地结合起来,形成性能先进、生产可行、使用可靠、费用合理的武器。

2. 综合性

助飞鱼雷武器是一个庞大而复杂的工程系统,综合应用多项专业领域的成果,各组成部分之间相互配合,形成了整个系统的综合性能。在总体设计中必须充分考虑各个专业技术之间和各个分系统之间的交叉耦合影响,妥善处理这些问题。例如,助飞鱼雷上振动、冲击、过载等环境的测量及对雷上设备的影响,鱼雷结构弹性振动对控制系统的影响,高速飞行过程中气动热对头帽材料、结构完好性的影响,高空飞行中低气压环境对战斗载荷自导头声学基阵的影响,高空风场风速、风向随机性对助飞鱼雷控制能力的影响,以及舰面和雷上各系统的电磁兼容性等。要处理好这些技术问题,必须采取系统工程的方法进行综合设计。

3. 高可靠性

助飞鱼雷武器系统构成复杂,发射及空中飞行时所处环境严酷,因此在总体设计一开始就要合理确定、分配可靠性指标,总体和分系统都要进行可靠性设计。在总体设计中,性能与可靠性同等对待、统筹权衡,设计中不以降低或牺牲可靠性而去追求高性能或不必要的新要求;进行可靠性设计,简化系统,尽量采用成熟技术,改善使用工作环境;要采用冗余容错等技术,对重要信号线、重点的火工品进行冗余设计,如助推器点火、助推器分离、涡喷发动机点火、雷箭分离、雷伞分离用火工品均采用冗余设计,提高产品工作可靠性;采用裕度设计、降额设计、耐环境设计、热设计等可靠性设计方法,确保产品功能、性能满足要求。在总体试验设计中要把可靠性试验作为一项主要内容,从小到大,按程序进行试验、评定和验收。通过可靠性设计,确保总体方案可行、合理。

4. 经济性

总体设计要根据武器可能装备的数量适时考虑其可生产性,总体设计要便于投入批量生产,降低成本。衡量武器系统经济性的综合指标是其全寿命周期内的效费比。武器系统的全寿命周期费用包括研制费、批生产费以及在部队服役期内直至退役的维护修理费。

以上多方面的综合考虑要贯穿总体设计和试验的始终。随着研制队伍经验的积累以及技术手段的不断提高,有条件从研制工作一开始即全面考虑上述诸因素,同时展开各方面的设计工作,它有利于从全局出发进行总体设计,适时协调各部分研制工作,减少失误,提高质量,缩短周期。

2.1.2 总体设计流程

助飞鱼雷总体设计是一个由简单到复杂、由解决主要矛盾到解决次要矛盾的过程,也是不断修改完善,最后实现最优的反复循环迭代的过程。在面临新型号研制需求时,总体设计应从分析已知条件入手,基于现役助飞鱼雷技术状态,借鉴国内外相同或相似型号技术成果,针对助飞鱼雷众多的设计内容和要求,经过逐步深入分析、设计,排除相关干扰因素,解决主要技术问题,在设计中不断迭代、优化完善总体设计结果,最终达到和谐统一,符合实际使用要求。

助飞鱼雷鱼雷总体设计流程如图2-1所示。

2.1.3 总体设计基本内容

与一般战术武器一样,助飞鱼雷总体设计内容也包含三个方面:一是选择和确定总体方案及性能参数;二是提出分系统设计要求并进行技术协调;三是规划全雷(含系统)地面及飞行或实航试验,开展试验,进行结果分析。总体设计贯穿助飞鱼雷研制的各个阶段,在每个阶段总体设计工作内容重点有所不同。

1. 指标论证

(1) 配合使用部门进行作战使用分析,对武器进行作战效能分析、体系贡献率分析、质量特性分析,就指标的合理性及指标之间的匹配性提出分析意见。

(2) 进行技术可行性分析。设想总体方案和可能采取的技术途径并计算总体参数,通过计算和分析向分系统提出指标论证要求,综合总体论证结果和分系统论证结果,提出可能达到的指标、主要技术途径、需攻关的关键技术或支撑性预研课题,以及存在的技术风险。

(3) 规划研制阶段试验初案、试验总案和产品数量,对研制周期、经费进行分析。

2. 方案设计

在型号研制的方案阶段,总体设计主要进行全雷总体参数优化和总体方案设计。具体如下:

(1) 选择和确定主要方案。包括:战斗载荷类型和方案,推进系统类型,制导控制体制以及指令修正方案,飞行弹道方案,全雷外形与结构布局,助飞鱼雷级数与级间连接方式,各种分离方案,减速和缓冲入水方案,运输和发射方式等。

除对总体进行论证外,还要对各分系统提出论证要求,对分系统论证后,提出分

第2章 助飞鱼雷总体设计

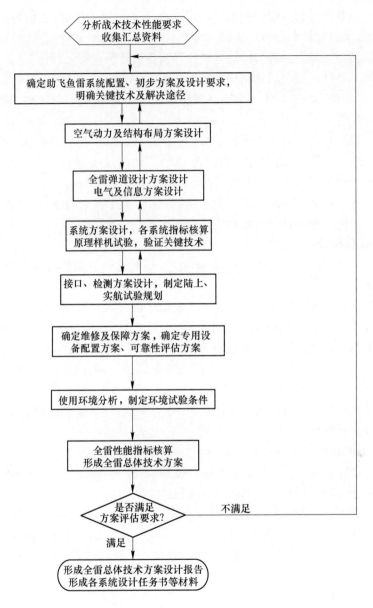

图 2-1 助飞鱼雷总体设计流程

系统方案,经反复协调,最后确定主要方案。

（2）选择总体设计参数。根据研制要求规定的射程、战斗载荷,通过优化选取一组最佳的总体参数,从而确定全雷的质量、推力、几何尺寸和速度特性等。

（3）参数计算和分配。根据已确定的助飞鱼雷技术指标,总体方案和总体设计参数,通过设计和分析计算确定分系统设计所需要的参数。这些设计分析与计算包括:总体原始数据计算,气动设计与仿真计算,弹道设计与仿真计算,助飞鱼雷固有特性及推进剂晃动特性计算（对液态燃料）、载荷计算、稳定性分析和计算,以及助飞鱼雷的制导方案选择和精度指标分配、可靠性等质量特性预测和指标分配等。

（4）提出对各个分系统设计要求。包括雷体、推进、制导控制、稳定控制、电气系统、遥测、外测、分离、空投、发射箱（筒）、地面设备等各分系统设计要求。用以统一和协调各分系统的设计,保证达到总体的性能指标。

（5）进行局部方案原理性试验和模型装配。对某些新技术、新材料、新方案等影响全局的关键项目进行原理性试验和半实物仿真试验。

3. 初样设计

在型号研制的初样阶段,进行总体设计,是对总体方案的具体实施和验证。具体如下：

（1）提出对各个分系统设计要求。根据全雷总体方案,经过反复协调、试验和精确计算,形成对分系统设计要求,开展初样产品加工。

（2）初样总体试验。主要进行模型风洞试验、静力试验、全雷振动特性试验、模态试验、刚度和强度试验、电气系统匹配试验、环境摸底试验,以及与发射箱匹配试验、与武器系统对接试验等。

（3）实航试验。进行陆上飞行试验、海上实航试验,验证总体技术方案,初步确定全雷技术状态。

4. 正样设计

正样设计主要包括正样对接与协调试验、各种大型地面试验、可靠性鉴定试验、环境鉴定试验以及实航（或飞行）试验。

（1）对接与协调试验。主要包括:在总装厂进行的助飞鱼雷模拟测试以及机械、电气的协调试验。在靶场对助飞鱼雷、火控系统、地面设备、试验设备按发射要求的操作,目的是检查试验对象的状态、性能、参数是否正确,检验助飞鱼雷与地面设备、与火控系统以及分系统之间的协调性。

（2）实航（或飞行）试验。在实际条件下进行的各种实航（或飞行）试验,主要验证总体设计是否正确、各系统对实际飞行环境是否适应,系统间是否协调,产品质量是否稳定,确定助飞鱼雷定型状态。

（3）其他鉴定试验。在基本确定定型状态基础上,可开展助飞鱼雷可靠性鉴定试验、环境鉴定试验以及电磁兼容性鉴定试验等,以利于后续状态鉴定工作顺利开展,缩短研制周期,促进装备尽快定型。

5. 鉴定定型

按照武器装备鉴定工作有关要求，鉴定定型分为状态鉴定和列装定型两类，主要由军方主导。

在性能试验状态鉴定中，主要配合使用方完成性能试验大纲编制，完成性能试验产品交付，提供必需的各种技术文件，完成状态鉴定。

在作战试验列装定型中，配合使用方完成作战试验大纲编制，完成作战试验产品交付，提供必需的各种使用类文件、交互式电子技术手册(IETM)等，完成列装定型。

综上所述，助飞鱼雷总体设计就是利用导弹和鱼雷的技术知识、系统工程的理论和方法，把各个分系统和各单元严密组织协调起来，使之成为一个有机的整体，经过综合协调、折中权衡、反复迭代和试验，最终完成助飞鱼雷研制的一个创造性过程。

随着导弹与鱼雷技术的迅猛发展，助飞鱼雷总体设计内容也在不断发展。科学技术的每一项成就必将被助飞鱼雷技术所吸收、应用，未来助飞鱼雷总体技术也必将是在充分吸收现代设计理论和设计方法，采用现代设计工具的一门新科学技术。

2.1.4　总体设计注意的问题

助飞鱼雷总体设计的任务就是要依据批复的战术技术指标要求，确定助飞鱼雷全雷、武器系统以及技术保障体系的技术方案、技术途径。总体设计应注意的主要问题如下：

（1）全面准确地理解战术技术指标要求。助飞鱼雷的战术技术指标要求和作战使用性能要求既是开展鱼雷总体设计工作的主要依据，也是研制任务最终完成的目标。在进行总体设计时，必须全面研究各项具体内容。对打击对象的主要战术技术性能和相关物理场特性，携带平台的战术技术特点及作战模式，作战海区特点，以及对鱼雷的主要战术技术指标等做出正确的理解。

（2）全面分析相关技术资料。在分析主要战术技术指标的过程中，应广泛搜集汇总有关资料，包括国外同类产品研制情况、国内同类产品成功技术分析及使用情况、水中兵器行业的预研成果、其他行业的成熟成果、已装备武器使用情况调查、部队维修体制、元器件和原材料技术水平、国内工艺水平等，对这些资料进行分析整理，供方案设计参考。

（3）多方案综合比较中寻求总体最优。助飞鱼雷主要系统的方案关系到航速、航程、落点精度、飞行高度、使用海区深度、命中概率和破坏威力等全雷主要指标，在选择系统方案时，应综合考虑满足总体性能的要求。总体设计过程中，应以全雷总体最优为目标,从批量、长远、安全、可靠等角度出发,综合权衡技术的先进性、可行性以及经济性,在满足鱼雷战术技术指标的情况下,进行多方案比较,最后得出有条件的优化方案。

(4) 注重关键技术攻关和工程分析工作。每型助飞鱼雷的研制都会有一些关键技术项目,这就要进行关键技术攻关。在关键技术未突破之前,宁肯把方案设计阶段拉长,也不要匆忙展开研制,否则可能适得其反,欲速则不达。工程分析贯穿整个设计过程,它能最大限度地帮助选择解决问题的途径和技术措施。

(5) 处理好继承与创新的关系,减小研制风险。大量采用新技术,往往会使研制周期加长,经费增加。设计任何一种武器,继承是大量的,创新是少量的。然而这少量的创新对提高武器的作战性能和改善维护使用性能都能起到决定性作用。应当处理好继承与创新的关系,认真总结多年的鱼雷、导弹武器设计经验,立足国内,在尽可能短的时间内,充分考虑发挥新型助飞鱼雷的作战效果和部队使用维护方便,尽量沿用成熟技术,最大限度地减小研制风险。

(6) 贯彻通用化、系列化、模块化的规定,保证研制质量。助飞鱼雷是一种复杂程度较高的机电结合型高科技武器装备,技术含量高,产品复杂,采用通用化、系列化、模块化设计技术,可使鱼雷的优势得到继承;同时适应更广泛的作战要求,并很大程度上提高部队的保障性,使配套设备具有很好的延续性,节约研制经费,缩短研制周期,保证研制质量。

(7) 循序渐进按程序办事。助飞鱼雷的研制要经过一个较长的过程,总体设计也不是一蹴而就。为了方便管理,把研制过程分为若干段,每一阶段都有不同的工作内容。为了协调工作,注重设计品质,应按阶段展开工作,循序渐进,不宜超越阶段。

2.2 气动外形

2.2.1 设计要求

助飞鱼雷气动外形设计,简单地说就是鱼雷上各主要部件的气动外形及相对位置的设计和安排。气动外形设计要服从于全雷主要战术技术指标的实现,包括动力航程、飞行速度、飞行空域等;此外,发动机类型和数量对气动设计也有重要影响。归纳起来,助飞鱼雷气动外形设计的基本要求包括静稳定性、机动性、操纵性和操稳比等方面。

1. 静稳定性

静稳定性是指作用于助飞鱼雷上的干扰力矩及力矩消失的最初瞬时鱼雷的

运动趋势。如果助飞鱼雷力图恢复到原来的飞行状态,则称鱼雷是静稳定的;否则,鱼雷是静不稳定或中立稳定的。一般来说,通过俯仰力矩系数对攻角的导数 m_z^α 来判断助飞鱼雷的静稳定性: $m_z^\alpha < 0$,助飞鱼雷是静稳定的; $m_z^\alpha = 0$,助飞鱼雷是中立稳定的; $m_z^\alpha > 0$,助飞鱼雷是静不稳定的。

助飞鱼雷的静稳定性与机动性是相互制约的,静稳定度越大,机动性就越差;静稳定度小,过渡时间长,使控制回路动态误差增大,甚至发散而无法控制。因此,在处理静稳定度值时,既不是越大越好,也不是越小越好,而是有一个适度的范围。按传统设计方法进行助飞鱼雷总体布局设计时,要求助飞鱼雷具有一定的静稳定性,即要求其质心位于压心之前。实施的方法通常是改变助飞鱼雷的气动布局或调整部位安排,改变质心位置。

2. 机动性

助飞鱼雷的机动性指标用单位舵偏角产生的法向过载来衡量,开始设计时,可用下式近似计算:

$$n_y^{\delta_z} = \frac{\Delta n_y}{\Delta \delta_z} = -57.3 \frac{m_z^{\delta_z}}{m_z^{c_y}} \frac{qS}{m} \quad (2-1)$$

式中: $\Delta \delta_z$ 为俯仰舵偏角; Δn_y 为 $\Delta \delta_z$ 俯仰舵偏角产生的法向过载; $m_z^{\delta_z}$ 为俯仰力矩系数对舵偏角的导数; $m_z^{c_y}$ 为俯仰力矩系数对升力系数的导数; q 为动压头; S 为参考面积; m 为全雷质量。

从式(2-1)可以看出,机动性与静稳定性是相互矛盾的。为了提高机动性,可以采用增加舵面效率的方法。但因此会导致舵面尺寸、全雷质量、阻力及铰链力矩的增大,同时还受到舵机功率的限制。加大舵偏角,可以达到提高法向总过载值的目的。

3. 操纵性

助飞鱼雷的操纵性是指雷体对舵面偏转的响应特性,即舵面按照一定规律偏转之后雷体运动参数变化的大小和反应快慢的特性。按研究问题的不同,舵面偏转规律通常有单位阶跃偏转和舵面谐波振动两种。

舵面阶跃偏转时,雷体运动参数的反应最为剧烈,在过渡过程中产生的超调量也最大。如升降舵阶跃偏转时,产生最大的攻角增量是结构强度应考虑的一种危险情况。雷体结构参数与过渡过程的品质有关。为了满足操纵性指标要求,必要时可调整雷体结构参数。

雷体对舵面做谐波振动 $\Delta \delta = \Delta \delta_0 \sin \omega t$ 的响应,可以用来研究雷体对舵面偏转的跟随能力。

4. 操稳比

在总体布局中,操稳比是一个重要指标,即在瞬态平衡假设条件下,舵偏角

δ 与攻角 α 的比值。该比值选得过小,会出现操纵过于灵敏的现象,一个小的舵面的偏转误差会引起较大的姿态扰动;若比值选得过大,则会出现操纵迟滞的现象。根据设计经验,正常式布局的助飞鱼雷,δ/α 一般为 $-0.8 \sim -1.2$。

2.2.2 气动布局形式

助飞鱼雷的气动布局需兼顾空气动力性能与使用性能。在实际设计过程中,与动力装置的选定、部位安排、质心定位、承力结构布局及主要参数选择工作紧密关联,往往是交错进行,经过气动计算、弹道计算及操稳性分析等才能完成。

1. 弹翼布置形式

助飞鱼雷按照弹翼在弹身周侧位置的不同,气动布局一般可分为轴对称型和面对称型两大类。

1)轴对称布置

常用的轴对称布置有"+"字形布置、"×"字形布置和混合型布置。其主要特点如下:

(1)侧向机动性好,因为无论纵向或侧向均能产生同样大的升力。

(2)升力与滚转无关。

(3)当同时存在攻角和侧滑角时,诱导滚转力矩使导弹迅速滚动,因此要求控制系统快速性好。

(4)气动性能非线性和干扰比面对称布置大。

2)面对称布置

面对称布置主要为"一"字形布置。其主要特点如下:

(1)迎面阻力小,质量小。

(2)倾斜稳定性好。

(3)侧向机动性差。

2. 控制面布置形式

按照弹翼与舵面的相对位置,气动布局基本上可分为正常式、鸭式、无尾式和旋转式。

1)正常式布置

(1)升力面位于尾翼之前,不存在舵偏转对弹翼下洗的影响。

(2)舵面可同时作差动副翼,不必在弹翼上安置副翼,操纵机构和结构简单。

(3)舵面偏转角与攻角相反,可以增大可用攻角。

(4)舵面位于弹翼洗流区,舵的效率比鸭式布置低,面积比鸭式布置大。

(5)升阻比低于鸭式布置。

2）鸭式布置

（1）舵效率高,舵面积小,因此舵机功率较小。

（2）升阻比大于正常式布置。

（3）舵面偏转角与攻角方向相同,可使用的最大攻角受到限制。

3）无尾式布置

无尾式布置是由正常式布局演变而来,在弹翼后缘布置舵面,这种布置有如下特点：

（1）升阻比高。无尾式布置减少了翼面数量,从而减小了零升阻力。弹翼设计为小展弦比,当翼展受到限制时,增加弦长可以获得所需的升力,使升阻比提高。

（2）操纵效率高。由于翼弦加长,弹翼后缘的舵面远离质心,在舵面面积一定时,可产生较大的操纵力矩。

（3）采用反安定面,既保证了需要的静稳定性,又方便了主翼与弹身承力构件的布置。

3. 进气道布局形式

飞航式助飞鱼雷巡航平飞段采用吸气式发动机作为推进装置。进气道的布局形式对全雷的气动特性有很大的影响,不仅增加全雷的外阻和对弹身、翼面产生的纵侧向气动干扰,还直接影响发动机的工作性能。

进气道通常有如下三种形式。

1）外露式

为保证进气道的流量和避开雷体附面层的影响,要求进气口离开雷体表面一定距离,进气口与雷体之间有较大空隙。这种类型的进气道通常是直接安装在雷体上并对其外露部分进行适当整流。这种进气道设计方便,但增大了雷体的结构高度,同时对雷体的气动干扰较大。

2）半嵌入式

半嵌入式进气道内形设计必须与助飞鱼雷外形设计相配合。因进气口部分或全部浸没在雷体附面层内,附面层的流动状态直接影响着进气道内流特性的品质,所以增大了进气道内形设计难度,但降低了雷体结构高度,对雷体气动干扰较小。

3）嵌入式

嵌入式进气道的进气口就在雷体表面上,这种进气道气动干扰小,稳定性好。

4. 助推器布局设计

弹道式助飞鱼雷采用助推器将鱼雷助推至弹道最高点然后进行无动力滑翔

飞行，飞航式助飞鱼雷采用助推器将鱼雷助推至一定高度后进行巡航平飞。助推器布局有多种形式，应根据助飞鱼雷的气动性能、飞行性能及使用要求来确定布局形式。

助推器在鱼雷上的布局形式通常有串联、并联和整体式三种形式。

串联形式是把助推器安装在雷体后方，与雷体在同一条轴线上。这种布局的优点是：推力偏心力矩和全雷阻力较小，助推器安装调整工艺简单，分离可靠，助推段终点散布小。缺点是：助推器置于后部使整个全雷质心后移，在助推器上安装较大的安定面而使全雷长度和质量有所增加；助推器分离时，全雷的压心、质心和静稳定度有较大变化，使雷体产生较大的分离扰动。

并联形式是把一个或多个助推器与雷体并联安装。它的优点是：全雷长度和结构质量减小，质心和压心变化不大，主发动机可以在助推器工作过程中点火启动。缺点是：全雷阻力大；多助推器并联时对点火及熄火的同步性要求很严，分离过程比较复杂；为使推力线对准雷体某一点，喷管须倾斜，这会带来轴向推力损失；推力偏心力矩大，为保持助推段的预定轨迹，须进行推力调整。

助推器的布局形式必须从具体情况出发，根据使用及技术难易而定。

不管是串联形式还是并联形式，助推器的布局都会影响全雷的气动特性。串联时，要在助推器上设置相应的气动面以保证全雷一级飞行具有一定的稳定性。并联布局的助飞鱼雷，允许全雷在发射初始段存在静不稳定度，助推器上一般不加稳定面。若有超声速飞行段，则必须考虑全雷的稳定性问题；同时为了减小阻力，助推器头部要加整流。

总之，助飞鱼雷一级外形应考虑飞行性能的要求，其侧重点要保证一定的稳定性，因其飞行时间短，升力和阻力特性没有严格的限制。

助推器分离是助飞鱼雷设计中的一个重要环节。一般要求连接及分离简单可靠，分离扰动小。亚声速时分离技术难度小，超声速分离扰动大，难度也大。

2.3 结构布局

2.3.1 设计要求

助飞鱼雷主要由战斗载荷（一般为轻型反潜鱼雷）、空投附件、分离舱和运载器组成。其结构设计要求既与导弹类似又有差别。共同点是：结构外形都要求具有流线形，以确保在空气中飞行以及水下航行时阻力更小；追求结构质量最小，以保证在一定的动力条件下能够获得最大的运载能力。不同点是：导弹头部用于攻击的战斗部随末端通过非触发或直接碰撞方式动能杀伤；而助飞鱼雷的战斗载荷需要在入水后进行航行,因此需要空投附件以保障战斗载荷(如美国 MK-54,见图 2-2)在满足要求的速度和姿态要求下入水。从助飞鱼雷工作流程看,其设计要求比导弹更为严苛。

图 2-2　MK-54 鱼雷

1. 基于性能要求的结构设计流程

鱼雷设计之初是用来水下作战的,当作为助飞鱼雷战斗载荷使用时,还须满足导弹的特性要求,例如,装载平台环境特性、发射时耐燃气冲刷能力、高速飞行的耐热能力、高空低气压对雷内部件的影响等。在满足导弹特性要求之外,还须确保其入水后能够正常航行。

助飞鱼雷战斗载荷和运载部分的连接段为分离舱段,一方面要保证质量最小,保证能在固定推力下航程最远;另一方面要保证在寿命历程中各种环境条件下的可靠连接。此外,助飞鱼雷要经历运载部分和战斗载荷的分离,确保分离舱在一定程度上阻滞运载器的追尾,以及安全分离是分离舱设计的基本要求。

空投附件一般包含头帽、位于尾部的保护装置和降落伞。在发射阶段、空中飞行段和入水阶段,头帽用于保护战斗载荷头部自导透声橡胶,要求在发射和飞行阶段能够承受燃气流以及飞行气动热要求;此外,在确保没有热硬化情况下,入水瞬间尽快破碎,以确保战斗载荷水下作战需求。保护装置用于防止战斗载荷螺旋桨在雷箭分离和入水瞬间受到破损,降落伞用于在较短时间内将战斗载荷速度降低至安全入水速度,避免战斗载荷出现结构破坏或电子部件损坏,确保其在水下能正常工作。

基于各功能部件的性能要求,制定总体及各系统设计要求,围绕功能开展设计,形成系统结构布局,在此之上完成全雷总体结构布局,经过多轮结构性能分析、优化,最终形成总体结构方案。总体结构设计流程如图 2-3 所示,技术方案是否满足总体要求取决于方案是否最优,因此,总体结构优化是结构设计中重要的一环。

总体结构优化通过对助飞鱼雷总体参数规定的各种相关要求,按照框架方案形成的理论外形、初始参数、结构组成和执行的任务流程,根据雷载系统功能与彼此间存在的逻辑关系,开展结构最优布局、动力学优化和运动学分析,确定出最佳折中结构方案,并将其组成一个具有某种特殊功能、能完成某种预定使命的有机集合体,即助飞鱼雷实体。其目的是将各项总体参数具体化,寻求

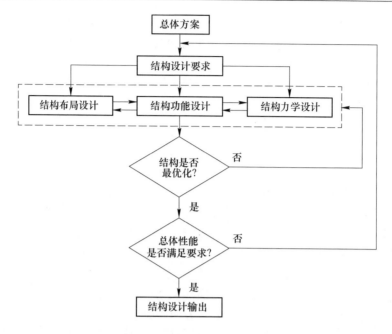

图 2-3　总体结构设计流程

构型最佳化和安全裕度控制，构思出一个既先进精良又切实可行的最佳折中结构方案，确定助飞鱼雷结构技术状态，使其具有良好的战术技术性能、工艺性能、使用性能、可靠性能和高的效费比。同时，随着装备通用化、系列化发展要求，往往需要一型运载体能够带载多种战斗载荷，这就对运载段的结构适应性提出了更高的要求，接口协调设计更为复杂。

2. 助飞鱼雷结构布局

助飞鱼雷结构是在弹道式或飞航式导弹结构基础上发展起来的，与其构型有很多共性，如结构布局、材料、工艺方法等，它与导弹最大的差别是工作时间和使用次数。这个特征使得助飞鱼雷结构设计具有明显的特点：一是考虑到战斗载荷重复使用要求，需要确保从发射直至入水之前的战斗载荷良好环境，确保战斗载荷能够多次使用；二是在有效载荷质量固定的情况下，保证强度、刚度和环境要求，并在一定动力条件下得到最大运载能力。

助飞鱼雷结构布局的主要内容有如下五个方面：

1）构型选择

助飞鱼雷的构型很大程度上取决于装载的平台类型，作为一型装备并不是孤立使用，而是在立体作战体系中的一环。确定了装载平台即确定了助飞鱼雷长度、质量、作战方式、飞行弹道等要求，从而确定了助飞鱼雷基础构型。

2) 形式选择

助飞鱼雷主要有飞航式和弹道式两种运载形式,弹道式突防能力较强,而飞航式航程更远且具备指令修正能力。同时,随着高速发动机的发展,不排除将来飞航式能够突破突防能力的短板。一旦选择弹道式和飞航式两种运载方式,就能够基本确定助飞鱼雷的结构布局。

3) 材料选用

从最小质量设计和构型设计要求上,建立统一的材料效率准则,主要考虑强度和刚度要求,同时还要考虑加工的难易程度、耐腐蚀性能、成本等其他因素。基于上述要求或不确定性因素,铝合金、铝镁合金、钛合金等比强度较高的材料质量很好,可作为助飞鱼雷主体结构件材料。

4) 虚拟布局

借助于大型商用软件,使用计算机辅助设计(CAD)和计算机辅助工程(CAE)技术完成虚拟设计、装配、运动仿真,完成样机的一次成型,节省了传统设计中原理样机,实物装配之后到工程样机的时间、成本以及人力资源的浪费。此外,基于通用化、模块化设计思路,将每个结构单元转化为功能驱动模块设计,能够在新型助飞鱼雷的设计中快速形成方案,从而提高产品竞争力。

5) 结构力学/动力学优化

在性能和结构综合设计要求下,形成主体外形布局,利用地面和空中载荷完成助飞鱼雷复杂工况下的结构力学/动力学分析,在此基础上按照结构安全裕度要求寻找结构失效工况类型以及失效部位,并进行加强设计。对安全裕度较大的结构件进行减重设计,完成主体结构的优化设计。同理,内部构件的设计也可沿用这种方法。

2.3.2 结构布局影响因素

在外形布局确定后,通过气动分析或数字风洞试验,基本确定全雷质量质心以及转动惯量要求,影响结构布局的因素主要是质量分布、可变质量安排、设备安排、承力结构布置等。

质量分布的调整目的是确保飞行全程以静稳定体或类静稳定体处于良好的操控状态。助飞鱼雷主要由运载部分、分离舱、战斗载荷串联构成。战斗载荷相对独立设计,也可选用已有的产品,因此作为不变质量,可变的即为运载部分和分离舱。一旦确定射程、运载形式和空中弹道,也可以作为不变质量。因此,能够改变的只有运载部分的控制舱,以及通过分离舱包裹战斗载荷位置来调整全雷衡重参数。此外,如果采用飞航式运载形式,油箱舱也可作为可变质量在一定范围内进行调整。

一般在结构类型确定后,全雷衡重参数已基本确定,可变质量的调节范围有限。由于物体越远离质心,所需要的质量体越小,调节能力也越强,因此,当通过调整后的结构不能满足飞行动力要求时,只能通过配重的方式进行全雷质量质心和转动惯量的调整。

助飞鱼雷的控制部件一般分布在全雷中间部位,也就是质心或浮心的位置。从理论研究出发,均质运动物体往往可以作为质点进行其运动研究。在实际使用中,雷体也是以质点方式出现,因此,导航部件一般处于质心位置。此外,从受力分析可以看出,质心处不论是受力特性还是振动特性都处于全雷最小的位置,控制部件受到的干扰最小。基于上述原因,设备舱一般位于主要飞行段的质心位置。

助飞鱼雷的承力结构主要是翼、舵以及分离舱等薄壁件,由于工况分析并不能够囊括所有的状态,因此上述薄壁承力结构件应留有较大的设计裕度。

此外,结构布局还需要充分考虑各系统的功能和要求,即根据鱼雷各系统功能特点和工作原理的要求,对各系统组件在鱼雷上的位置进行布局;保证可靠性要求,即降低组件间的相互影响,在进行结构布局设计时应将功能和对环境要求比较接近的产品集中布置,减少电磁干扰,增加隔离屏蔽,在简化结构的同时,减小组件的故障概率和相互之间的影响。对振动较敏感的元器件,布置时应远离振源。

为了使用、维修和保障的方便,在结构布局设计时对于助飞鱼雷使用、保障过程中需要经常操作的功能组件,尽量布置在雷体表面或舱段的端面部位,减少保障时拆装的工作量,降低工作难度。对于鱼雷产品中寿命件、易损件等组件的位置应布局在易拆装的部位,以方便维修中的修理或更换。

2.4　分离设计要求

2.4.1　助飞鱼雷分离方式

根据前面所述,助飞鱼雷最终目的是保证战斗载荷安全可靠入水、完成打击敌潜艇的作战使命,因此从发射、空中飞行到入水的过程中,必须将助飞鱼雷的运载部分、稳定减速部分、战斗载荷保护部分等逐步分离掉。由此看出,分离方案关系到助飞鱼雷外形选择与布局、总体参数选择、飞行程序设计和雷体结构方案等方面,是助飞鱼雷总体设计的关键技术。

按照助飞鱼雷结构组成,其飞行过程中的分离一般包括以下四种:
(1) 级间分离:助推器或固体火箭发动机的分离,也称作一二级分离。

(2) 雷箭分离：战斗载荷与分离舱、仪器舱等组合体的分离。

(3) 雷帽分离：战斗载荷入水与战斗载荷的自导头保护罩分离。

(4) 雷伞分离：战斗载荷入水与战斗载荷的减速装置降落伞分离。

助飞鱼雷实现各种分离过程的设备统称为分离机构或分离系统。分离机构一般由引爆、解锁装置、分离冲量装置等组成。对于比较简单的分离过程也可直接利用分离环境来进行,解锁装置和分离冲量装置合二为一。一般而言,分离装置在分离前应连接可靠、传力合理、满足强刚度要求；分离时不损坏战斗载荷、分离过程迅速、扰动小；结构设计应力求结构简单、安装使用方便、气动阻力小；选用的火工品应安全、可靠,满足使用环境条件等。

助飞鱼雷分离方式按照分离触发的形式通常分为主动分离和被动分离两种。主动分离是由助飞鱼雷控制系统根据飞行状态自主发出分离信号、分离机构动作实现的分离,如级间分离、雷箭分离。被动分离是助飞鱼雷借助外界环境条件变化、触发分离机构动作实现的分离,如雷帽分离和雷伞分离等。

2.4.2 分离设计要求

助飞鱼雷的分离方案有多种,分离方式也不尽相同,因此提出统一的分离设计要求比较困难。下面提出对助飞鱼雷四种分离方案的总体设计要求。

1. 级间分离设计要求

级间分离涉及级间结构状态、发动机内弹道性能、全雷飞行弹道和分离气动特性、姿态控制等因素,需要深入分析。其主要设计要求如下：

(1) 在规定的飞行分离条件下,要准时进行分离,两级分开到继续飞行级重新受控之间的失控时间要尽量短。

(2) 在分离过程中和分离后,两分离体之间应有适当间距,不能有严重碰撞的现象发生,并使继续飞行级的姿态角及其旋转角速度在允许的范围内。

(3) 避免级间分离引起雷上环境条件变坏,至少要保证雷体结构、运载设备、战斗载荷能承受分离带来的振动、冲击、压力等力学环境以及热环境。

2. 雷箭分离设计要求

雷箭分离类似弹道导弹的头体分离,但其分离体间的连接结构因各自总体结构布局不同而异,助飞鱼雷雷箭分离释放的战斗载荷为在水下独立完成其作战使命的完整的装备,分离过程中确保战斗载荷安全尤为重要。其主要设计要求如下：

(1) 设计时保证战斗载荷和运载部分在轴向上应有适当的安全距离。

(2) 分离舱初始张开力要足够大,能克服舱体气动压力,不允许分离舱和战斗载荷之间有碰撞现象。

(3) 在雷上判定的飞行分离时刻,要准时进行分离。

(4) 在分离后,两分离体之间应有适当间距,保证减速装置降落伞顺利展开。

(5) 确保整个分离过程中,残骸不与战斗载荷、降落伞等发生干涉。

(6) 雷箭分离过程中,还要保证雷体结构、战斗载荷能承受分离带来的振动、冲击等力学环境以及热环境。

3. 雷帽分离设计要求

头帽主要功能是保护战斗载荷自导头在发射、飞行、入水过程中不受损坏,在入水过程中要和战斗载荷分离。其主要设计要求如下:

(1) 头帽材料选择要适当,强度要适中,能防火、防热。

(2) 头帽入水后在入水冲击力作用下能够破碎。

(3) 头帽碎片不会对战斗载荷自导头硫化橡胶有划伤,不会卡滞鳍舵等流体动力部件。

4. 雷伞分离设计要求

降落伞主要功能是对战斗载荷进行稳定减速,在入水过程中要和战斗载荷分离。其主要设计要求如下:

(1) 降落伞结构形式要选择正确,阻力特征面积和入水速度需匹配。

(2) 确定好降落伞和战斗载荷的链接结构形式。

(3) 入水冲击即是入水的环境,又可以作为入水的信号,协调好其和雷伞分离装置的关系。

(4) 对于采用火工品进行的雷伞分离方式,保证战斗载荷雷体结构、各电子电气系统能承受分离带来的振动、冲击环境。

除过以上四种分离方案,助飞鱼雷还会有其他的分离方案,如舵圈分离等,可参照上面的分离设计要求进行。

2.5 运 载 方 案

2.5.1 运载器工作原理

运载器是助飞鱼雷最重要的组成之一,它的主要功能是:完成助飞鱼雷助飞段(从发射到雷箭分离点)的导航、制导与控制,完成飞行时序控制、信号采集传输和变换等功能;提供助飞鱼雷空中飞行段动力;完成雷箭分离指令可靠发出及对运载残骸的弹道控制;可通过雷载指令接收设备接收目标位置修正信息,可在飞行过程中实现对助飞鱼雷弹道的修正。其工作原理如图 2-4 所示。

第2章 助飞鱼雷总体设计

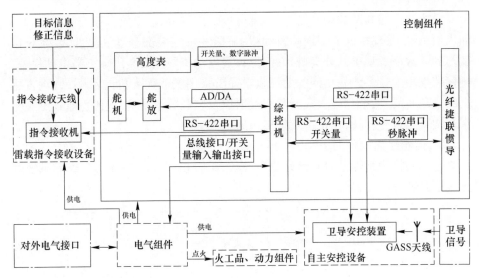

图 2-4 运载器工作原理图

按照前述助飞鱼雷动力形式分类方法,助飞鱼雷运载器通常可分为飞航式运载器和弹道式运载器(助飞火箭)两种。

2.5.2 飞航式运载器

飞航式运载器由设备舱、油箱舱、发动机舱、尾舱、助推器和推力矢量舱等组成。

1. 运载器结构设计

运载器一般由设备舱、油箱舱、发动机舱、尾舱、一二级分离机构、推力矢量舱、进气道整流罩、侧鳍、弹翼、尾翼和固体火箭发动机组成,如图 2-5 所示。

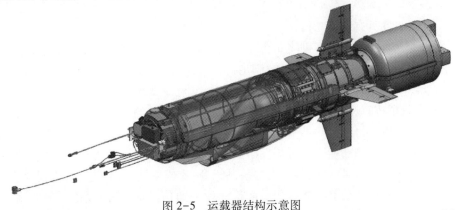

图 2-5 运载器结构示意图

29

设备舱一般安装控制导航组件、部分电气组件等;油箱舱一般安装油箱和燃油供油系统;发动机舱安装涡喷发动机;尾舱一般安装部分电气组件、舵系统以及与固体火箭发动机的分离机构;固体火箭发动机段除安装固体火箭发动机外,还安装推力矢量系统。早期的助飞鱼雷通常采用类似无人机的水平翼+垂直尾翼的气动布局,考虑到载舰武器共架发射以及装载数量要求,现代飞航式助飞鱼雷通常采用折叠弹翼,在鱼雷发射出箱后打开。

2. 控制组件

运载器控制组件由捷联惯性导航系统、综控机、一级舵系统、二级舵系统和无线电高度表组成,如图 2-6 所示。

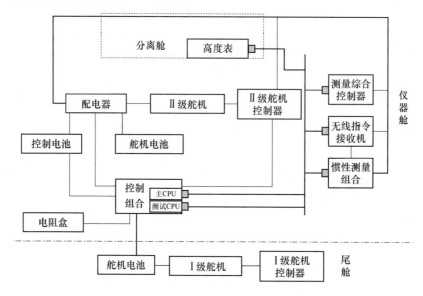

图 2-6 控制系统组成原理图

控制组件具有如下功能:

(1)飞行控制功能。助飞鱼雷正常发射后,控制鱼雷姿态稳定,按照预定的弹道飞行,并保证雷箭分离点参数满足技术指标要求。同时在鱼雷飞行过程中,根据预定的工作时序,产生相关控制指令,如级间分离、涡喷发动机点火、雷箭分离等,使鱼雷按时序完成预定功能,并能根据实时接收的目标信息,控制鱼雷稳定飞向修正后的目标。

(2)发射控制功能。通过与反潜武器系统的发射控制单元通信,接收初始对准所需的导航信息,接收各项发射控制指令,完成射检、参数装定等发射流程。

(3)地面测试功能。通过与地面检测设备通信,接收检测设备发出的测试指令,在完成相应的测试项目后将测试结果发送给检测设备,同时还协助检测设备对运载器进行综合测试。

飞航式助飞鱼雷运载器控制系统实际上和飞航导弹控制系统相同,只是空中没有寻的过程,助飞鱼雷攻击的目标一般在发射前通过武器系统给助飞鱼雷已经装订好。其弹道形式一般为定高巡航飞行。

3. 无线指令修正系统

助飞鱼雷的打击目标是运动中的潜艇,由于目标具有机动性,为提高命中概率,需要在助飞鱼雷飞行过程中对目标位置进行修正,确保战斗载荷入水点准确,为战斗载荷水下捕获目标提供保证。无线指令修正系统的功能是通过无线信道传输目标位置修正信息,它一般适用于射程较大的飞行弹道。

无线指令修正系统由舰载指令发射设备(含发射机和发射天线)和雷上指令接收设备(含接收机和接收天线)组成。无线指令修正系统组成及原理如图2-7所示,两部分协调工作,将综合反潜武器系统提供的目标位置修正信息向运载器传输。

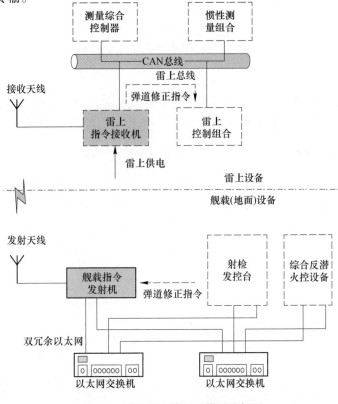

图2-7 无线指令修正系统组成框图

雷载指令接收设备由指令接收机、指令接收天线和指令接收馈线组成。

指令接收机采用模块化堆栈结构形式,分为射频前端模块、射频通道模块、基带综合模块和电源综合模块。各模块射频及中频模拟信号采用专用射频连接器互连,各模块的低频信号采用专用高密度连接器互连。指令接收天线一般采用八木天线,其结构形式如图2-8所示,接收馈线采用普通高频馈线。

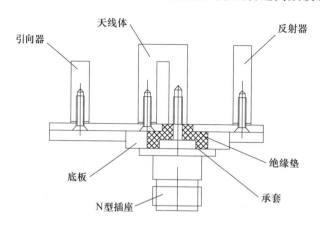

图2-8 指令接收天线结构示意图

4. 动力组件

飞航式运载器动力组件采用助推器+涡喷发动机的动力形式。助推器(固体火箭发动机)用于提供助飞鱼雷出箱、助推段飞行的动力,将鱼雷加速到巡航速度(图2-9)。

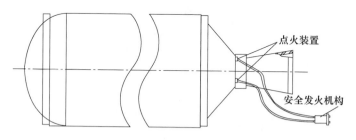

图2-9 助推器(固体火箭发动机)外形结构示意图

助推器由装药燃烧室、喷管、点火装置、连接密封结构等部分组成。其中点火装置包括安全点火装置、隔板发火管和点火器。助推器前裙与运载器尾舱通过分离环连接,助推器喷管上安装燃气舵推力矢量系统。助推器需按照助飞鱼雷的使用要求选择。

第2章 助飞鱼雷总体设计

助推器分离后,由涡喷发动机提供助飞鱼雷亚声速巡航飞行所需的动力(图2-10),其中进气道提供涡喷发动机正常工作所需的空气,燃油系统不间断地向涡轮喷气发动机提供满足流量和压力要求的清洁燃油。

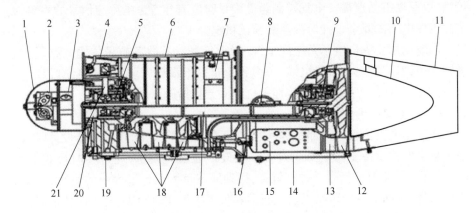

图 2-10 涡轮喷气发动机结构示意图

1—整流罩;2—调节装置;3—供油装置;4—进气机匣;5—前轴承;6—外部管路(上);
7—中介机匣;8—点火器;9—后轴承;10—排气锥;11—喷管外锥壳体;12—涡轮转子;
13—涡轮导向器;14—燃烧室壳体;15—火焰筒;16—喷油环;17—筒轴;
18—轴流压气机;19—自封活门;20—滑油池;21—转速传感器。

燃油系统由油箱、过载油池、高压贮气装置、燃油电磁阀、引气增压导管和供油导管等组成。油箱上设有燃油加注口和放泄口,油箱增压管路上设置单向阀和安全活门。发动机点火前,燃油电磁阀通电打开,为发动机供油;发动机需要停车时,燃油电磁阀断电关闭,停止为发动机供油。为保证不间断供油,燃油系统设置了过载油池,在运载器出现负过载时,过载油池内燃油将保证向发动机持续供油,一般情况下过载油池容积应满足抗负过载时间。

一般选用巡航导弹上常用的涡喷发动机,并按照助飞鱼雷的使用要求进行适应性改进而来。涡喷发动机采用等压差供油调节规律,飞行推力可根据需要进行地面台架装定。

5. 电气组件

运载器电气组件一般由电源、电气控制设备、电缆网等组成。

电源一般为发电机、化学电池等。考虑到助飞鱼雷战斗载荷入水后为独立供电,空中飞行阶段供电需求较少,且助飞鱼雷相较传统巡航导弹直径、长度均有所减小,工作时间相对短,电源组件一般选用化学一次电池,如热电池,其环境适应性好,负载特性强,能够承受瞬态大电流负载冲击。电源组件主要提供运载

33

系统电子系统、舵系统以及火工品点爆所需的电源,根据战斗载荷供电需求的不同,电源组件也应具备提供战斗载荷供电的能力。

电气控制组件主要用于完成电子系统用电的供配电切换、主要指令信号的传输,以及火工品点爆。电气控制组件设计时应充分考虑电源与信号的隔离,火工品点爆电路的冗余设计对战斗载荷的供电。

电缆网主要提供电子系统间电源、指令信号以及数字信号传输的路径。电缆网一般设计为多头、多股电缆,考虑到鱼雷内部设备安装紧密,电缆设计应柔软,易弯曲,同时应采取屏蔽、接地等抗电磁干扰措施。

6. 自主安控设备

在使用助飞鱼雷进行部队训练时,为了保证训练安全,在运载器设计时需要考虑自主安控设备。自主安控设备一般设计为独立设备,通过实时接收GPS/GLONASS、北斗卫星信号并进行解算,得到助飞鱼雷飞行过程中的位置、速度等相关信息,根据卫星定位结果对飞行器的位置进行实时判决,对飞出预定安控管道的助飞鱼雷发出主动自毁指令,确保载舰、航区内设施和居民的安全,减少飞行故障造成的损失。

2.5.3　弹道式运载器

弹道式运载器即助飞火箭,与飞航式运载器结构基本相似,由设备舱(或称作仪器舱)、固体火箭发动机、尾舱、推力矢量舱等组成。

1. 结构设计

弹道式运载器结构一般由设备舱、尾舱以及翼舵组成,如图2-11所示。设备舱前端面与分离舱连接,后面与固体火箭发动机连接,是全雷的关键承力结构部段,其内部安装有控制导航组件、部分电气组件等。尾舱安装在设备舱后端,其内部一般安装电气组件、舵系统等。常规弹道式助飞鱼雷采用边条翼+空气舵+尾翼的气动布局,边条翼一般为对称分布的4片,考虑到高密度装载要求,现代助飞鱼雷边条翼、空气舵、尾翼也采用折叠机构。

图2-11　弹道式助飞火箭示意图

2. 固体火箭发动机

固体火箭发动机使用固体推进剂，推进剂按照一定形状装填或直接浇注在燃烧室中，推进剂直接在燃烧室中燃烧，形成高温、高压燃气并从喷管喷出，产生推力。固体火箭发动机一般由燃烧室、喷管、药柱和点火装置等部分组成，如图2-12所示。

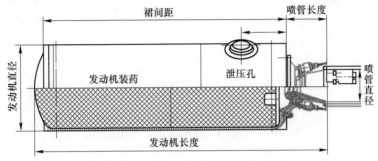

图2-12　固体火箭发动机结构示意图

一般在固体火箭发动机头部安装安全点火机构。采用热发射方式的助飞鱼雷，由反潜武器系统直接控制安全点火机构，接通点火电路，实施发动机点火。采用冷弹射发射方式的助飞鱼雷，由助飞鱼雷控制组件敏感鱼雷出筒后状态，控制安全点火机构实施点火。安全点火机构接通点火电路后，反潜武器系统或控制系统发出点火信号，直接引燃机构内热敏药，热敏药再引燃加强药，加强药再引燃点装药，产生一定压力的燃气，燃气包围药柱，药柱被加热、点燃，产生高温、高压燃气，经喷管膨胀高速排出，产生推力。

助飞鱼雷使用的固体火箭发动机可以是侧面燃烧或端面燃烧发动机，可以是单室单推力，也可以是单室双推力，需要结合型号的具体特点进行选择。

考虑到助飞鱼雷助飞段和雷伞段飞行过程衔接，为确保雷箭分离参数满足要求以及不同射程条件的要求，固体火箭发动机需采取推力终止措施。一般是在燃烧室上设置一些特定泄压口或反向喷管，打开泄压口，径向泄压，使药柱熄灭，或瞬间打开向前倾斜的反向喷管，产生反向推力，使发动机残骸迅速远离二级飞行体。

3. 控制系统

弹道式运载器控制系统与飞航式运载器控制系统组成、功能基本相同，但由于两种方案的动力系统不同，导致飞行弹道也不相同，从而使得控制方法也不尽相同。

弹道式助飞鱼雷飞行弹道示意图如图2-13所示。

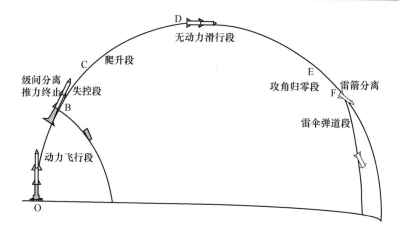

图 2-13 弹道式助飞鱼雷飞行弹道示意图

从图 2-13 可见，火箭助飞段可分为动力飞行段和滑翔增程段。由于飞行弹道最高达十几千米，需要穿越高空风场，因此弹道式助飞火箭控制系统在设计时必须考虑高空风场对飞行的影响。

1）动力飞行段

动力飞行段是固体火箭发动机工作时的飞行段，按照射程，应预先确定飞行俯仰程序角，按预定俯仰程序角飞行，水平采用横向导引控制。动力飞行段采用能量关机控制（见式(2-2)），进行发动机推力终止控制。

$$\Delta W = \frac{1}{2}V_d^2 + g(h-h_0) - \bar{k}\rho - \bar{W} - \Delta\bar{W}_{pjf} \tag{2-2}$$

式中：V_d 为助飞鱼雷相对速度；g 为引力；h 为飞行高度；h_0 为发射点高度；ρ 为箭目距离；$\bar{k}$、$\bar{W}$ 为制导诸元；$\Delta\bar{W}_{pjf}$ 为平均风修正量。

当 $\Delta W > 0$ 时，控制系统发出发动机关机指令。

横向导引方程为

$$\hat{\psi}_{cx} = \begin{cases} -\psi_{Imax}, & -k_\sigma \cdot \tilde{\sigma}_d < -\psi_{Imax} \\ -k_\sigma \cdot \tilde{\sigma}_d, & -\psi_{Imax} \leq -k_\sigma \cdot \tilde{\sigma}_d \leq \psi_{Imax} \\ \psi_{Imax}, & -k_\sigma \cdot \tilde{\sigma}_d > \psi_{Imax} \end{cases} \tag{2-3}$$

式中：$\tilde{\sigma}_d$ 为相对速度航迹偏航角；k_σ 为横向导引系数；ψ_{Imax} 为偏航程序角限幅值。

2）滑翔增程段

在发动机关机、鱼雷爬升到最高点后，开始进行滑翔增程飞行。滑翔增程段采用闭路导引规律,根据当前的导航信息和终端位置、速度矢量约束条件实时产生助飞雷与目标点(雷箭分离点)的相对速度旋转方向控制指令,并通过姿态控制来实现,最终闭合目标。控制方程为

$$\begin{cases} \dot{\theta}^* = -\dfrac{\dot{\gamma}_{BD}}{\cos(\lambda_T - \tilde{\sigma}_d)} \\ \dot{\sigma}^* = \dfrac{\dot{\gamma}_{BT} - \dot{\gamma}_{BD}\tan(\lambda_T - \tilde{\sigma}_d)\sin\lambda_D}{\cos\lambda_D} \end{cases} \quad (2-4)$$

式中:$\dot{\theta}^*$、$\dot{\sigma}^*$ 分别为俯仰角速度和偏航角速度;ϕ^*、ψ^* 分别为俯仰程序角和偏航程序角 $\phi^* = \phi_{cx_{i-1}} + k_\phi \dot{\theta}^* \cdot \Delta T, \psi^* = \psi_{cx_{i-1}} + k_\psi \dot{\sigma}^* \cdot \Delta T$,其中 ΔT 为控制周期;k_ϕ、k_ψ 分别为俯仰通道导引系数和偏航通道导引系数。

到达雷箭分离点时,控制系统发出雷箭分离指令。

2.5.4 运载方案选择方法

根据上述分析,助飞鱼雷运载器一般采用飞航式和弹道式两种,两种运载器各有特点,区别主要表现在动力方式不同和控制方法不同(飞行弹道不同),下面从这两个方面进行深入分析。

1. 发动机比较分析

发动机是运载器最重要的组成部分,选择发动机的类型,通常需要综合评比性能(比冲、推重比、单位迎面推力、工作时间、调节特性等)、费用、进度和风险等。

涡喷发动机的主要优点是耗油率低,比冲高;缺点是构造复杂,成本高。其特性主要取决于压气机的增压比和涡轮前燃气温度。

固体火箭发动机具有结构简单、工作可靠、使用操作简便、安全性好、成本低、可长期贮存、迅速启动等优点;并且在总质量相同条件下,最大推力大,加速性能好。缺点是比冲低、环境温度对发动机的特性影响大,推力难调节,特别在比冲、密度、燃速、力学性能方面受到限制,一般多在短程导弹上使用。

冲压发动机、液体火箭发动机等也都有各自的特点以及适装的范围。一般来说,选择发动机类型可考虑以下方面因素:

(1) 工作时间。发动机工作时间受武器工作要求的限制,时间不宜太长或太短,否则在技术上将难于实现。若工作时间太长,采用火箭发动机会使质量增加很快。因此,工作时间大于 5min 时,宜采用空气喷气发动机;工作时间为 1~2min 时,宜采用火箭发动机;工作时间为 2~5min 时,均可采用。

（2）对助飞鱼雷全雷质量的影响。发动机系统(含燃料)对全雷质量有很大影响。发动机是通过发动机本身质量、发动机的迎面阻力和燃料消耗量三个方面来影响全雷质量的。

（3）性能影响。从工作可靠性和使用方便性来讲,固体火箭发动机无活动部件,可靠性相对要高,使用方便,不需要很多的辅助设备;从推力调节性和推力控制方面来讲,空气喷气发动机有较大的优越性。

在选择发动机时,应根据不同的性能参数做出各种性能曲线来进行比较。在设计过程中,应从使助飞鱼雷的起飞质量最小或其他原则作为出发点,进行综合比较分析,从而得到各种发动机大致使用范围曲线,由性能曲线和使用范围曲线就能做出初步选择。

2. 制导系统比较分析

1）制导系统组成和功能

制导系统具备两个基本功能,即"导引"和"控制",因此制导系统基本组成也就包括导引系统和姿态控制系统两部分。按照制导系统的特点和工作原理,可分为自主制导、遥控制导、自动寻的制导和复合制导。其中,自主制导包括捷联式惯性制导系统和程序制导两种。

捷联式惯性制导系统优点是不依赖于外界的任何信息,不受外界干扰,也不向外界发射任何能量,所以有较强的抗干扰能力和良好的隐蔽性。其常用于弹道式助飞鱼雷和飞航式助飞鱼雷的制导。

程序制导优点是设备简单,制导与外界没有关系,抗干扰性好;但导引误差随飞行时间而增加。其常用于弹道式助飞鱼雷的主动段制导和飞航式助飞鱼雷的初始段制导。

遥控制导常用于攻击活动目标。

寻的制导系统又称"自动寻的"或"自动导引",是由雷上设备形成控制指令实现制导。

复合制导是由几种制导系统依次或协同参与工作来实现对鱼雷的制导。复合制导系统设计中需要解决两个问题:一是复合方式的选择;二是不同制导方式的转换。考虑的主要因素有:武器系统的战术技术指标要求,目标及环境特性,各种制导方式的特点及相应的技术基础。大多数助飞鱼雷在初始飞行段采用自主式制导,以后采用其他制导。不同制导方式之间转换时,为了满足鱼雷位置偏差和空间方位的协调性要求,具有一定的限制条件,且不同复合制导,限制条件不同。

2）助飞鱼雷对制导系统的需求

助飞鱼雷制导系统选择的主要依据是鱼雷武器系统的战术技术指标,具体如下：
（1）战斗载荷特性，如尺寸、质量、质心、对外接口等；
（2）发射环境，如陆基（固定式，即静基座）、海基（移动式，即动基座）；
（3）助飞鱼雷特性，如种类、用途、射程、作战海域、飞行时间；
（4）战斗载荷发现水下目标概率要求；
（5）武器系统工作环境，如温度、湿度、压力的变化范围，以及冲击、振动、运输条件和气象条件等；
（6）使用特性，如武器系统进入战斗的准备时间、设备的互换性、检测设备的快速性和维护的简便性等；
（7）质量、体积要求；
（8）成本要求；
（9）可靠性设计要求等。

上述战术技术指标直接影响制导系统方案的确定，其中，发现水下目标概率要求是整个武器系统设计的中心问题。助飞鱼雷制导系统设计的根本任务是在上述条件下尽可能保证高的制导精度，以提高发现水下目标的概率。对制导系统设计的基本要求如下：

（1）满足制导精度要求。制导系统的制导精度高，战斗载荷入水落点精度就高，发现水下目标的概率就高。制导精度由助飞雷的制导体制、导引规律、制导回路特性及采取的补偿规律、设备精度和抗干扰能力所决定的。因此，制导系统要通过选择制导方式和导引规律，设计具有优良响应特性的制导回路，设计合理的补偿规律，提高各分系统仪表设备的精度，加强抗干扰措施等，以满足制导精度的要求。

（2）战术使用上灵活，对目标探测范围大，跟踪性能好，同时要求发射区域及攻击方位宽，进入战斗时间短，作战空域大。

（3）尽可能减小设备的体积和质量。

（4）成本低。

（5）可靠性高，可检测性和维修性好等。

3）导引律的选择

导引律是制导系统控制助飞鱼雷飞行所遵循的规律，又称制导律，它根据鱼雷与目标之间的相对运动信息（如视线角速度、相对速度等）形成制导指令，使助飞鱼雷按照一定的飞行轨迹达到目标水域上方。导引律选择的基本原则如下：

（1）理论弹道应满足预定制导精度要求，即制导误差要小。

（2）弹道横向需用过载变化应光滑，各特征点的值应满足设计要求，一般要求可用过载和需用过载之差应有足够裕量。

（3）目标机动时,鱼雷付出机动过载要小。

（4）抗干扰能力强。

（5）尽可能适应于大射程下的作战空域要求。

（6）导引律所需参数应便于测量,测量参数应尽量少,并保证技术上容易实现,系统结构简单、可靠。

导引律有很多种,其中的经典导引律是建立在早期经典理论的概念基础上的制导律,包括追踪法、前置角法、三点法、平行接近法以及比例导引法等。现代导引律是建立在现在控制理论和对策理论基础上的制导律,目前主要有线性最优、自适应显式制导、微分对策等导引律。

无论哪种导引律,都会存在制导误差,造成制导误差的因素有传感器输出、噪声、目标机动、阵风等。在选择导引律时必须考虑成本和复杂性因素。

根据对国外助飞鱼雷运载系统发展情况分析,飞航式助飞鱼雷运载器一般采用助推器+涡喷发动机为动力,弹道式一般采用固体火箭发动机为动力,制导系统一般采用捷联式惯性制导系统。

2.6 发射箱(筒)方案

2.6.1 发射箱(筒)设计要求

随着技术的进步,对舰载导弹、助飞鱼雷等武器的作战反应时间要求越来越短,因此越来越多的导弹、助飞鱼雷等武器采用了贮运/发射融为一体的贮运发射箱(或筒)进行发射,如美国水面舰艇装备的 MK13/21 型发射箱("标准"-2系列舰空导弹)、MK15 型发射箱("阿斯洛克"反潜鱼雷,见图 2-14)、MK14 型发射箱("战斧"巡航导弹)、"鱼叉"舰舰导弹发射箱、"海响尾蛇"导弹发射箱、"飞鱼"舰舰导弹发射箱均采用了贮运/发射为一体的设计。我国鹰击系列导弹、助飞鱼雷的发射箱也采用了贮运/发射一体的设计。

发射箱和发射筒的区别在于其发射装置的约束,而使其外形呈方形或圆形,其功能没有任何变化。以下文中用发射箱统指发射箱和发射筒。

发射箱设计时应充分考虑以下三个方面：

（1）发射箱的快速反应技术。为缩短发射箱的准备时间,发射箱设计时在保证可靠性的条件下需要采用简化设计、尽量减少活动器件等措施,减少发射箱准备过程中的活动部件和检测环节。目前,国外在发射箱研制中已逐步采用易碎/裂盖代替机械/液压打开箱盖的技术,如"标准"-2系列舰空导弹发射箱、

第 2 章　助飞鱼雷总体设计

图 2-14　美国"阿斯洛克"反潜鱼雷发射箱及其发射装置

"海鸥"反舰导弹发射箱（图 2-15(a)）、"战斧"巡航导弹发射箱（图 2-15(b)）、"鱼叉"舰舰导弹发射箱、"海麻雀"舰空导弹发射箱、"海响尾蛇"导弹发射筒等均采用了易碎/裂盖或抛盖技术，大幅减少了系统反应时间。我国海军 20 世纪八九十年代装备的导弹发射箱均采用了前抛盖技术，新近装备的导弹发射时，发射箱前盖均采用易碎盖技术，大大缩短了系统反应时间。

(a) "海鸥"反舰导弹发射箱易碎盖被冲破　　　(b) "战斧"导弹发射时前盖穿破形式

图 2-15　发射箱前盖形式

（2）发射箱的轻量化设计。目前，国外导弹/助飞鱼雷发射箱在减重设计上

41

主要从两个方面采取措施：一是采用结构优化设计，完善设计方法；二是从箱体材料着手，通过采用复合材料减轻结构重量。但从当前国外已装舰产品的种类和数量来看，金属材质的发射箱仍占较大比例，特别是水面舰艇的装舰产品，国外发达国家海军从安全性角度考虑多优先采用钢结构发射箱；同时随着计算机仿真技术和数控加工技术的飞速发展，通过采用有限元仿真、动力学仿真、结构优化设计和日益完备的试验手段，使得钢质发射箱的质量也得到大大减小。

（3）发射箱的通用技术。在外形尺寸一致的条件下，通过内部不同设计达到装载不同型号/规格的导弹、助飞鱼雷等。由于国外军事工业在基础材料、电子技术、数控制造、总体设计、系统集成等多方面处于领先，所设计的导弹/助飞鱼雷产品在外形相近的情况下可以做到新产品性能比上一代产品有较大提高，因此原有的发射箱外形不必做大的改变，大大提高了发射箱设计的效费比。

2.6.2 发射箱分类及工作原理

按照发射箱开盖方式，分为机电开盖式、易碎易裂盖式和火工作动抛盖式。

机电开盖式发射箱和火工作动抛盖式发射箱工作原理很简单，即在发射前利用机电设备打开发射箱前后盖或用火工品作动把发射箱前后盖抛掉，给助飞鱼雷留出飞行通道。其缺点是在因故不能发射条件下，发射箱内的气密环境会受到破坏。

易碎易裂盖式发射箱工作过程相对复杂，助飞鱼雷发射时，助推器点火后形成的燃气流，在导流尾盖底部偏转180°，利用燃气流胀破前后盖，为鱼雷安全出箱留出运动通道。其缺点是不能很好控制发射箱内的燃气流场，容易对助飞鱼雷的附件，如头帽等造成影响。

一般来讲，机电开盖式发射箱可用于斜架发射的助飞鱼雷，易碎易裂盖式发射箱主要用于垂直发射的助飞鱼雷。

对于垂直发射用发射箱，还可分为自排导同心筒发射箱、共用排烟道发射箱（如我国鱼-X鱼雷发射箱）。以下主要介绍自排导同心筒发射箱的设计技术。

2.6.3 同心发射筒设计

本节主要介绍舰船上应用较多的自排导同心发射筒的设计技术，内容包括结构组成、工作原理、多筒布局方案，并从发展方向、燃气流排导方案、导流板设计和燃气开盖技术等方面讲述燃气流排导的研究成果。同心发射筒分为单筒和多筒。

1. 单筒

单筒主要由内筒体、外筒体、导轨、辅助导轨、翼轨、易碎前盖、导流尾盖、固弹机构、脱插机构、充排气接口、检测接口及其他附属件组成,如图2-16所示。

同心筒以结构简单而著称,内筒体约束助飞鱼雷,外筒体约束排焰,半球形端盖实现燃气转向,易碎前盖保证气密及在发射时被燃气胀破,可调节的推力增大器和内外筒间的连接件为纵梁。具有不同功能的内筒布置示意图如图2-17所示。同心筒的内筒和外筒是两个同心圆筒,其中内筒对导弹起支撑和导向作用。纵梁对内筒起支撑作用,也是外筒与内筒间的连接部件。内筒、外筒与纵梁所围起来的空间构成了热发射时的燃气排导通道(简称燃气道)。同心筒底部的半球形端盖对燃气起导向作用,为了减小质量,将端盖做成半球形。通过调节同心筒内筒底板上推力增大器开孔大小,可实现对燃气排放推力的控制。

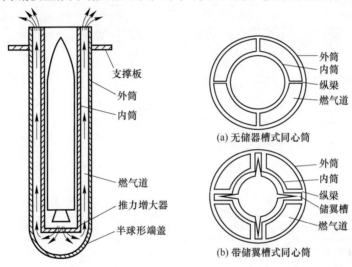

图2-16 自排导同心筒结构示意图　　图2-17 内筒布置示意图

当发动机工作时,高速、高温燃气流流经推力增大器,在导流端盖处转向180°反流向上流向内外筒之间的燃气排导通道,并从同心发射筒上端排出。改变内筒底板处推力增大器孔口的大小可控制燃气排放产生的推力。

2. 多筒

为了提高火力密度和战斗力,可以利用自排导同心筒发射箱自带燃气排导通道的特点实现一筒/箱多弹,即在同一发射单元可以装载一个大型的自排导同心发射筒,也可以装载多个小型自排导同心发射筒。当采用方形或圆形截面发射单元时,可供选择的一筒/箱多雷方案包括2合1方案、3合1方案和4合1方案。各方案的可行性图解如图2-18和图2-19所示。从图2-18可知,当选择方形发射单元时,一筒/箱多弹的3合1方案存在结构干涉,此方案不可行,而2

合 1 方案和 4 合 1 方案具有可行性。从图 2-19 可知,当选择圆形发射单元时,一筒/箱多弹的 2 合 1 方案、3 合 1 方案和 4 合 1 方案均具有可行性。假设大型自排导同心发射筒外径为 D,小型的自排导同心发射筒外径为 d,根据几何关系可得大发射筒和小发射筒间的尺寸关系,见表 2-1。

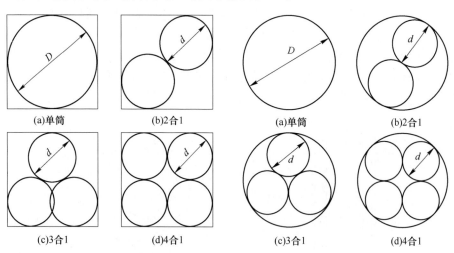

图 2-18　方形发射单元　　　　　图 2-19　圆形发射单元

表 2-1　大发射筒和小发射筒间的尺寸关系

发射单元形状		方形发射单元	圆形发射单元
发射单元截面特征尺寸		边长为 D 的方形	直径为 D 的圆形
2 合 1 方案	可行性	可行	可行
	大筒和小筒的关系	$D=(1+0.707)d$	$D=2d$
3 合 1 方案	可行性	不可行(当然缩小可以)	可行
	大筒和小筒的关系	—	$D=(1+1.414)d$
4 合 1 方案	可行性	可行	可行
	大筒和小筒的关系	$D=2d$	$D=(1+1.414)d$

由表 2-1 可知,在一筒/箱多雷方面,方形发射单元只有两种组合,圆形发射单元可以容纳三种组合。当大型自排导同心发射筒外径相同时,方形发射单元能容纳的小自排导同心发射筒外径尺寸大于圆形发射单元所能容纳的小自排导同心发射筒外径尺寸。因此相对而言,方形发射单元可以装载较大的导弹,换句话说,如果导弹尺寸一样,方形发射单元的占用面积较小;而圆形发射单元可

以获得较大的灵活性,除了一筒/箱一弹方式以外,其余方式所容纳的导弹尺寸都偏小。从通用化和标准化等实际应用角度考虑,装载较大的导弹或鱼雷比装备更多尺寸种类的发射筒更有意义。

同心发射筒结构紧凑,占用空间少,安装数量灵活,适装性强,多采用阵列形式组成同心筒式垂直发射装置模件,装备于船舶甲板上,如图2-20所示。由于每个同心发射筒独立完成燃气排导,因而对邻近导弹发射筒没有任何影响,图2-21为英国"海狼"导弹发射实况。"海狼"导弹的垂直发射筒既是发射管又是贮运包装箱,具有质量小、结构坚固、可重复使用等特点。"海狼"导弹垂直发射装置在设计上将四个排气道分布在导弹的四个弹翼之间,实现燃气排导系统与贮运发射箱的一体化设计,不仅简化了燃气排导系统的结构,而且使整个发射装置体积和质量小、适装性好。该种发射装置可以一个发射箱为单元组合出多种配置形式,灵活布置于机库两侧或上层建筑。

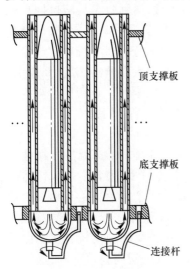

图2-20 同心发射筒阵列

图2-21 "海狼"导弹发射实况

3. 同心筒主要技术分析

目前,同心筒技术在可靠性、安全性等方面具有显著优势,已成为导弹、助飞鱼雷等武器垂直热发射的重点发展方向。在同心筒设计中主要关键技术有燃气排导技术和易碎前盖胀破技术。

1) 燃气排导技术

发射助飞鱼雷过程中,为保证发射筒及发射平台的安全,自排导同心筒发射箱自带的燃气排导系统必须把助飞鱼雷发射时产生的高温、高速和高质流量的气-固两相燃气安全顺畅地排放到甲板面以上的安全区域，它不仅要承受发射鱼雷的载荷，还要承受燃气的烧蚀和冲刷作用。该燃气排导系统占用空间为发射筒装雷后的剩余空间，结构空间小，导流型面布置困难。

(1) 燃气排导。

在同心筒设计中，必须采用发射筒燃气流场仿真分析软件进行燃气流场数值模拟计算，对影响同心筒发射排气效果的内外筒间隙、内筒收缩段和头部导流结构等因素进行分析，才能得出一个好的设计方案。许多研究成果表明：①合适的内、外筒间隙是燃气流排导的关键，随着内外筒间隙的增大，燃气排导变得更顺畅。②利用发射筒底部的内筒收缩段可以有效改善燃气排导效果，内筒尾部设计收缩段可对反射燃气流起到遮挡作用，使温度相对较低的空气能够在筒内停留较长时间。③采用发射筒头部导流结构可以有效改善抽吸作用对助飞鱼雷发射环境的影响，在筒口加设计导流段可将燃气导向周围让出助飞鱼雷飞行通道，还可以降低筒口引射作用，减少筒底燃气反射，可以达到减少从筒口抽吸入燃气的量，降低鱼雷与内筒间气体温度，有效改善鱼雷发射环境。④为降低对发射筒的冲击力可在筒底安装导流锥。⑤燃气流场的非稳态特性在筒壁上产生了严重的热冲击，从而可能引起对材料强度和刚度具有很大影响的热应力/应变。⑥改进发射筒结构使筒内流场温度分布均匀，避免产生高温区，解决同心筒垂直热发射装置的助飞鱼雷等武器在发射过程中承受温度过高的问题。

(2) 导流板设计。

在同心筒发射助飞鱼雷过程中，从燃气流排导系统排出的高温燃气在抽吸作用下进入内筒，从而使助飞鱼雷周围温度过高、压力过大，很容易造成雷体烧蚀、头帽碎裂。为使已排出发射筒的高温燃气不进入内筒，可在同心发射筒口对高温燃气进行导流。有人通过研究提出了一种有效改善筒内热环境的导流板形式，并推荐导流板距筒口的最佳距离为约 1.2 倍于内外筒间隙比较合适。由于筒口导流板设计引进了外界冷空气，内、外筒间隙燃气的温度显著下降，这样就避免了同心筒发射过程中，鱼雷处于燃气流中，较高温度的恶劣环境对助飞鱼雷仪器、设备的不良影响。

综上所述，在发射筒设计中要利用结构仿真与流场仿真相结合的手段，对燃气排导通道的结构形式、导流面设置以及防烧蚀结构进行优化设计，并在结合试验的基础上解决发射筒内燃气排导系统的设计。

2) 易碎前盖胀破技术

同心筒发射时排放到空中的燃气具有较强的能量，可以为燃气开盖提供动力。但易碎前盖设计的主要难点为：①为保护舰面设备，易碎盖体必须采用轻质非金属材料研制；②发射筒直径较大（一般为 790mm），导致易碎前盖直径较大,不利于燃气胀破;③为适合与通用发射架接口,筒体上法兰与易碎前盖最大尺寸不应太厚,一般不超过70mm。采用非金属材料的易碎前盖,直径大、厚度小,其强度控制较难。因此,准确控制易碎盖体的强度是易碎盖体设计的一个难点。

在国外,以色列的 Viper 导弹采用燃气压力将盖整体吹向一边的整体抛盖式开盖,俄罗斯的 C-300 导弹采用燃气将箱盖吹碎成数小块后向各方向抛出的气碎盖式开盖。在国内,有人分析了易碎盖方案、内外筒偏心盖方案、半导流锥方案和各向异性材料发射筒盖方案四种燃气开盖方案,并用数值方法模拟了各种方案的筒内复杂三维流场。计算结果表明,四种方案均具有可行性。经试验验证,各向异性材料的发射筒盖方案能按预期的方向整体飞出。

因此,在发射箱设计中,要充分利用国内外其他型号易碎前盖的研制经验,结合发射箱结构仿真和燃气流场仿真,对易碎盖体应力沟槽进行精确控制,制定合适的配方和工艺参数,以满足易碎盖体承压强度设计要求。

同心筒式垂直发射装置的设计思想源于美国提出的"结构简单、高发射速度、能增大舰载攻/防导弹载弹量且不受发射扇面约束"的设计理念,具有寿命周期成本低、人员配备少、体积小、质量小、造价更低等优点。因此,同心发射筒可用于我国新一代舰载导弹、助飞鱼雷的垂直发射使用。

2.7 电气布局及信息综合设计

2.7.1 全雷电气系统设计

助飞鱼雷电气系统为全雷各电子系统及火工品提供所需的电能,电气系统通过全雷电缆网将运载体(含分离舱、运载器)、战斗载荷连接为一个有机整体,并通过电路控制元件及保护元件控制各种指令和信号传输,使不同类型、不同规格的电能按照一定程序和要求在各电子系统中可靠传输及使用,确保助飞鱼雷正常飞行、入水直至搜索、跟踪、命中目标。

由于助飞鱼雷组成的特殊性,助飞鱼雷电气系统由运载体电气系统和战斗载荷电气系统组成,两者通过战斗载荷壳体表面电连接器实现电气连接,设计时应充分考虑两者的适配性。

电气系统一般由主电源、电缆网、供配电组件及接地系统组成。

1. 主电源

主电源又称为一次电源,是助飞鱼雷初始电源,为雷上各系统提供电能。
主电源一般分为发电机和化学电源两类。一般水下航行热动力鱼雷常选用发电机作为主电源,可保证鱼雷水下长时间航行。而助飞鱼雷短时空中飞行使得其对电源功率、工作时间需求相对较低,战斗载荷内部有独立的供电电源,一般为发电机,因此主电源一般选用化学电源。

目前常用的化学电源主要为热电池。热电池是以熔盐为电解质,利用热源使其熔化而激活的一次储备电源。其工作原理:热电池常温下电解质为不导电固体,电池通过撞击发火头或起爆电发火头,引燃热电池内部烟火热源,使电池内部温度瞬时升高,电解质熔融为导电导体,激活热电池。热电池由单体电池、单元电池和安装结构件、输出连接器等组成,单体电池为其基本单元。

热电池具有内阻小、使用环境温度宽($-55 \sim +70$℃)、贮存时间长(可达20年以上)、工作可靠性高等优点,具有良好的力学性能。热电池的结构特点比较灵活,圆柱形的单元电池可以根据安装空间的要求组装为外形各异的热电池组(图2-22),安装方式根据安装需求可以设计为多种安装形式,如框架式、卡箍式、背板式等。

图2-22 热电池结构示意图

2. 电缆网

助飞鱼雷电缆网用于将雷上各系统连接为一个有机整体,并完成供电及信号传输等基本功能,其中通过连接战斗载荷壳体设定插座实现与战斗载荷电气连接。电缆网由导线、线束及电缆等组成。

1)电缆网的基本技术要求

(1)保证各用电设备所需的电能品质。在电能由电源输送到各用电设备时,能保证所要求的电压、电流、频率以及波形失真度等参数。

(2)具有高的生命力。在电网可能出现故障的情况下,能保证电源正常地给用电设备供电。如鱼雷在航行过程中有许多电爆装置,点火电路有可能出现短路,要求能及时与整个电网断开,以免影响其他用电设备正常工作。

(3) 维护、检测方便和安全可靠。

(4) 在满足技术性能和使用要求的条件下,采取一切有效的设计技术简化电网,使其质量最小,尺寸最小。

2) 电缆网的基本形式

(1) 配电方式:

① 集中配电方式:将雷上主电源所产生的电能首先全部地集中到二次电源,然后变换成符合鱼雷各系统用电设备要求的电能,再将电能分配到各用电设备。集中配电方式的优点是将配电元件和保护元件集中在二次电源上,便于安装、控制和维修。但在鱼雷用电设备电源种类较多时,集中配电方式会使电气系统笨重。

② 分散配电方式:雷上有些用电设备是由二次电源供电,有的用电设备直接由雷上主电源单独供电。采用这种配电方式优点是简化电网,减小质量。

(2) 输电方式:助飞鱼雷一般选择双线制输电方式。双线制是指由电源到用电设备的供电导线,彼此与雷体绝缘。双线制输电方式能减小地线上的电磁干扰,但电网质量较大。

3) 供电功率及负载核算

全雷供电功率及负载计算与设计紧密相关,它直接关系到供电体系的可靠性、生命力、经济性及质量尺寸等技术性能。因此设计时首先绘制出供电布局图,然后对功率及负载进行计算。一般应考虑三个基本要求:①选用电源的供电导线应保证电流通过时发热不超过最高允许温度。导线的载流量是由它的最高允许温度来确定的,主要取决于所用绝缘材料的热老化性能。②导线允许电压损失应符合所规定的要求。导线电压损失过大,有可能影响用电设备的正常工作;但是导线电压降过小,将导致截面积增大,使电网质量增加。③导线应能满足机械强度和柔软度要求。鱼雷上使用的导线比地面上使用的导线工作环境恶劣,为了避免导线在安装、使用和维修时弯曲、扭转和碰撞引起的断裂和损坏,对导线最小截面积应做一定的限制。

电压降和导线截面积及负载计算方法如下:

(1) 电压降的计算。

全雷供电传输线路设计时应选择合适的电压降,若导线上电压降过大,鱼雷用电设备电压过低,有可能影响用电设备的正常工作。因此,在选择允许电压降时不能超过最大允许电压降的要求。

根据用电设备的工作电流,从导线允许载流量标准表中选取导线的截面积,然后进行导线电压降的计算,校核所选择的导线是否满足线路允许电压降的要求。对于电舵机等感性负载,因为启动电流比额定电流大许多倍,故应按其专用技术条件在启动状态下对允许电压降进行校核。在需要使用较大的导线截面积时,可以按截面积相等的原则更换成多根平行的导线,以减小导线的阻抗,增加导线的载流量。

电压降的计算有下述两种方法:

① 直流电路。

计算电压降:

$$\Delta U = LI/(r \cdot S) + \sum R_k I \qquad (2-5)$$

式中:S 为导线截面积(mm^2);L 为导线长度(m);r 为温度为 $t℃$ 导线的电导率(m/($\Omega \cdot mm^2$));$r = 53/[1 + 0.004(t-20)]$;I 为实际的负载电流(A);R_k 为电路元件的接触电阻(Ω)。

在供电电路中,继电器、接触器、开关、插头座以及连接片等元件,它们的接点或触点的接触面间的电阻称为接触电阻,可从元件专用技术条件中查出。导线电阻由导线结构参数表中可查出。电压降计算公式可简化为

$$\Delta U = I(LR + \Sigma R_k) \qquad (2-6)$$

② 交流电路。当单相电路的导线截面积 $S \leqslant 0.8 mm^2$,三相电路的导线截面积 $S \leqslant 1.5 mm^2$ 时,交流电路电压降计算按直流电路计算。当导线截面积大于上述值时,计算交流电路电压降应考虑附加损耗和感抗。由于鱼雷上直接使用交流电的设备功率较小,采用的导线截面积小于上述值,因此计算交流电路电压降时一般按直流电路的方法计算。

(2)导线截面积的计算。

导线截面积的计算和选择的步骤如下:

① 绘制供电线路图,标出导线长度和接点。

② 查出电路元件的接触电阻,如继电器、接触器、开关、插头座以及连接片等元件的接触电阻。

③ 由用电设备的实际用电量,从导线和电缆载流量标准中选择导线截面积,并根据鱼雷使用环境和温度、工作时间及导线线芯最高允许温度等因素进行适当修正。

④ 按电压降计算公式计算线路电压降。若不符合规定要求,选择较大的导线截面积,重新进行计算。

⑤ 按照有关专用技术条件进行非稳态工况下的允许电压降校核。

第2章 助飞鱼雷总体设计

⑥ 根据上述计算步骤,确定最佳导线截面积。

4) 脱落电连接器选型

助飞鱼雷电缆网脱落电连接器主要用于鱼雷与地面测试设备、发射控制设备之间的电路连接,实施对鱼雷供电、检测、数据装订和发射。

脱落电连接器在满足电气信号传输要求的前提下,选型时应综合考虑发射方式、与发射箱脱插机构对接方式、瞬态载荷和脱离方式等因素,采取局部结构加强、热防护等措施。

3. 供配电组件及火工品

供配电组件主要由壳体、继电器、二极管、对外电气接口和连接导线组成。其主要实现全雷电源、信号等传输、转换,实现全雷火工品控制、起爆。

火工品控制电路作为供配电组件主要电路,考虑到全雷火工品使用特点及作用,其设计时应满足以下要求:

(1) 供电、激励响应、信号时延以及火工品激活响应均应满足全雷工作时序要求。

(2) 可靠性要求。可靠性是指人为或元器件、线路等原因而导致电爆器件失灵的概率。根据设计的要求,火工品在点火时,供电电路必须保证准确无误的供电,使火工品适时起爆。

(3) 安全性要求。安全性是指在预定的点火时间和点火地点之外的任何情况下,火工品不因人为的、元器件和线路的以及随机因素等影响而起爆,导致危险事故,危及操作人员、场地和鱼雷的安全。换言之,火工品不该起爆时绝不允许起爆。

(4) 电磁兼容性要求。在影响火工品供电电路的可靠性和安全性的诸多因素中,以电磁环境干扰为甚。所以,在点火电路的设计中必须采取防雷电、防静电、防电磁感应和防电磁辐射四项措施。

因火工品在雷上的工作特殊性和火工品本身的特点,必须确保安全性、可靠性及电磁兼容性。火工品控制电路设计时注意事项和相应措施如下:

(1) 在电爆管电路中,必须有多级保险。这几级保险是串联的,彼此是独立的,但又是相互制约的。

(2) 电爆管点火的正、负极导线应采用双线制,且同时受控。

(3) 电缆网的布线和走向应远离射频干扰源,应与敏感电路和电源电路隔离,以免产生电磁耦合。

(4) 点火控制线用绞合线并且屏蔽,避免内部或外部电磁干扰信号的渗入或耦合。屏蔽套应在一端接地,要求屏蔽套是连续的中间不得中断。

(5) 点火电路中,可串联限流电阻,以防止电爆管起爆后可能出现正极与壳体相碰而造成的短路危险。保护电阻的阻值大小及功率应进行很好的试验和计算。

（6）点火电路应采用冗余设计、电磁兼容设计，保证安全可靠。

2.7.2 电气信息设计

全雷电气信息综合设计的目的是实现发射平台发射控制、全雷各系统协同动作所需要的信息传输。它包括鱼雷各系统间、鱼雷与检测设备间、鱼雷与发射平台间的电气接口信息等。

1. 信息设计来源

全雷需要交换和处理的信号、信息主要来源于下列五个方面：

（1）全雷与反潜武器系统等舰载设备之间交互信息。

（2）全雷各系统之间交互信息。

（3）全雷与外部检测设备之间交互信息。

（4）为满足科研测量要求，单独设置的温度、振动、冲击、电磁环境等信息。

（5）为满足科研测量要求，单独设置的遥测等测量系统相关信息。

2. 常用信息形式

信号（信息的具体携带者）形式可分为通断式信号（含阶跃式信号）、慢变模拟信号、交变调制式（含脉冲调制式）信号、数字式信号等。

通断式信号通常可以直接运用，如驱动电磁阀，控制一个继电器，接通某个电机、电路等，此种信号一般幅值较大（如12V、27V等），传输时不易受干扰，可靠性取决于开关元件本身，但对一些要求按比例控制的系统不适合。

模拟信号通常是由一些传感器产生的，设计应用时要注意零漂和长线传输时其电源线上的干扰。

交流调制式信号传输性能较好，接收器通过解调处理后信号失真小，但电路处理较复杂。

数字式信号是目前常用的传输信号，包括以太网、CAN总线、1553B总线、串口等，适用于高速、大容量的信息传输，几乎没有失真和衰减，是其他传输信号无法比拟的。但应注意：信号电源对其他用电器的高频杂散干扰，以及信号电源应具有抗外电源线上的干扰，特别是抗尖峰脉冲干扰的能力。

信息形式选择原则如下：

（1）信号便于产生，发出信号的电路或机构要简单。

（2）信号在系统内部或系统之间要容易传输、识别、接收、综合和转换。

（3）考虑信号的可传输性，要求信号能不失真、可靠地传输所用系统和设备。

(4) 信号形式选取统一、协调,品种少,尽量简化设计。
3. 信息综合设计方法
1) 信息传输体制分析

助飞鱼雷电子系统是一种信息与控制,或者信息与决策系统,其特征是信息源多、信息的不确定性、信息的复杂性和处理算法的复杂性。它主要表现在鱼雷预设定参数信息的获取、鱼雷控制律的产生、雷箭分离策略解算、测量信息传输等。因此,实现电子系统一体化,首先涉及的就是信息的统一管理和信息融合,以便能全息地利用各类信号,支撑全雷电子系统一体化有效和可靠地运行。

在传统鱼雷的设计中,仅各种电连接器就多达数十个,各种信号往来多达数百个,涵盖了模拟信号、数字信号、电源等,相互交织在鱼雷壳体内狭小的空间内,并带来布线、屏蔽、抗干扰等众多问题。随着电子技术的发展,数字化技术在鱼雷上的应用越来越多,系统的密集度得到极大提高,同时系统的速度和信号处理性能大大提升,采用总线技术已变成目前各国鱼雷的发展趋势。其主要特点体现在以下五个方面:

(1) 利用总线技术,减少全雷通信用电缆,减少鱼雷内部的连接导线。

(2) 增加电子系统集成度,利用较短的板级线路代替原有的电缆和多次接插,有利于阻抗特性控制和信号完整性设计。

(3) 采用总线技术可以提高系统的可靠性和可维护性及系统的抗干扰性,最大限度地解决电磁干扰问题。

(4) 采用总线技术提高鱼雷的测试性,给鱼雷的维护、降低费用等方面带来益处。

(5) 采用标准总线技术和操作系统给鱼雷在线程序升级提供了方便,同时也为系统电子组件升级提供了保障,有利于产品的快速开发并形成产品。

2) 节点规划

根据助飞鱼雷内电子系统的功能、结构和布局划分通信节点。应尽量减少节点数量,优先整合信息传输量巨大,且仅点对点信息交换的节点,使得节点的内部通信可以采用内部总线实现信息传输,提高传输效率和可靠性。尤其避免大量使用点对点的通信通道。一般划分控制系统作为主控节点,惯导、动力等系统为受控节点;战斗载荷可作为独立节点与发射控制设备直接通信,也可作为受控节点,接收控制系统指令。

4. 设计约束条件分析
1) 系统接口布置

分析各个系统的外围接口类型和性能,包括信息通信的工作负荷、系统软件与硬件工作负荷预计、信息传输的实时性要求,以及系统中断优先级设置等。

信息的传输和处理一般可以由软件或硬件独立完成,这时需要进行权衡。要综合考虑产品的约束条件和自身的技术能力,包括接口结构布局限制、传输距离要求、系统或组件的智能化程度,以及设计人员的技术特长、经验和软/硬件技术水平的差异,合理配置软/硬件的工作量,以提高传输效率。

2）全雷通信节点设置

分析全雷舱段划分及系统、组件的布局,包括节点间通信距离,以及通信通道和中间转接装置安装位置。预估芯线传输功率、压降损失。

对于检测信息需要发现壳体开口位置。舱段间电连接方式包括转接电连接器类型、接口屏蔽要求、传输线屏蔽要求等。

5. 设计中需要考虑的因素

1）先进性与可行性

设计中需要兼顾技术道路的先进性和可行性。信息传输技术发展迅速,总线标准、通信接口协议众多,为全雷信息传输体制设计提供了多种选择。在设计中,首先应考虑先进性,在同为现行的主流技术中,优先选择发展前景长远、具备系列化发展的技术产品。其次选择国内自主产品多、应用成熟、应用范围广,且不需要先期研发和验证的技术,避免单一生产商的产品,优先选用军标推荐的军用产品。

2）模块化

充分考虑维修性和保障性的要求,将信息传输的环节模块化,形成功能独立、结构独立的信息传输通道,为便于维修、升级打好基础,避免牵一发动全身的设计弊端。

2.7.3 电磁兼容性设计

电磁兼容性不仅影响助飞鱼雷的安全性,而且影响可靠性,是助飞鱼雷设计的重要组成部分。助飞鱼雷的装载平台一般为水面作战舰艇,舰上装载多型武器,所处的电磁环境比较恶劣,这些复杂的电磁环境包括:敌方雷达或电磁干扰机可能对武器系统及助飞鱼雷实施的电磁干扰,我方作战指挥系统与助飞鱼雷武器系统之间的电磁干扰,不同武器系统之间的电磁干扰,自然界的雷电、静电等引起的电磁干扰等。助飞鱼雷各分系统在工作过程中也可能产生相互干扰,影响助飞鱼雷正常工作。因此,在助飞鱼雷功能设计和结构设计时,必须考虑所处的恶劣电磁环境,包括可能受到的最高电磁干扰,可能遇到的敌、我、友的射频信号,来确定电磁环境适应性要求。

助飞鱼雷的主要工作剖面可划分为射前检查段、助飞段、雷伞段等部分。其中射前检查段在发射筒中进行,反潜武器系统对鱼雷供电,鱼雷与反潜武器系统之间进行供电及信息交换。当鱼雷点火出筒后就切断与武器系统的电气连接。分析全雷的工作剖面可知，由于鱼雷发射出筒后自成系统，同发射舰及武器系统不再有连接线缆，不存在通过连接线缆形成的传导耦合关系；战斗载荷入水后，因电磁波受海水介质的导电特性影响无法在水下有效传播，此时战斗载荷与发射舰和空间电磁环境之间不存在电磁辐射耦合路径。因此，全雷装舰状态是助飞鱼雷电磁兼容性设计必须考虑的重要环节。

在助飞鱼雷设计和使用时，综合分析舰面电磁环境、射频组件发射功率、供电及电磁环境谐波与杂波电平、占有带宽、定向发射时天线方向图特性等因素，进行频谱选择及管理，避免鱼雷与发射舰之间同频干扰、邻道干扰、中频干扰以及互调干扰。在组件及分系统设计时，从元器件选型、电路板、电缆及电接口设计、敷设，以及电子组件壳体设计上采取了多项电磁兼容措施，使产品在实现各项技战术性能基础上满足军标及相应设计要求。

为提高全雷电磁兼容性，设计中应采取以下六个方面措施。

1. 频谱选择及管理

根据电磁兼容性要求，对助飞鱼雷射频组件工作频段进行选取和分配，避免各频率间的相互干扰，并尽量少占用频谱。

2. 电路的电磁兼容性设计

元器件和电路的选择使用符合电磁兼容性准则，采用搭接、接地和屏蔽、隔离、滤波等技术，抑制电磁干扰。例如：电子设备电源输入与输出采用隔离措施，分开接地，保证了电磁干扰的隔断；在集成电路的根部，放置合适的旁路电容和去耦电容，有效降低杂波干扰；印制电路板中模拟电路、数字电路分开布局，独立接地，防止耦合干扰。

在全雷电缆网的设计中应用双绞线和屏蔽技术，提高信号传输的抗干扰性，减少信号传输时对外的辐射特性；电气系统采用相互独立工作的主电池和舵机电池（火工品电池），有效避免母线和火工品点火电路之间的互相干扰。全雷采用双线制供电，消除结构回线干扰。并统一设计全雷各组部件接地方案，数字地、模拟地和信号地相互隔离。

3. 防静电设计

设计时应充分考虑静电对功能造成的影响，各设备或组件应均采取相应的保护措施。静电敏感元器件均应经过静电敏感度试验，并且在电路设计时应对静电敏感器件进行隔离，使其不直接同各输入与输出端口连接。

4. 电缆选型和敷设设计

为减少发射电平和降低敏感度，在电子电气线路的布线设计、电缆分隔和敷设时，根据传输信号电平、信号波型、频带范围、电磁环境、阻抗特性、隔离可能性等条件,综合选择电缆及其敷设方式,提高信号传输的抗干扰性,减少信号传输时对外的辐射特性。

5. 火工品选型及点火电路设计

火工品应选用了高可靠度、成熟产品。钝感电起爆器应保证在1A、1W、5min的射频干扰下不发火,对电磁环境不敏感,具备防静电、防射频、防雷击等能力。火工品点火通过指令信号严格控制,其点火电路电源、地线单独受控,不与全雷电网并网。全雷贮存状态时火工品通过短路保护插头处于短路状态,短路保护插头内装有匹配电阻,能有效提高电起爆器对杂散电流、静电以及射频的电磁环境适应能力。

6. 防电磁干扰结构设计

在结构设计时,合理使用电场屏蔽、电磁屏蔽技术,抑制设备对外形成的电磁干扰,同时提高设备自身的抗干扰性。电子组件采用金属外壳,外壳的开口、缝隙等处应进行特殊处理,使产品具有良好的屏蔽效果,外壳进行导电处理;同时要求连接器必须搭接到产品面板上,连接前应将面板表面清洁干净;对易产生辐射的射频设备使用适当的金属材料及一定厚度的金属壳实现屏蔽,对壳体的缝隙处用射频衬垫施加高压后实现良好屏蔽,用导电胶涂覆易泄漏的连接器或盒体缝隙处,必要时采取多层屏蔽,提高屏蔽效果。

2.8 全雷工作流程设计

助飞鱼雷在作战使用过程中,全雷工作流程主要包括发射前准备、发射点火和出箱、助飞飞行、雷箭分离、雷伞段、入水、战斗载荷水下航行等阶段,相应于各个阶段,都有不同的工作内容。

2.8.1 发射前准备

助飞鱼雷作战平台可以是水面舰艇,也可以是潜艇。潜射助飞鱼雷除过美国"海长矛"外,鲜有报道。这里以水面舰艇发射助飞鱼雷为例来说明助飞鱼雷发射前的准备工作。发射助飞鱼雷一般需要水面舰作战系统(指控系统)、综合导航系统、武器系统的相互配合。

(1) 水面舰作战系统:根据目标探测信息下达助飞鱼雷目标指示;目标信息可来源于本舰目标探测设备或直接从舰队作战指挥中心获得。根据战场综合态势,作战系统进行反潜攻击决策,适时下达助飞鱼雷攻击准备命令。

(2) 综合导航系统:检查舰上综合导航系统工作状态,设定其工作模式为助飞鱼雷惯导对准需要的工作模式。

（3）武器系统：接收指控系统下达的目标指示后解算助飞鱼雷的射击诸元。完成武器系统的准备工作，进行助飞鱼雷装载状态检查，组织对助飞鱼雷供电、自检、惯导对准、射检以及指令修正信号闭环检查等，使助飞鱼雷状态良好；在发射前打开装甲盖（垂直发射）或打开前后盖（斜架发射）、固弹解锁（对镁带固弹机构不需要），安全点火机构转战斗状态，具备发射条件。

2.8.2 发射和出箱

在助飞鱼雷完成所有发射前准备工作后，武器系统可随时点火发射。主要工作如下：

（1）助飞鱼雷惯导转导航，射击诸元参数封装，战斗载荷预设定参数封装。

（2）电池激活，转电后武器系统切断雷外供电。

（3）武器系统判断满足点火条件后，发出点火信号。

（4）助推器点火。

（5）当助飞鱼雷在发射方向所受的合力达到一定值时剪切销剪断，固弹机构释放，助飞鱼雷开始沿导轨在箱内滑行。鱼雷滑动后，可由脱落插头与脱落插座分离产生飞行零点信号。鱼雷在助推器作用下持续加速，飞出发射箱。

考虑到舰船航行时遇到的海况不同，助飞鱼雷出箱速度也较小，恶劣海况会对发射出箱的助飞鱼雷带来严重的安全问题，特别是对斜架发射的助飞鱼雷，因此要对发射条件进行约束，保证出箱后的助飞鱼雷飞行安全。一般的发射条件主要是指舰船运动使助飞鱼雷应具有抬头的趋势。

2.8.3 助飞飞行

助飞鱼雷发射出箱后，弹道式和飞航式助飞鱼雷工作流程有较大区别。

1. 飞航式助飞鱼雷工作流程

1）助推段

鱼雷出箱后，首先需要控制弹翼、尾翼展开。与此同时，推力矢量系统开始工作，控制鱼雷向目标方向转弯。飞行零点后延时一定时间，为涡喷发动机工作做准备，如油箱开始增压。当控制分系统通过轴向过载敏感到助推器工作结束时，完成助推器分离，同时燃油电磁阀开启，燃油系统向发动机供油。助推器脱落后，根据惯导速度判断发出"发动机点火控制指令"，发动机启动工作，助推段结束。

2）巡航平飞段

涡喷发动机推力建立后，可调整鱼雷飞行高度，控制助飞鱼雷在预定高度稳定平飞。在平飞过程中,当目标位置改变较大,反潜武器系统预估发现概率下降较大时,择机向空中飞行的助飞鱼雷发出指令修正信息,修正目标位置。雷上接收到目标位置修正信息后,控制鱼雷向修正后的目标飞行。飞行过程中根据飞行速度实时计算雷箭分离点位置,并在到达雷箭分离点前几秒时先发出"热电池激活信号",同时控制涡喷发动机断油停车,在雷箭分离前开始攻角归零,保证分离时姿态稳定,到达雷箭分离点时分离舱左右打开,完成雷箭分离,巡航平飞段结束。

2. 弹道式助飞鱼雷工作流程

助飞鱼雷发射出箱后,按照预定弹道转向目标方向飞行,固体火箭发动机工作结束后级间分离,惯性飞行到最高点,此时可以进行指令修正,之后按照闭环导引方法开始增程滑翔飞行,并持续判断是否到达雷箭分离点,到达雷箭分离点时发出雷箭分离指令,并按要求控制运载器残骸飞行,避开雷伞弹道。

2.8.4 雷箭分离

雷箭分离是助飞鱼雷最重要的一个环节,雷箭分离过程是否安全可靠,关系到任务成败。主要工作如下:

(1) 通过建立完善的雷箭分离过程数学模型,对不同工况的雷箭分离过程进行充分的数学仿真,确定雷箭分离参数、延时开伞机构延迟时间,保证分离过程安全、可靠。

(2) 结合雷箭分离仿真数据,确定雷箭分离过程工作时序。分离舱箍带解锁,分离弹簧将分离舱顶开预定角度,气流进入分离舱,分离舱迅速打开,释放战斗载荷,分离舱到限位角与运载器分离,战斗载荷和运载器残骸拉开安全距离,空中稳定装置开伞,战斗载荷减速飞行。

(3) 在分离指令发出后,控制分系统应按照确定的要求操舵,控制运载器残骸向下方飞行,避开雷伞。

2.8.5 雷伞段

雷伞段是指从雷箭分离开始到战斗载荷入水为止。

雷箭分离时,分离舱左右壳体(或上下壳体)在分离弹簧组件作用下张开一初始角度;在迎风面空气动力作用下,分离舱左右壳体继续沿径向推开,解脱与战斗载荷的连接,通过一端系留在分离舱上的两根拉绳分别拉开战斗载荷设定插头和水激活电池待发绳,通过另外两根拉绳分别拔出两个延时器的拔销,两个延时器开始计时;到达预定延时时间后,延时器动作,打开延时开伞机构箍带,伞舱盖弹出,伞绳拉直,并拔出降落伞收口绳切割器的待发销,击发式热电池激活,一级伞开始充气、涨满;到达降落伞收口绳切割器动作时间后,收口绳切断,二级伞开始充气、涨满;到达过载开关开启过载判读功能时间后,过载开关开启过载判断功能;之后战斗载荷稳定减速飞行、战斗载荷入水。

2.8.6 入水

战斗载荷按照要求的速度、姿态入水,随战斗载荷入水的附件全部需要脱落,主要工作有头帽分离、空中稳定装置火工解脱。

2.8.7 战斗载荷水下作战

战斗载荷入水并经过空泡段后动力系统启动,开始由雷上发电机供电,战斗载荷控制系统控制战斗载荷拉平,进入设定的初始搜索深度,在此深度上按设定的方式进行被动或主动搜索,捕获目标后对目标进行跟踪、攻击,直至命中目标,助飞鱼雷完成其作战使命。

2.9 助飞鱼雷发射方式及舰载需求

2.9.1 助飞鱼雷发射方式及要求

助飞鱼雷的发射方式是指鱼雷脱离发射平台的方法与形式,它可根据发射基点、姿态、装雷数量、可动性、容器等特点进行分类,一般按发射姿态分为垂直发射和倾斜发射。发射方式是由发射装置实现的,与助飞鱼雷的总体方案密切相关。

在助飞鱼雷初步方案设计时,必须考虑它的发射方式和实现手段,并对发射装置提出具体要求。具体如下:

(1)可动性。为了提高鱼雷武器系统的远程作战能力,发射装置应具备动基座发射的能力,并适应高海情发射要求。

(2)初始瞄准要求。初始瞄准要求包括高低、方位瞄准角及其角速度的工作范围、允许偏差。

(3)离轨速度、下沉量及其安全性。为了提高鱼雷发射过程运动稳定性、抗初始干扰能力、鱼雷下沉的安全性,离轨速度一般应大于20m/s,为此,需要合理确定导轨长度、精度和离轨方式。

(4)联装数、发射速度和反应时间。未来的助飞鱼雷将采用一筒多雷或一箱多雷的多联装发射装置,要求发射速度高、反应时间短,这就要求提高发射装置的自动化水平和调转速度。

（5）发射准备时间。发射准备时间是指动基座发射下，发射装置从开盖到雷箱解锁具备鱼雷出箱状态的反应时间，一般有十几秒，要求这一过程快速平稳、噪声小、机械化和自动化水平高。

（6）其他要求。对发射装置的其他要求包括质量和尺寸、环境条件、燃气流防护、可靠性、维修性、安全性、隐蔽性、成本等方面。

2.9.2 垂直发射

助飞鱼雷垂直发射具有以下优点：

（1）发射装置不需要跟踪目标，因而结构简单、工作可靠、成本低。在目标方位尚未最后判定之前，可先发射鱼雷，可缩短反应时间，提高发射频率。

（2）在弹道初始阶段，攻角和升力几乎为零，因此气动力矩的平衡问题易于解决。

（3）爬高迅速，助推段的阻力损失减小，有利于减小助推器质量，也有利于冲压发动机或涡喷发动机的工作（高度和速度的工作范围减小），从而可减小助飞雷的起飞质量。

（4）助推段的推重比可适当减小，无弹道下沉问题。

（5）占用空间和发动机燃气流的影响区小，隐蔽性好，载弹量大，并有利于再装填和提高发射频率。

（6）垂直发射有利于攻击来自不同方位的目标，具有全方位作战能力等。

助飞鱼雷垂直发射具有以下缺点：

（1）当鱼雷攻击目标的射程较近时，鱼雷需要在 2~3s 内完成转向，需用过载大，发射区近界过小，在飞行速度和高度不大时，鱼雷就要启控转向，鱼雷在大机动情况下，速度就有一定的损失。

（2）需要采用初制导、推力矢量控制，并解决大攻角下的气动特性、气动耦合问题。

（3）因俯仰角为 90°，存在奇异点，使实时计算复杂化。

2.9.3 倾斜发射

一般来说，倾斜发射与垂直发射相比，二者的优缺点恰好相反。倾斜发射最突出优点是：需要过载小，引入距离短，近界小，推重比可小于 1，射前可通过设定预设定射面角，在鱼雷发射后转弯机动瞄准目标方向飞行。

2.9.4 舰载发射对助飞鱼雷设计需求

对于舰载助飞鱼雷，以下问题在初步设计时应予以充分考虑。

（1）受舰艇空间限制，应尽量减小鱼雷及其发射装置的尺寸，助飞雷气动布局宜采用无翼式、小展弦比或可折叠式弹翼的形式。

（2）发动机应尽量采用便于使用维护的固体火箭发动机或固-冲发动机，不宜采用使用维护复杂的液体火箭发动机。

（3）由于海面环境恶劣，海水有较强的腐蚀性，助飞鱼雷及其发射装置均应有完善的防腐措施，宜采用箱式或筒式发射。

（4）为保证发射载体（舰艇）的安全，应妥善解决发动机燃气流的排导问题，不允许燃气流进入鱼雷库，在发动机意外点火情况时，应采取相应的安全措施。

（5）受海况影响，载体的颠簸、摇摆（纵摇和横摇）对鱼雷发射准备、点火、出箱等均会产生影响，应有适应不同海况的措施和预案。

（6）对于采用惯性导航制导系统的助飞鱼雷，还要考虑动基座发射时的定位精度对鱼雷落点精度的影响等。

总之，舰载或动基座发射的助飞鱼雷的发射装置，宜采用短轨或零长、燃气排导通畅的箱式或筒式、垂直或定角发射。

参 考 文 献

[1] 尹韶平,刘瑞生.鱼雷总体技术[M].北京:国防科技出版社,2010.

[2] 谷良贤,温炳恒.导弹总体设计原理[M].西安:西北工业大学出版社,2009.

[3] 钱杏芳,等.导弹飞行力学[M].北京:北京理工大学出版社,2000.

[4] 傅德彬,姜毅,陈建伟,等.同心筒自力发射燃气排导优化设计[J].弹箭与制导学报,2004,24(3):42-45.

[5] 苗佩云,袁曾凤.同心发射筒燃气开盖技术[J].北京理工大学学报,2004,24(4):283-285.

[6] 孙建中.美国海军的新型舰载垂直发射装置[J].现代防御技术,2001,29(6):34-37.

[7] 张宇文.鱼雷总体设计原理与方法[M].西安:西北工业大学出版社,1998.

[8] 张宇文.鱼雷弹道与弹道设计[M].西安:西北工业大学出版社,1999.

[9] 路史光.飞航导弹总体设计[M].北京:中国宇航出版社,1991.

[10] 石秀华,王晓娟.水中兵器概论:鱼雷分册[M].西安:西北工业大学出版社,2010.

第3章

气动布局设计及试验

助飞鱼雷气动布局设计包括外形设计、布局选择、外形几何参数的确定和气动特性预测等方面。当气动外形布局确定后,助飞鱼雷的气动特性取决于飞行条件和外形几何参数,通过外形几何参数的选择和气动特性的反复迭代,最终获得满足飞行特性、控制特性的外形几何参数。因此,气动设计要着重考虑以下三个方面:

(1) 初步外形方案:根据战术技术指标要求,设计气动外形特征参数,再根据飞行特性、控制特性计算结果进行外形方案的优化调整,重新开展气动特性、飞行特性、控制特性的迭代计算,直至满足要求。

(2) 风洞试验:采用部件组合法设计实验模型,进行典型工况下的气动特性风洞试验,获取不同马赫数、攻角、侧滑角、舵偏角等参数工况下的试验数据。对于某些特殊外形,还须开展动态气动特性试验(如俯仰动导数、滚转动导数等)。

(3) 气动特性数据:通过理论计算、地面试验及飞行试验对气动特性进行修正,通过与产品总体、弹道、控制、结构等关联流程的协调迭代,最终获得合适的气动外形。

3.1 外形设计

3.1.1 气动布局选择

助飞鱼雷气动布局设计主要是根据动力航程、飞行速度等总体战技指标参数,通过合理选择头段、主翼、分离舱、尾舵、空投附件、动力系统(如进气道)等外形及其位置,使得全雷具有良好的气动特性。此外,还须考虑出筒后主翼及尾舵展开过程、雷箭分离过程以及雷伞系统运动过程等因素,最终通过迭代设计,

第3章 气动布局设计及试验

确定主要外形参数和几何尺寸。

助飞鱼雷的气动布局主要涉及两类内容：

（1）翼面（包括主翼、尾舵）数目及其周向布置方案；

（2）翼面之间（如主翼与尾舵之间）沿纵向的布置方案。

气动布局设计过程中通常遵循以下原则：

（1）主翼及尾舵采用折叠方式，以便于发射、运输、贮存使用；

（2）充分利用翼身干扰、翼面干扰，满足机动性、稳定性与操纵性等要求；

（3）弹道式助飞鱼雷在高马赫数飞行状态，外形设计应能够降低气动加热并尽可能减小空中高过载对战斗载荷影响；

（4）飞航式助飞鱼雷升阻比大、横向稳定性好，发动机要有良好的进气与工作条件等。

1. 翼面布局选择

常规翼面布局有正常式、鸭式、无尾式、旋转弹翼式等几种。其中，正常式布局能够综合横滚稳定性、机动性等特性，同时便于战斗载荷与运载体的串联布置、发动机的空间布置，助飞鱼雷多数采用正常式气动布局设计，即操纵面位于主翼之后。

随着射程、速度指标的不断提升，飞航式助飞鱼雷通常采用吸气式发动机作为推进装置，因此在外形布局过程中还需考虑发动机或进气道的布置问题。具体如下：

（1）将发动机外挂在舱体上，发动机（带进气道）成为外形的一部分；

（2）将发动机嵌入舱体内，发动机进气道外露在舱体表面，采用"整体式"或"埋入式"布局，以降低气动阻力、提高隐身性能。

2. 主翼布局方式

按照主翼气动布局位置不同，助飞鱼雷通常有面对称和轴对称两类布局方式，如图3-1所示。

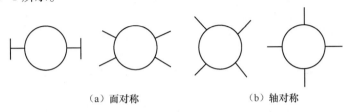

(a) 面对称   (b) 轴对称

图3-1 气动布局构型

飞航式助飞鱼雷通常采用面对称布置形式，弹翼采用"一"字形布局，如法国"米拉斯"飞航式助飞鱼雷和澳大利亚"依卡拉"飞航式助飞鱼雷,如图3-2所示。

(a) "米拉斯"鱼雷　　　　　　　(b) "依卡拉"鱼雷

图3-2　飞航式助飞鱼雷

弹道式助飞鱼雷多采用轴对称布置形式,弹翼多为"×"形布局,如美国"阿斯洛克"弹道式助飞鱼雷、韩国的"红鲨"弹道式助飞鱼雷等,如图3-3所示。

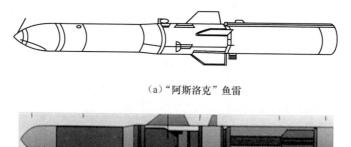

(a) "阿斯洛克"鱼雷

(b) "红鲨"鱼雷

图3-3　弹道式助飞鱼雷

飞航式助飞鱼雷多采用中单翼或上单翼,以增强横滚安定性,如图3-4所示。

面对称布置方式的特点是迎面阻力小、升阻比较大、倾斜稳定性好、侧向机动性差,可采用平面转弯或倾斜转弯方式进行机动飞行。平面转弯时由侧滑角产生转弯所需向心力,无须滚转动作。

轴对称布置方式的特点是升力具有多方向上的快速响应特性、大攻角下容

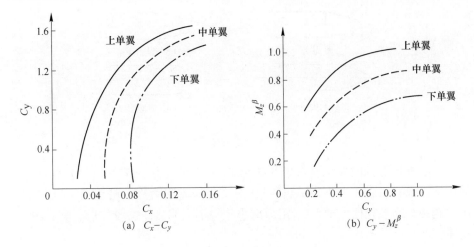

图 3-4　主翼布置方式

易产生滚动干扰、升阻比小。

3. 雷体长径比

确定雷体长径比 λ_B 时,除考虑气动阻力外,还要考虑舱内各种设备结构安装空间。理论上存在最优长径比,使雷体合成阻力 $C_{xb} + C_{xf}$ 最小。压差阻力 C_{xb}、摩擦阻力 C_{xf} 随雷体长径比变化规律如图 3-5 所示。

雷体长径比的设计可参考常规导弹,如地空导弹 12~20,飞航导弹 9~15。

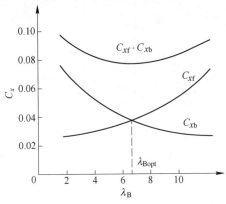

图 3-5　阻力系数随长径比变化规律

3.1.2　头段外形设计

头段外形通常有圆锥形、抛物线形、尖拱形和半球形等,如图 3-6 所示。

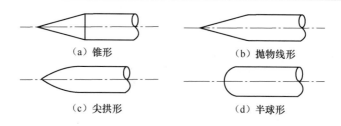

图 3-6 头部外形

头段外形选择时要综合考虑气动性能（主要是阻力）、容积、结构、有效载荷等因素。高马赫数工况下，头段长径比对头部压差阻力影响较大，长径比越大，阻力越小。当长径比大于5后，阻力减小趋势不太明显。头段外形影响如图3-7所示。

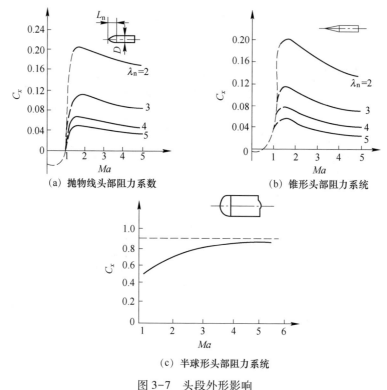

图 3-7 头段外形影响

3.1.3 尾段外形设计

尾段外形通常有圆柱形、锥台形和抛物线形等，如图3-8所示。尾部外形的选择主要考虑内部结构空间尺寸及阻力特性。

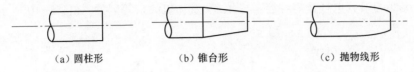

图 3-8　尾段形状

随着尾部长径比 λ_t 和收缩比 η_t 的增加,气流分离和膨胀波的强度越弱,尾部阻力越小。随着收缩比 η_t 的增加,尾部阻力也相应减小。尾段外形影响如图3-9所示。

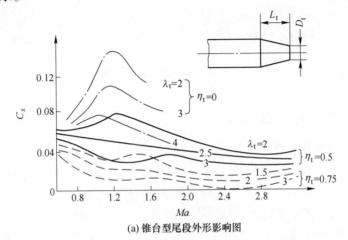

图 3-9　尾段外形影响

当采用收缩尾部时,会增加一部分尾部阻力,但同时会减少部分底阻,因此收缩尾部的参数选择还需综合考虑尾舵、发动机喷口等因素,如图 3-10 所示。

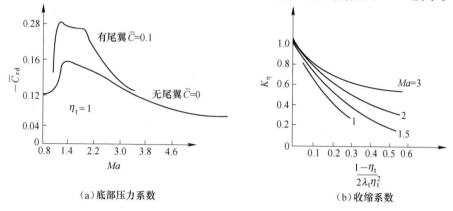

(a) 底部压力系数　　　　(b) 收缩系数

图 3-10　底部压力系数与收缩系数曲线

3.1.4　主翼外形及参数选择

主翼是助飞鱼雷的主升力面,需要具有升阻比大、焦点变化小等气动特性。主翼气动设计是给出平面形状、翼型外形等参数。其中,平面形状通常用展弦比、梢根比、相对厚度、后掠角等参数来描述。

主翼平面形状有平直翼、梯形翼、后掠翼、三角翼、切尖三角翼、拱形翼和 S 形翼等,如图 3-11 所示。主翼平面参数如图 3-12 所示。主要有翼面弦长、展长、后掠角等参数,其中,$\lambda_{1/4}$ 为 1/4 弦线后掠角。

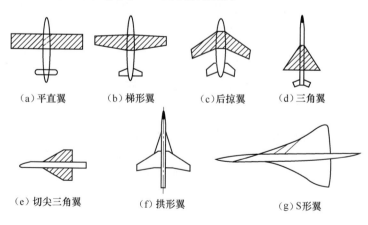

(a) 平直翼　　(b) 梯形翼　　(c) 后掠翼　　(d) 三角翼

(e) 切尖三角翼　　(f) 拱形翼　　(g) S 形翼

图 3-11　常见的主翼平面形状

第3章 气动布局设计及试验

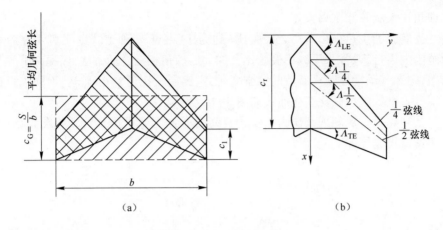

图 3-12 主翼平面参数

1. 展弦比

展弦比 λ 定义为展长 b 与平均几何弦长 C_G 之比。

1) 展弦比对升力的影响

展弦比对升力的影响如图 3-13 所示,主翼展弦比 λ 对升力的影响较为明显。展弦比 λ 越大,升力曲线的斜率 C_y^α 越大,升阻比增大,有利于提高巡航性能。大展弦比主翼在较大迎角时,容易出现翼尖分离,导致主翼提早失速,升力急剧减小。由于翼尖涡减小了当地有效攻角,小展弦比主翼的失速攻角大。

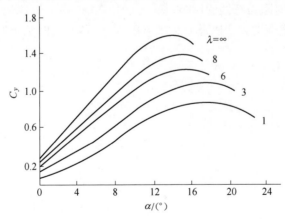

图 3-13 展弦比对升力的影响

展弦比 λ 减小后,主翼的"翼端效应"增大,上下翼面的压差减小,C_y^α 减小。低马赫数(如 $Ma < 0.6$)时展弦比对升力梯度的影响较大。小展弦比主翼的失

速迎角比大展弦比主翼大。

飞航式助飞鱼雷多采用大展弦比(约为 7)主翼。弹道式助飞鱼雷在跨声速范围内飞行,通常采用减小展弦比和加大后掠角相结合的方法,以提高临界马赫数,缓和气动特性随马赫数的急剧变化,主翼展弦比通常小于 3。不同飞行速度下升力系数随展弦比变化曲线如图 3-14 所示。

常规导弹主翼的展弦比为正常式或鸭式 1.2、无尾式 0.6、旋转弹翼式 2~4、亚声速反坦克导弹 2。

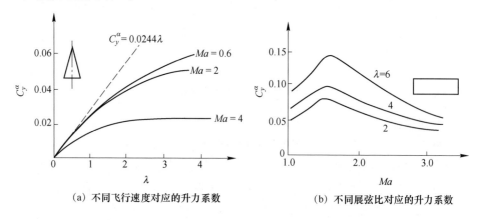

(a) 不同飞行速度对应的升力系数　　(b) 不同展弦比对应的升力系数

图 3-14　不同飞行速度下 C_y^α 随展弦比 λ 变化曲线

2) 展弦比对阻力特性的影响

增加展弦比会增大摩擦阻力和压差阻力,低马赫数时更为明显,如图 3-15 所示。

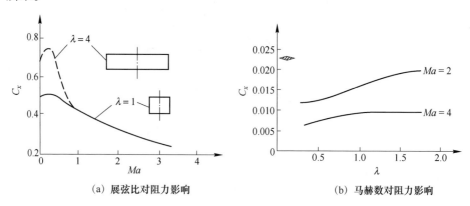

(a) 展弦比对阻力影响　　(b) 马赫数对阻力影响

图 3-15　展弦比对阻力的影响曲线

亚声速状态下的诱导阻力可表示成

$$C_{Di} = \frac{C_L^2}{\pi A}(1+\delta) \quad (3-1)$$

式中：δ 为修正因子。

可以看出，增大展弦比 λ 会减小诱导阻力，从而影响升阻比。

2. 后掠角

翼面后掠角 χ 主要对阻力特性和升力特性有影响。当主翼表面的局部气流速度达到或接近声速时，主翼后掠可减小阻力，推迟临界马赫数，延缓激波产生，如图 3-16 所示。

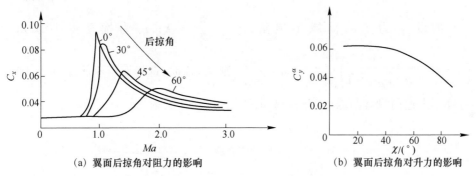

(a) 翼面后掠角对阻力的影响　　(b) 翼面后掠角对升力的影响

图 3-16　后掠翼随马赫数变化曲线

气流流经后掠翼表面时会产生展向流动，减小主翼升力。增大后掠角、减少翼型相对厚度均是减小跨声速和超声速压差阻力的有效手段，但是后掠翼产生的俯仰力矩特性呈非线性，容易产生局部不稳定，如图 3-17 和图 3-18 所示。

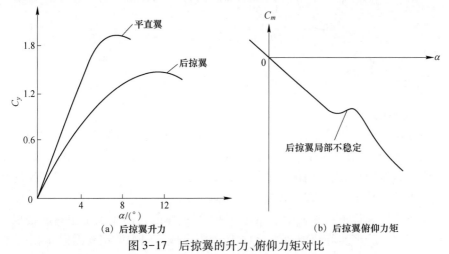

(a) 后掠翼升力　　(b) 后掠翼俯仰力矩

图 3-17　后掠翼的升力、俯仰力矩对比

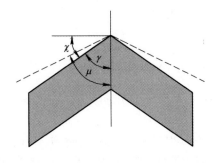

图 3-18 亚声速前缘的后掠主翼

假设 γ 为主翼前缘半顶角，$\gamma = \dfrac{\pi}{2} - \chi$；$\mu$ 为扰动锥半顶角，$\left(\mu = \arctan \dfrac{1}{\sqrt{Ma^2 - 1}}\right)$。定义 $n = \dfrac{\tan\gamma}{\tan\mu}$，则 $n < 1$ 时，选择亚声速前缘。$n > 1$ 时选择超声速前缘。前缘后掠角经验曲线如图 3-19 所示。

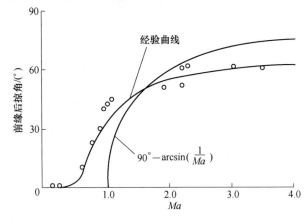

图 3-19 前缘后掠角经验曲线

3. 梢根比

梢根比定义为翼梢弦长与翼根弦长之比。梢根比 η 对气动特性影响较小，但三角翼（$\eta = 0$）的升阻比高于矩形翼（$\eta = 1$）。为了提高翼尖结构刚度，通常不采用三角翼，而采用小梢根比的梯形弹翼（$\eta = 0.4 \sim 0.45$）。小根梢比的缺点是翼尖雷诺数小，翼尖在大攻角飞行状态下更容易失速。

飞航式助飞鱼雷主翼的梢根比为 $0.4 \sim 0.5$，弹道式助飞鱼雷主翼的梢根比为 $0.2 \sim 0.3$。跨声速和超声速飞行时，压差阻力成为阻力的主要因素，减小梢根比、增大后掠角会减小超声速阻力。

4. 相对厚度 $\bar{c}$

主翼阻力与相对厚度 $\bar{c}$ 密切相关。随着相对厚度的增加，低马赫数时会增大压差阻力，高马赫数时会降低临界马赫数、增加压差阻力（压差阻力与相对厚度 $\bar{c}$ 平方成正比）。因而在满足结构强度及刚度裕度后，应尽量减小翼面相对厚度 $\bar{c}$。相对厚度经验曲线如图 3-20 所示。

为适应局部气流条件，相对厚度沿翼展逐渐减小，翼根相对厚度通常为 10%~15%，最大厚度位置一般在 40%~45%，以减小阻力并保证结构强度。

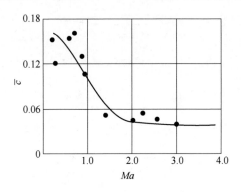

图 3-20 相对厚度经验曲线

5. 剖面形状

剖面形状通常称为翼型，有亚声速翼型和超声速翼型两类，如图 3-21 所示。

常用的亚声速翼型有不对称双弧翼型、对称双弧翼型、层流翼型等，其特点是前缘圆滑，利于产生前缘吸力、减小阻力。超声速翼型有菱形、六边形、双弧形、钝后缘形等，其特点是具有尖前缘，有利于减弱前缘激波。

主翼剖面翼型的选择原则如下：

（1）飞航式助飞鱼雷巡航速度较小，主翼多采用相对弯度较大的翼型，以提高升力系数；

（2）弹道式助飞鱼雷存在高马赫数飞行状态，则主翼选取相对弯度较小的翼型或无弯度对称翼型；

（3）水平舵、垂直舵通常采用对称翼型，以确保正负攻角、侧滑角下舵面载荷的对称性。

翼型在亚声速流中的俯仰力矩数据通常相对于 1/4 弦点给出，翼型绕该点的俯仰力矩随着攻角变化基本为常数，该点即为翼型气动中心，如图 3-22

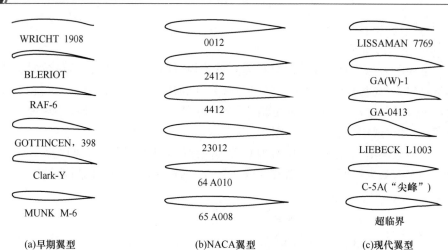

图 3-21 典型剖面翼型

所示。

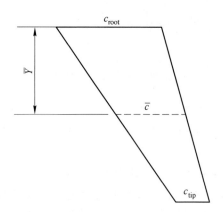

图 3-22 气动中心

典型翼型气动中心为 $0.25\bar{c}$（亚声速）、$0.4\bar{c}$（超声速）。

$$\bar{c} = \frac{2}{3}c_{\text{root}}\frac{1+\lambda+\lambda^2}{1+\lambda} \tag{3-2}$$

$$\bar{Y} = \frac{b}{6}\frac{1+2\lambda}{1+\lambda} \tag{3-3}$$

式中：$\bar{c}$ 为平均气动弦长；λ 为展弦比。

3.1.5 尾舵设计

尾舵包括水平舵和垂直舵,多数采用 NACA 翼型,通常的布局方式如图 3-23 所示。

图 3-23 尾舵布局方式

图 3-23(a)、(b)是轴对称形式。图 3-23(c)为人字形尾翼,有侧滑角时尾翼产生的滚转力矩导数近似为零,可以提高航向稳定性。图 3-23(d)和图 3-23(e)将水平舵固定在舱段两侧或垂直尾舵上,可保证水平舵在任何飞行状态下均有较高操舵效率,当存在攻角和侧滑角时,会造成较显著的滚转力矩。

水平舵的前缘后掠角一般比主翼大 2°~5°,使其临界马赫数略大于主翼。垂直舵后掠角范围为 35°~55°。飞行速度不高时,舵面相对面积取 0.3~0.4;跨声速飞行状态下的舵面相对面积取 0.2~0.3。

舵轴布置通常有以下三种形式:

(1) 大后掠的全动水平舵,宜采用斜轴形式(转轴沿后掠角方向布置);

(2) 中等后掠角的梯形水平舵,宜采用直轴形式(转轴垂直于飞机对称线);

(3) 一般转轴取在平尾的 30%~35%平均气动弦长范围内。

3.2 动态特性分析

3.2.1 干扰力和干扰力矩

由于风干扰、工艺加工误差、安装误差、发动机推力偏差、发动机分离等因素,在雷体上形成了附加作用力和力矩,该干扰作用称为干扰力和干扰力矩。按干扰作用存在的时间,通常分为经常干扰和瞬时干扰两类。

安装误差、发动力推力偏心、舵面偏离零位等这类经常干扰,在动态特性分析时可用干扰力和干扰力矩来表示。瞬时干扰又称为偶然干扰,如瞬时作用的阵风、发射瞬时的起始扰动、发动机分离、控制系统偶然出现的短促信号等,这种干扰作用的结果往往使运动参数出现初始偏差。

3.2.2 稳定性和操纵性

1. 稳定性

助飞鱼雷飞行过程中,在外界干扰作用下偏离基准运动,一旦干扰作用消失,经过扰动运动后又重新恢复到原先飞行状态,则该基准运动是稳定的。在干扰作用消失后,不能恢复到原先飞行状态,甚至偏差越来越大,则基准运动是不稳定的。扰动运动的稳定和不稳定如图 3-24 所示。

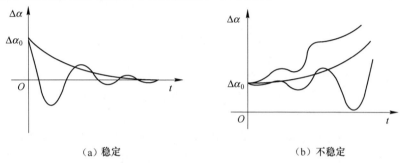

(a) 稳定　　　　　　　　　　　(b) 不稳定

图 3-24　扰动运动的稳定与不稳定

稳定性是指助飞鱼雷在没有控制作用时的抗干扰能力,与制导系统工作条件下闭环回路中的系统稳定性不同。无控情况下的稳定性实质上是将扰动运动作为开环环节处理,研究开环状态的稳定性,而有控情况下的稳定性是闭环状态下的飞行稳定性。

按照受扰后初始反应的趋势和扰动运动的全过程,以及最终是否恢复原始飞行状态,可将稳定性分为静稳定性和动稳定性,如图 3-25 所示。

1) 纵向静稳定性

若处于平衡状态的飞行器受到微小扰动时,其攻角发生变化,在扰动消失后,在不施加操纵情况下依靠自身特性,具有恢复到原平衡状态的趋势。

小攻角下全雷的纵向静稳定性只取决于全雷气动焦点和质心之间的相对位置。全雷气动焦点在质心之后,纵向静稳定;全雷气动焦点在质心之前,纵向静不稳定。水平尾舵可提高全雷纵向静稳定。

2) 纵向动稳定性

纵向动稳定性是指助飞鱼雷受到扰动后,恢复原飞行姿态的运动过程。其主要影响因素有静稳定力矩、转动惯量、俯仰阻尼力矩等。

助飞鱼雷具有纵向动稳定的条件是具有足够纵向静稳定力矩和俯仰阻尼力矩。

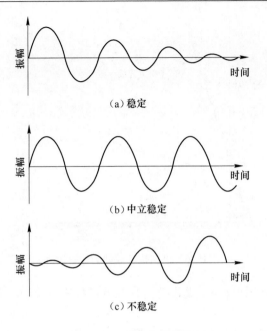

图 3-25 动稳定性曲线

对于四阶系统,纵向扰动运动的特征方程为:

$$D(s) = s^4 + A_1 s^3 + A_2 s^2 + A_3 s + A_4 = 0 \tag{3-4}$$

特征根在复平面内的分布位置可在一定程度上反映扰动运动的特性。根据特征根相对虚轴的位置,可以判断自由扰动运动的稳定性,特征根与虚轴的距离则反映各运动参数随时间的变化特点。由赫尔维茨(Hurwitz)准则可知,系统稳定的充要条件为

$$A_1 > 0 、 A_2 > 0 、 A_3 > 0 、 A_4 > 0$$
$$R = A_1 A_2 A_3 - A_1^2 A_4 - A_3^2 > 0$$

分为下列情况:

(1) 四个根均为实根,此时纵向自由扰动运动由四个非周期运动组成。

(2) 两个实根,一对共轭复根。由一对共轭复根决定扰动运动的振荡形式。

(3) 两对共轭复根。表现为短周期运动或长周期运动。

通常,其特征根均包括一对较大的共轭复根和一对较小的共轭复根(或两个小实根)。扰动运动的稳定边界如图 3-26 所示。

2. 操纵性

操纵性是指从一种飞行状态过渡到另一种飞行状态的特性,可分为静操纵性和动操纵性。静操纵性反映了助飞鱼雷在稳态时的操纵效能(动态环节的稳

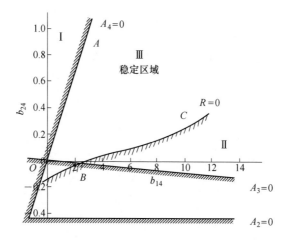

图 3-26　纵向扰动运动的稳定边界

态值),而动操纵性则反映了助飞鱼雷在调节过程中品质(动态环节的频带宽度及谐振峰值)。

操纵性可以理解为当操纵机构偏转后,助飞鱼雷改变其原来飞行状态(如攻角、侧滑角、俯仰角、弹道倾角、滚动角等)的能力以及反应的快慢程度。定常飞行的助飞鱼雷受到扰动后,在回到原平衡姿态过程中产生的扰动运动可以简化为由两种典型周期性运动模态(图3-27)叠加而成:

(1)周期短、衰减快的短周期模块:绕重心的摆动过程,表征为攻角、俯仰角速度周期性迅速变化。

(2)周期长、衰减慢的长周期模块:重心运动的振荡过程,表征为飞行速度和航迹周期性缓慢变化,攻角恢复到原攻角后基本保持不变。

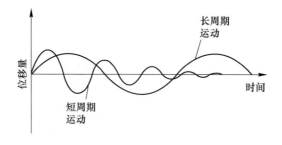

图 3-27　长周期运动短周期运动曲线

3. 机动性

机动性能是助飞鱼雷飞行性能的重要特性之一,助飞鱼雷在飞行中所受到的作用力和产生的加速度可以用过载来衡量。过载特性也是评定导引方法优劣的重要标志之一,过载的大小直接影响制导系统的工作条件和导引误差,也是影响结构强度的重要条件。

在单位时间内改变其飞行速度大小和方向的能力,可以用切向加速度和法向加速度来表征。

过载是指除重力之外的所有外力合力与助飞鱼雷重量的比值,过载矢量在速度方向上的投影称为纵向过载,垂直于速度方向上的投影称为法向过载。机动性可用切向过载和法向过载来评定:切向过载越大,助飞鱼雷速度改变的越快;法向过载越大,在相同速度下助飞鱼雷改变飞行方向的能力越强。

1) 需用过载

需用过载是指助飞鱼雷按给定弹道飞行时所需用的过载,需用过载沿飞行弹道是变化的,与导引方法、结构衡重、目标运动特性相关。

2) 极限过载

极限过载是指攻角或侧滑角达到临界值时所对应的过载。若助飞鱼雷在实际飞行过程中,过载大于或等于需用过载,就能够沿着理论弹道飞行;过载小于需用过载,就不可能继续沿着给定的弹道飞行。

3) 可用过载

可用过载是指操纵机构(舵面)偏转到最大时助飞鱼雷所能产生的过载。法向过载与操纵机构(舵面)偏转角成正比,是衡量机动能力的指标,在考虑安全系数后,可作为结构设计和控制系统设计的依据。

3.3　气动特性计算

3.3.1　升阻力特性

1. 升力

作用于助飞鱼雷上的升力主要是由主翼、雷体、尾翼,以及主翼与雷体、尾舵与雷体、主翼与尾舵之间的相互干扰所产生。

1) 翼体组合干扰

由于翼体干扰、洗流、压强重新分布以及翼体连接区内局部马赫数的改变等因素,使翼体组合体的气动力特性有别于单独部件的气动特性,因此必须要考虑翼体之间的相互干扰,如图3-28所示。

2) 雷体涡对主翼的干扰

雷体涡对主翼的影响既取决于雷体涡在主翼根弦前缘所在平面位置,也取

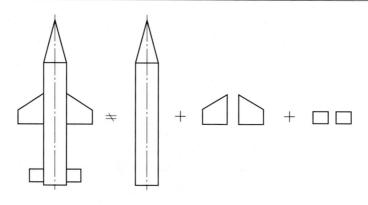

图 3-28 翼体组合干扰示意图

决于旋涡自雷体分离后的分离点位置,如图 3-29 所示。当分离点在翼根弦前缘之后时,雷体对主翼的干扰升力系数为零。

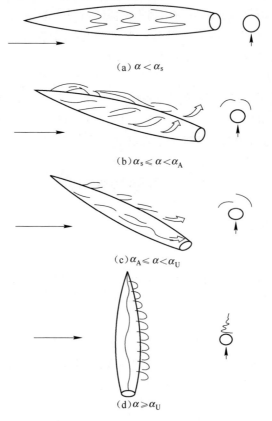

图 3-29 雷体涡干扰

3) 主翼与尾舵之间的干扰

主翼与尾舵之间的干扰主要表现为气流的下洗和阻滞。对于"+×"形主翼-雷体-尾舵组合体,由于尾舵相对于水平主翼的涡面倾斜了某一角度 ψ,因此可近似地认为,在"×"形尾舵区内的平均下洗角等于局部下洗角,即

$$y = y_0 - \left[x\sin\alpha - \frac{(b_A)_W}{2}\sin\delta \right]\cos\alpha \tag{3-5}$$

式中:y_0 为尾舵半翼展中点到雷体轴线的距离。

当尾舵位于主翼尾迹区时,由于尾迹区动压减小而使尾舵效率降低。将尾舵附近的气流平均阻滞系数定义为 $k_q \approx \left(\dfrac{V_T}{V_\infty}\right)^2$。则对于正常式气动布局(即尾舵在主翼之后)的主翼-雷体-尾舵组合体,当尾舵与主翼在同一平面内时,$k_q = 0.85$;当尾舵与主翼成 $45°$ 角时,$k_q = 0.9$。

4) 主翼之间的干扰

当主翼呈"×"形安装时,设主翼平面与坐标平面之间的角度为 ψ(图 3-30),则有关系式:

$$(C_y)_\times = (C_y)_- \cdot k_\psi = (C_y)_- \cdot (2\cos^2\psi) \tag{3-6}$$

式中:$(C_y)_\times$ 为交叉型弹翼的升力系数;$(C_y)_-$ 为水平弹翼的升力系数;k_ψ 为弹翼干扰系数。

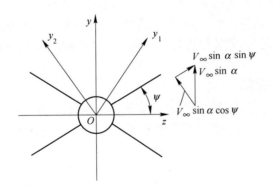

图 3-30 主翼之间干扰

2. 阻力

通常将阻力分解为零升阻力 C_{x0} 和诱导阻力 C_{xi} 两部分。

零升阻力系数 C_{x0} 由型阻(摩擦阻力与涡阻总和)、压差阻力和翼体尾组合体部件之间相互干扰阻力系数所组成,其表达式为

$$C_{x0} = 1.1\left(C_{xoW}\frac{nS_W}{S_B} + C_{xoB} + C_{xoT} \cdot k_q \frac{nS_T}{S_B} + \Delta C_{x0}\right) \quad (3-7)$$

式中：C_{xoW}、C_{xoB}、C_{xoT} 分别为单独主翼、雷体、尾舵的零升阻力系数；ΔC_{x0} 为组合体部件之间干扰引起的零升阻力增量；k_q 为速度阻滞系数。

1) 零升阻力

零升阻力又可分为摩擦阻力和压差阻力两部分。零升压差阻力 c_{xWd} 与相对厚度 $\bar{c}$ 有关，根据线性化理论可得

$$c_{xWd} = \frac{4\bar{c}^2}{\sqrt{Ma^2-1}} \quad (3-8)$$

2) 诱导阻力

在亚声速流动中，主翼诱导阻力系数 c_{xiW} 与升力系数 c_{yW0} 的关系可以用抛物线公式来表示，即

$$c_{xiW} = \frac{1+\delta}{\pi\lambda}c_{yW0}^2 \quad (3-9)$$

式中：λ 为主翼展弦比；δ 为主翼形状修正值。

3.3.2 气动热影响分析

助飞鱼雷在高马赫数飞行过程中，由于边界层中气流动能转变为热能，使气体温度升高，一部分热量传入壳体。气动加热的严重程度取决于飞行轨道参数和大气参数、助飞鱼雷外形、边界层状态和分离、拐角流动和激波冲击等流动条件。气动加热率越大，壳体温度越高。助飞鱼雷气动热主要影响头帽，头帽可近似为锥面或球面。

1. 附体流场参数

对于圆锥或拱形体，用二次激波-膨胀波方法计算其表面压力系数 $\bar{p}_\delta$ 和马赫数 Ma_δ，然后按下列公式计算气流温度 T_δ、压力 p_δ、速度 V_δ 和密度 ρ_δ：

$$T_\delta = \frac{T_0}{1+\frac{\gamma-1}{2}Ma_\delta^2} \quad (3-10)$$

$$p_\delta = q_\infty \bar{p}_\delta + p_\infty \quad (3-11)$$

$$V_\delta = Ma_\delta\sqrt{\gamma g R T_\delta}, \rho_\delta = \frac{p_\delta}{RT_\delta} \quad (3-12)$$

2. 边界层传热系数

1) 层流传热系数

球头驻点的传热系数：

$$h_0 = 0.763 Pr^{\frac{2}{3}} \sqrt{\rho_0 \mu_0 \left(\frac{\mathrm{d}v}{\mathrm{d}x}\right)_0} C_p \qquad (3-13)$$

$$\left(\frac{\mathrm{d}v}{\mathrm{d}x}\right)_0 = \frac{1}{r_0} \sqrt{\frac{2(p_0 - p_\infty)}{\rho_0}} \qquad (3-14)$$

$$\rho_0 = 0.00348 \frac{p_0}{T_0} \qquad (3-15)$$

$$p_0 = \frac{166.7 Ma_\infty^2 p_\infty}{\left(7 - \frac{1}{Ma_\infty^2}\right)^{2.5}} \qquad (3-16)$$

$$\mu_0 = \left(\frac{T_0}{261}\right)^{1.5} \left(\frac{375}{T_0} + 114\right) \times 1.7 \times 10^{-5} \qquad (3-17)$$

式中：Pr 为普朗特数，$Pr = 0.71$；C_p 为驻点压力系数，$C_p = 1.005$；$(\mathrm{d}v/\mathrm{d}x)_0$ 为驻点速度梯度；r_0 为球头半径。

2) 湍流传热系数

当 $Re_x \leq 10^7$ 时，有

$$h = 0.29 (Re_x)^{-0.2} (Pr)^{-\frac{2}{3}} \rho c_p V_\delta \qquad (3-18)$$

当 $10^6 \leq Re_x \leq 10^9$ 时，有

$$h = 1.81 (\log Re_x)^{-2.584} (Pr^*)^{-\frac{2}{3}} \rho c_p V_\delta \qquad (3-19)$$

$$T^* = 0.28 T_\delta + 0.5 T_w + 0.22 T_r \qquad (3-20)$$

用参考壁面法计算平板湍流传热系数：

当 $Re_x \leq 10^7$ 时，有

$$h = 0.29 Re_x^{-0.2} \left(\frac{T_\delta}{T_w}\right)^{0.65} c_{p\delta} \rho_\delta V_\delta \qquad (3-21)$$

当 $10^6 \leq Re_x \leq 10^9$ 时，有

$$h = 1.81 \left\{\log \left[Re_x \left(\frac{T_\delta}{T_w}\right)^{1.75}\right]\right\}^{-2.584} T_\delta c_{p\delta} \rho_\delta V_\delta (T_w)^{-1} \qquad (3-22)$$

3) 壳体温度计算

壳体温度除了受外流条件、飞行时间影响外，还取决于材料和结构特性。在考虑与壳体内部介质有换热、沿轴向有热传导和计及蒙皮热辐射时，求解以下微分方程可获得蒙皮温度 $T_{w,n}$：

$$\frac{\mathrm{d}T_{w,n}}{\mathrm{d}t} = \frac{1}{c_1 v_1 \delta_1} \Big[h(T_r - T_{w,n}) - h_1(T_{w,n} - T_n) +$$

$$\frac{\lambda_1 \delta_1}{\Delta x^2}(T_{w,n-1} + T_{w,n+1} - 2T_{w,n}) - \varepsilon_1 K \left(\frac{T_{w,n}}{100}\right)^4 \right] \quad (3-23)$$

式中：$T_{w,n}$、$T_{w,n-1}$、$T_{w,n+1}$ 分别为第 n、$n-1$、$n+1$ 截面蒙皮温度；T_n 为内部介质温度；c_1、v_1、δ_1、λ_1、ε_1 分别为蒙皮材料比热容、质量密度、厚度、热导率和辐射黑度；Δx 为计算截面分段长度；K 为玻耳兹曼常数；h 为边界层与壁面之间对流传热系数；h_1 为壁面与内部介质之间自然对流传热系数。

$$h_1 = 0.135 \frac{\lambda_n}{d}(GrPr)^{\frac{1}{3}} \quad (3-24)$$

$$Gr = \frac{\beta_1 d^3 g(T_{w,n} - T_n)}{v^2} \quad (3-25)$$

$$Pr = \frac{c_p g \mu}{\lambda_n} \quad (3-26)$$

式中：Gr 为格拉晓夫数；Pr 为普朗特数；λ_n、β_1、c_p、μ、v 分别为液体或增压气体的热导率、体膨胀系数、定压比热、动力黏度和运动黏度；d 为特征尺度。

3.4　风洞试验及数据处理分析

风洞试验是预测飞行器气动性能、获得飞行器设计关键数据的主要手段，也是进行空气动力学基础研究和应用研究的主要手段之一。本书所述的风洞试验项目是助飞鱼雷研制中比较典型和常用的内容。

近年来，国内外在飞行器动态特性的风洞试验技术方面进行了大量工作，研究结果表明，当飞行器动态气动特性呈现出显著的纵横向耦合特性或者与飞行运动学强关联时，必须对飞行器的动态气动特性与飞行动力学耦合进行研究。由此产生了多体干扰与分离试验、风洞虚拟飞行试验等新兴风洞试验技术。

多体干扰与分离试验又称为捕获弹道试验（Captive Trajectory Simulation，CTS），通过将风洞模型试验与计算流体力学及飞行力学进行有机结合，在试验测试过程中直接获得分离轨迹。风洞虚拟飞行试验将空气动力学与飞行力学和控制系统耦合处理，通过模拟真实飞行过程获得复杂飞行状态下的动态操稳特性品质。

在型号研制过程中，欧美等国极其重视多体干扰与分离试验与风洞虚拟飞行试验研究，力图在型号正式飞行验证之前，在风洞中进行飞行器的飞行动力学特性直接模拟，以降低飞行试验风险，缩短型号研制周期。

美国阿诺德工程发展中心（AEDC）、美国国家航空航天局（NASA）的兰利

(Langley)研究中心、艾姆斯(Ames)研究中心、法国宇航研究院(ONERA),俄罗斯中央空气流体力学研究院(TSAGI),以及德国、荷兰和日本等国家的研究单位都相继在低速风洞、亚、跨声速风洞建立风洞虚拟飞行和风洞飞行力学试验装置。可以预期,动态气动特性的理论和试验研究的快速发展,将会对新一代先进飞行器的研制提供更有价值的技术支撑。

本节主要介绍助飞鱼雷常规风洞试验中的全尺寸气动特性试验,并对可进行动态过程观测的多体干扰与分离运动测量技术、风洞虚拟飞行技术等进行简要描述。

3.4.1 全尺寸模型气动特性试验

测量助飞鱼雷及其二级雷体在不同 $Ma(0.4 \sim 1.8)$、攻角($0° \sim 30°$)下的升力、阻力、俯仰力矩、侧力、偏航力矩以及滚转力矩特性,如图 3-31 和图 3-32 所示。

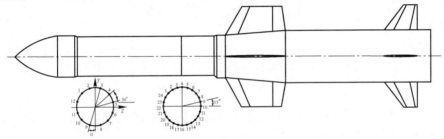

图 3-31 某型助飞鱼雷二级体试验模型测压剖面

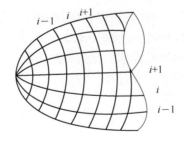

图 3-32 雷头表面测点布置

1. 试验目的

测量助飞鱼雷头帽、分离舱以及雷体表面的压力分布,并获得试验状态下助飞鱼雷气动特性。

2. 试验设备

试验段流场品质如下：
(1) 试验马赫数范围 0.4~3.0；
(2) 总压范围 $(0.98 \sim 4.54) \times 10^5 \mathrm{Pa}$，动压范围 $(1.03 \sim 7.05) \times 10^4 \mathrm{Pa}$；
(3) 单位长度 Re 范围 $(8.5 \sim 35.2) \times 10^6$；
(4) 马赫数控制精度 $|\Delta Ma| \leqslant 0.003$。

3. 试验数据处理

对雷体表面压力积分即可获得气动力（不含摩擦力）：

前体轴向力：

$$A_F = \int_0^{s_1} \int_0^{2\pi} p_{\mathrm{rel}} \cdot \sin\gamma \cdot r \mathrm{d}\theta \mathrm{d}s$$

法向力：

$$N = \int_0^{s_1} \int_0^{2\pi} p_{\mathrm{rel}} \cdot \cos\gamma \cdot \cos\theta \cdot r \mathrm{d}\theta \mathrm{d}s$$

侧向力：

$$Z_1 = \int_0^{s_1} \int_0^{2\pi} p_{\mathrm{rel}} \cdot \cos\gamma \cdot \sin\theta \cdot r \mathrm{d}\theta \mathrm{d}s$$

式中：γ 为表面上任一点子午线切线方向与轴向夹角；θ 为周向角；$\mathrm{d}s$ 为表面单位弧长。

3.4.2 多体干扰与分离试验

多体干扰与分离试验利用样机模型在风洞进行动态分离特性预测，获得分离过程中的模型运动姿态和轨迹，如图3-33所示。通过分析迎角、侧滑角、飞行速度等参数对分离运动轨迹、姿态变化过程的影响规律，确定安全投放或雷箭分离参数范围，为气动布局改进设计提供依据。

国外CTS试验技术的发展有以下三个阶段：
(1) 选择固定舵面偏角进行分离轨迹试验的对比研究，定性评估控制规律对运动轨迹的影响；
(2) 在CTS试验运动方程中加入控制模块，将CTS测量参数与控制模块、舵面效率相结合，形成虚拟飞行闭环控制系统，研究控制规律的影响；
(3) 加入舵面控制系统，研究实时控制环境下的参数影响规律。

1. 试验目的

多体干扰与分离试验是在CTS轨迹计算程序求解全尺寸外挂运动方程中

图 3-33 外挂物投放 CTS 试验

加入控制律模块,通过实时解算风洞流场参数、外挂物模型气动系数,动态预估下一时刻外挂物运动位置及姿态偏移量。

2. 试验相似准则

多体干扰与分离试验除了需满足常规测力测压试验的模型几何相似,气流马赫数、雷诺数与实物相似等条件外,为了保证模型和全尺寸实物投放质心运动轨迹相似、绕质心转动姿态相同,还需确保模型与实物的气动力与力矩相似,即弗劳德数 Fr 相等:

$$\frac{V_m^2}{L_m \cdot g_m} = \frac{V_f^2}{L_f \cdot g_f} \tag{3-27}$$

式中:V 为飞行速度;L 为特征长度;g 为重力;下标 m 表示模型状态;f 表示全尺寸实物。

根据动力相似条件:

$$V_m = V_f \sqrt{\frac{L_m}{L_f}}$$

$\dfrac{L_m}{L_f}$ 定义为模型缩尺比。

3. 模型安装要求

多体干扰与分离试验要求模型的运动轨迹与实物相同,因而要求投放模型的几何外形、质量、质心位置和惯性矩满足动力相似要求。但对于常规低速风洞,模拟飞行器在不同高度投放所需的模型质量并不相同,需要加工多套试验模型。对于高速风洞,通过改变风洞气流总压进行气流密度调整,可实现采用同一质量模型进行不同高度投放工况的模拟。

低速投放试验通常采用吊挂方式安装母机模型,模型通过支杆与风洞上壁相连,模型下部留出空间便于测量外挂物运行轨迹。高速投放试验中的母机模型通常安装在单臂支架上,母机轴线放在风洞试验段中心线上方的流场均匀区内,以增加投放轨迹拍摄范围。

CTS试验有一定的局限性。首先,需要一套能精确控制外挂物模型运动的六自由度机构,该机构安装在风洞里会带来一定的气动阻塞。受运动机构的行程限制,很难模拟外挂物翻滚式运动过程。另外,从原理上CTS试验仅是一种准定常试验方法,阻力数据还需依赖输入,很难准确模拟外挂物姿态剧烈变化过程,也不可能进行多个外挂物的连投或齐投。

3.4.3 风洞虚拟飞行试验

风洞虚拟飞行试验是能够进行飞行器无控或有控飞行动力学特性观测的一项新型风洞试验技术,能够实时提供飞行器运动轨迹、姿态的图像显示结果。

风洞虚拟飞行试验与传统的地面飞行模拟试验有着本质区别:风洞虚拟飞行试验是由风洞直接提供飞行气流环境条件;而传统的地面飞行模拟试验是利用已知的气动力参数给模拟器加载,仅能有限模拟定常或巡航状态下的飞行过程,无法模拟非定常或大扰动状态。

1. 试验目的

风洞虚拟飞行试验目的如下:

(1) 直接提供飞行动力学特性和动态飞行品质;

(2) 在接近实际飞行条件下,校验飞行器控制系统硬件与制导控制律的一致性。

2. 试验原理

风洞虚拟飞行试验技术是将缩尺模型用轴承支撑在运动平台上,通过控制模型操纵面,改变模型姿态和运动参数,使其能够自由俯仰、偏航、滚转及其耦合运动等。在此过程中,实时测量记录模型运动的时间历程和非定常气动力,并将此数据反馈给风洞控制系统,对控制指令进行修正后再发送至模型舵面。重复此循环过程,即可在风洞中实现虚拟"飞行"模拟,获得飞行动力学特性、动态飞行品质以及控制律等数据。

3. 试验数据处理

风洞虚拟飞行试验可进行以下研究:

(1) 飞行器非定常、非线性气动性能预示;

(2) 飞行器姿态稳定性试验,包括无控和有控的飞行稳定性试验。

第3章　气动布局设计及试验

风洞虚拟飞行试验数据处理流程包括以下两类：

（1）模型姿态角对舵偏角变化的响应试验。风洞流场建立后，改变舵面偏角，同时测量模型姿态角的变化。记录数据中包含多频响的效应，通过低通滤波得到模型姿态角随舵偏角变化的规律，通过全频谱分析获得系统结构振动影响规律。

（2）飞行姿态控制试验。风洞试验前制定舵偏角随时间变化顺序，风洞流场建立后，由程序控制舵面改变偏角，同时测量记录模型姿态角变化的时间历程。数据结果通过低通滤波处理后，获得模型姿态角随舵偏角变化的规律。通过全频谱分析获得系统结构振动影响。

目前，风洞虚拟飞行试验多数仅能在低速情况下进行，提高马赫数的困难是高速试验时系统的强烈振动。因此，如何减小系统振动和减小张线和轴承对模型绕流的干扰是该项试验技术的难点。

参 考 文 献

[1] 黄志澄. 航天空气动力学[M]. 北京：中国宇航出版社，1994.

[2] 方宝瑞. 飞机气动布局设计[M]. 北京：航空工业出版社，1997.

[3] 苗瑞生. 导弹空气动力学[M]. 北京：国防工业出版社，2006.

[4] 钱杏芳. 导弹飞行力学[M]. 北京：北京理工大学出版社，2006.

[5] 吴甲生，雷娟棉. 制导兵器气动布局与气动特性[M]. 北京：国防工业出版社，2008.

[6] 李周复. 风洞特种试验技术[M]. 北京：航空工业出版社，2010.

[7] 路波. 高速风洞测力试验数据处理方法[M]. 北京：国防工业出版社，2014.

[8] 战培国. 国外风洞试验[M]. 北京：国防工业出版社，2015.

[9] 李新国，方群. 有翼导弹飞行动力学[M]. 西安：西北工业大学出版社，2016.

[10] Valasek J. 变体飞行器与结构[M]. 刘华伟，等译. 北京：国防工业出版社，2017.

[11] 邹汝平. 多用途导弹系统设计[M]. 北京：国防工业出版社，2018.

[12] Marques P. 先进无人机空气动力学、飞行稳定性与飞行控制[M]. 向文豪，等译. 北京：机械工业出版社，2018.

第 4 章

空中弹道设计

弹道设计是助飞鱼雷总体设计的重要组成部分,它贯穿助飞鱼雷研制的整个阶段,综合反映了助飞鱼雷自身性能的优劣。助飞鱼雷兼顾了导弹和鱼雷的特性,涉及空中飞行和水下航行等专业知识,因此弹道设计考虑因素很多,需要以变质量系统空气动力学、制导原理、发动机工作原理以及水下流体力学等为理论基础来开展工程应用设计,以满足助飞鱼雷不同运动阶段的弹道设计要求。

助飞鱼雷全弹道一般由助飞弹道、雷伞弹道和水下弹道三部分组成,它们之间既相对独立,又密切关联,共同实现弹道设计的总目标。本章主要讲述助飞鱼雷助飞弹道与雷伞弹道设计的要求和分析方法等内容。

4.1 助飞弹道设计

4.1.1 助飞弹道设计一般要求

助飞弹道类似于导弹的空中弹道,是由运载体携带战斗载荷从发射至雷箭分离前空中飞行段的鱼雷质心运动轨迹。助飞弹道设计是助飞鱼雷总体设计的关键环节之一,它既决定了助飞射程指标与精度指标的统一程度,又反映了助飞段运载器设计性能的优劣。助飞弹道设计时,必须掌握助飞鱼雷的质量特性、几何特性、推力特性及其相互关系,在此基础上,利用最优化设计原则,使鱼雷按最有利的路线稳定飞行,以满足最大射程、最小射程、最小散布度等战术技术指标要求。

助飞弹道设计是通过设计飞行程序角来实现的,助飞鱼雷飞行弹道实际由弹道倾角和弹道偏角决定,但直接控制这两个角度有较大难度,一般通过控制助飞鱼雷的俯仰角和偏航角间接达到控制目的。因此,助飞鱼雷弹道设计实际上就是在考虑各种影响因素,满足鱼雷轴向过载、横向过载、法向过载等约束条件下,设计按最佳规律变化的俯仰角和偏航角,选择与制定飞行程序角,实现鱼雷空中稳定飞行,满足各项战术技术指标要求。此外,还有如下具体要求:

(1) 要有初始校正段。初始校正段可以是垂直的,也可以是倾斜的。对于垂直发射的助飞鱼雷,首先要选择合适的垂直飞行时间,如果时间较长,不仅转弯困难,而且重力损失增大,导致射程减小;其次初始校正段结束时速度要合适,不宜过大也不宜过小,一般在50m/s左右,如果转弯时速度过小,容易造成控制力不足,致使鱼雷失稳,在选择垂直段飞行程序时,要分析利弊,做到在满足各项技术要求条件下使能量损失尽量小。对于倾斜发射的初始校正段,需要选择合适的程序角,以有利于助飞鱼雷尽快转弯到目标方位飞行。

(2) 保证级间可靠分离。助飞鱼雷发射后,一般靠助推器将鱼雷快速推离发射平台,达到一定工作时间时,助推器分离,即级间分离(或称一二级分离)。要保证级间可靠分离,就要尽量减小分离时干扰力和干扰力矩,保证助飞鱼雷各部分之间不发生碰撞。为此,除选择可靠的分离方案外,在弹道设计时必须对级间分离时的攻角加以限制,使攻角接近于0°,以减小分离干扰,提高级间分离的可靠性。

(3) 跨声速段的飞行攻角应接近于零。一般情况下,在马赫数0.8~1.2范围内,助飞鱼雷雷体的气动特性变化剧烈,会使助飞鱼雷的可控性变差,因此,在跨声速段,要求攻角接近于0°,以保证助飞鱼雷稳定飞行。

(4) 法向过载要有限制。飞行程序角的大小对助飞鱼雷的轴向过载影响不大,但会使法向过载变化明显,为确保助飞鱼雷雷体不被破坏,可以采取加强雷体结构强度的措施,以适应法向过载带来的影响,但这会使助飞鱼雷质量增加,造成射程损失。因此,一般在飞行速度增大后,通过限制飞行程序中的俯仰角速度和角加速度等参数来限制法向过载。

(5) 雷箭分离点参数限制。当达到雷箭分离条件时,运载器要释放战斗载荷,实现雷箭分离。为确保雷箭分离过程安全,保证分离残骸不追尾战斗载荷、不勾挂降落伞伞衣、不与战斗载荷相碰等现象出现,就要限制雷箭分离点参数,包括其散布范围,使其满足一定技术要求,这些均需要通过弹道设计和仿真计算来完成。而雷箭分离点参数也会影响雷伞段弹道设计以及鱼雷入水参数、落点精度的变化,因此对雷箭分离点参数限制很重要。

4.1.2 助飞弹道设计方法

助飞鱼雷不同的发射方式和不同的飞行方案有不同的弹道设计方法,工程上要针对具体型号对弹道的设计要求和弹道特点进行弹道设计。

1. 弹道式助飞鱼雷弹道设计

弹道式助飞鱼雷一般采用垂直发射、固体火箭发动机推进,因此,助飞弹道一般由动力段(主动段)和无动力段(被动段)组成。由于鱼雷飞行中具有加速性大、发动机工作时间短、弹道参数变化剧烈、动压大、飞行攻角大、射高和射程受发动机关机条件制约、飞行结束条件受雷伞段安全飞行要求限制等特点,给助飞鱼雷的弹道设计和工程实现带来一定难度。

弹道设计就是应用优化理论求解鱼雷最优飞行路线,如变分法,极大和极小值原理等,但由于弹道式助飞鱼雷飞行程序设计受其特点和多约束条件限制,使得用理论方法会脱离实际要求,所以实际可行的有效方法是根据变分原理产生的工程方法。

典型的弹道式助飞鱼雷弹道如图4-1所示。

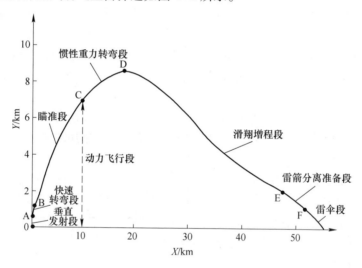

图4-1 弹道式助飞鱼雷弹道

图4-1中,动力飞行段又分为三段,即垂直发射段、快速转弯段和瞄准段,无动力飞行段也分为三段,即惯性重力转弯段、滑翔增程段和雷箭分离准备段。

动力飞行段即为初始校正段,程序角为不同常值,以保证鱼雷初始飞行稳定、跨声速飞行有小的攻角、一二级分离满足高度要求,这些都需要经过反复计算和分析来确定。

动力段结束后进入无动力飞行的重力转弯段,在这一段鱼雷转弯急,俯仰角速率大,要在较短时间里完成转弯任务,对鱼雷飞行性能、壳体强度影响较大,所以选好该段的飞行程序角很重要。

第4章 空中弹道设计

转弯段结束后进入滑翔增程段,此段弹道设计主要是保证鱼雷射程达到要求和落点散布满足要求。为此,在进入稳定飞行后,设计常值程序角,使得鱼雷以一定攻角飞行,增大升阻比,实现滑翔增程的目的。

滑翔增程段结束即进入雷箭分离准备段,在此段飞行程序角取助飞段结束时要求值,受分离条件约束,该段时间长短取决于射程范围、再入条件、分离点散布要求等。

在工程设计中,上述程序角的设计有给出攻角求程序角和给出程序角求攻角两种,弹道设计可根据实际情况灵活应用。

2. 飞航式助飞鱼雷弹道设计

飞航式助飞鱼雷一般采用倾斜发射、助推器(固体火箭发动机)和涡喷发动机分级推进,鱼雷以定高定速巡航飞行,依靠射程和雷伞段的飞行距离确定发动机关机条件。相比弹道式助飞鱼雷,飞航式助飞鱼雷全程有动力飞行,具有初始飞行加速性大、弹道参数变化平稳、气动压力变化小、飞行攻角小等特点,而且飞行结束条件要求更为严格,除了与雷伞段安全飞行要求有关外,还与涡喷发动机关机特性和控制系统调整能力有关。

飞航式助飞鱼雷弹道如图 4-2 所示。

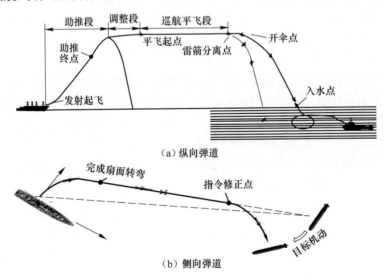

图 4-2 飞航式助飞鱼雷弹道

根据图 4-2,飞航式助飞鱼雷从发射到雷箭分离,空中飞行弹道分为助推段、调整段和巡航平飞段。其纵向弹道和侧向弹道设计思路和方法如下:

(1) 纵向弹道：鱼雷发射出箱后，按照预定的控制规律，在燃气舵的控制下，向目标方向转弯，在助推器工作完毕后，助推器分离。助推器分离后延迟一定时间，涡喷发动机点火，逐步建立推力，并调整鱼雷飞行高度，使鱼雷到达预定巡航高度，调整段结束。进入巡航平飞后，雷上实时计算鱼雷位置，在雷箭分离前，压低飞行攻角，并适时发动机关机，当满足雷箭分离条件时，控制雷箭分离。完成雷箭分离后，控制系统按照设计要求操舵，使运载器残骸迅速偏离战斗载荷飞行并避开雷伞系统，运载器工作结束后坠入海中。

(2) 侧向弹道：鱼雷发射后完成转弯，即转向目标飞行，直至雷箭分离。鱼雷在巡航飞行过程中，可通过指令修正系统修正目标位置，雷上控制系统根据修正后的目标位置和此时鱼雷的位置姿态信息，按照倾斜转弯控制规律，在航向上控制鱼雷对准修正后的目标飞行。

4.1.3 助飞弹道分析

弹道分析贯穿鱼雷整个寿命周期，不同阶段有不同的要求，由于弹道分析内容很多，本节在建立助飞鱼雷运动方程基础上，主要对标准弹道和干扰弹道的计算和分析加以叙述。

1. 助飞段运动方程组

描述助飞鱼雷空中运动的坐标系定义及相互之间的转换关系同导弹，参见文献[1]，在此仅给出助飞段空间运动方程组。

1) 动力学方程

动力学方程包括绕鱼雷质心的平移运动和绕质心的旋转运动，一般情况下，描述质心的平移运动采用发射坐标系，描述质心的旋转运动采用雷体坐标系，不同类型的助飞鱼雷具有各自气动布局和衡重特性，描述其受力特性和运动规律的方程也不同。下面给出通用的动力学方程。

根据变质量力学动量定理和动量矩定量，得到鱼雷动力学方程如下：

发射系中加速度为

$$\begin{bmatrix} \dot{v}_x \\ \dot{v}_y \\ \dot{v}_z \end{bmatrix} = \begin{bmatrix} g_x - a_{ex} - a_{cx} + F_x/m \\ g_x - a_{ey} - a_{cy} + F_y/m \\ g_x - a_{ez} - a_{cz} + F_z/m \end{bmatrix} \qquad (4-1)$$

雷体系中的转动角加速度为

$$\begin{bmatrix} \dot{\omega}_{x1} \\ \dot{\omega}_{y1} \\ \dot{\omega}_{z1} \end{bmatrix} = \begin{bmatrix} (M_{x1} - (J_{z1} - J_{y1})\omega_{y1}\omega_{z1})/J_{x1} \\ (M_{y1} - (J_{x1} - J_{z1})\omega_{x1}\omega_{z1})/J_{y1} \\ (M_{z1} - (J_{y1} - J_{x1})\omega_{x1}\omega_{y1})/J_{z1} \end{bmatrix} \qquad (4-2)$$

式中: g_x、g_y、g_z 为鱼雷空中飞行重力加速度在发射系三个坐标轴上的分量; a_{ex}、a_{ey}、a_{ez} 为地球自转产生的牵连加速度在发射系三个坐标轴上的分量; a_{cx}、a_{cy}、a_{cz} 为地球自转产生的哥氏加速度在发射系三个坐标轴上的分量。

在鱼雷受力中,除重力以外,雷体所受的其他外力的合力在发射系三个坐标轴上的分量为

$$\begin{bmatrix} F_x \\ F_y \\ F_z \end{bmatrix} = \boldsymbol{C}_0^1 \begin{bmatrix} P + R_{x1} + R_{Dx1} + R_{RDx1} \\ R_{y1} + R_{Dy1} + R_{RDy1} \\ R_{z1} + R_{Dz1} + R_{RDz1} \end{bmatrix} \quad (4-3)$$

式中: P 为发动机推力; R_{x1}、R_{y1}、R_{z1} 为气动力在雷体系三个坐标轴上的分量; R_{Dx1}、R_{Dy1}、R_{Dz1} 为空气舵控制力在雷体系三个坐标轴上的分量; R_{RDx1}、R_{RDy1}、R_{RDz1} 为燃气舵控制力在雷体系三个坐标轴上的分量。$\boldsymbol{C}_0^1$ 为雷体系到发射系的转换矩阵,且有

$$\boldsymbol{C}_0^1 = \begin{bmatrix} \cos\psi\cos\theta & \sin\psi\sin\phi - \cos\psi\sin\theta\cos\phi & \sin\psi\cos\phi + \cos\psi\sin\theta\sin\phi \\ \sin\theta & \cos\theta\cos\phi & -\cos\theta\sin\phi \\ -\sin\psi\cos\theta & \cos\psi\sin\phi + \sin\psi\sin\theta\cos\phi & \cos\psi\cos\phi - \sin\psi\sin\theta\sin\phi \end{bmatrix}$$

式(4-2)中,雷体所受的合力矩在雷体系三个坐标轴上的分量为

$$\begin{bmatrix} M_{x1} \\ M_{y1} \\ M_{z1} \end{bmatrix} = \begin{bmatrix} M_{tx1} + M_{\omega x1} + M_{Dx1} + M_{RDx1} \\ M_{ty1} + M_{\omega y1} + M_{Dy1} + M_{RDy1} \\ M_{tz1} + M_{\omega z1} + M_{Dz1} + M_{RDz1} \end{bmatrix} \quad (4-4)$$

式中: M_{tx1}、M_{ty1}、M_{tz1} 为气动力矩在雷体系三个坐标轴上的分量; $M_{\omega x1}$、$M_{\omega y1}$、$M_{\omega z1}$ 为气动阻尼力矩在雷体系三个坐标轴上的分量; M_{Dx1}、M_{Dy1}、M_{Dz1} 为空气舵控制力矩在雷体系三个坐标轴上的分量; M_{RDx1}、M_{RDy1}、M_{RDz1} 为燃气舵控制力矩在雷体系三个坐标轴上的分量。

2) 运动学方程组

在动力学方程中,各种力和力矩几乎都与助飞鱼雷的位置、速度和姿态角有关,因此,需要建立描述鱼雷位置、姿态、速度和角速度关系的方程式,即运动学方程。

位移方程为

$$\begin{bmatrix} \dot{x} \\ \dot{y} \\ \dot{z} \end{bmatrix} = \begin{bmatrix} v_x \\ v_y \\ v_z \end{bmatrix} \quad (4-5)$$

姿态角方程为

$$\begin{cases} \dot{\psi} = (\omega_{y1}\cos\phi - \omega_{z1}\sin\phi)/\cos\theta - (\omega_{ex}\cos\psi - \omega_{ez}\sin\psi)\tan\theta - \omega_{ey} \\ \dot{\theta} = \omega_{y1}\sin\phi + \omega_{z1}\cos\phi - \omega_{ex}\sin\psi - \omega_{ez}\cos\psi \\ \dot{\phi} = \omega_{x1} - (\omega_{y1}\cos\phi - \omega_{z1}\sin\phi)\tan\theta - (\omega_{ex}\cos\psi - \omega_{ez}\sin\psi)/\cos\theta \end{cases}$$

(4-6)

式中：ω_{ex}、ω_{ey}、ω_{ez} 为地球自转角速度 ω_e 在发射坐标系三个轴上的分量，表达式为

$$\begin{cases} \omega_{ex} = \omega_e \cos B_0 \cos A_0 \\ \omega_{ey} = \omega_e \sin B_0 \\ \omega_{ez} = -\omega_e \cos B_0 \sin A_0 \end{cases}$$

(4-7)

式中：B_0 为地理纬度；A_0 为射击方位角。

3) 控制方程

助飞段控制方程的具体形式与控制系统工作原理、工作方式、系统结构、控制规律等有关，一般可用下列泛函形式表示。

三通道综合控制方程为

$$\begin{cases} U_\theta = f_\theta(x,y,z,\theta,\psi,\phi,\omega_x,\omega_y,\omega_z\cdots) \\ U_\psi = f_\psi(x,y,z,\theta,\psi,\phi,\omega_x,\omega_y,\omega_z\cdots) \\ U_\phi = f_\phi(x,y,z,\theta,\psi,\phi,\omega_x,\omega_y,\omega_z\cdots) \end{cases}$$

(4-8)

假设操舵回路控制规律为比例环节，则功能舵角方程为

$$\begin{cases} \delta_\theta = K_\theta U_\theta \\ \delta_\psi = K_\psi U_\psi \\ \delta_\phi = K_\phi U_\phi \end{cases}$$

(4-9)

4) 辅助方程

鱼雷速度在雷体系投影为

$$\begin{bmatrix} v_{x1} \\ v_{y1} \\ v_{z1} \end{bmatrix} = \boldsymbol{C}_1^0 \begin{bmatrix} v_x \\ v_y \\ v_z \end{bmatrix}$$

(4-10)

鱼雷合速度为

$$v = \sqrt{v_x^2 + v_y^2 + v_z^2}$$

(4-11)

弹道倾角为

$$\Theta = \arcsin(v_y/v) \tag{4-12}$$

弹道偏角为

$$\Psi = \arcsin(-v_z/\sqrt{v_x^2 + v_z^2}) \tag{4-13}$$

鱼雷攻角为

$$\alpha = -\arctan(v_{y1}/v_{x1}) \tag{4-14}$$

鱼雷侧滑角为

$$\beta = \arctan(v_{z1}/\sqrt{v_{x1}^2 + v_{y1}^2}) \tag{4-15}$$

合成攻角为

$$\alpha_v = \arccos(\cos\alpha\cos\beta) \tag{4-16}$$

地心至弹道任一点距离为

$$r = \sqrt{x^2 + (y + R)^2 + z^2} \tag{4-17}$$

飞行几何高度为

$$H = r - R + H_0 \tag{4-18}$$

式中：r 为飞行位置距地心距离；R 为地球平均半径；H_0 为发射点几何高度。

上述方程中没有考虑风场影响，弹道分析中要根据需求增加。由于助飞鱼雷不同研制阶段对助飞弹道仿真计算要求和研究目的不同，所用的数学模型繁简程度和表达形式也会不同，本节给出的是六自由度下的基本模型，其他可在此基础上进行扩展。

根据这些数学模型，通过数值仿真计算可求得鱼雷助飞段飞行的运动参数。

2. 助飞鱼雷标准弹道计算

将助飞鱼雷视为可控刚体，飞行环境条件为标准状态，鱼雷的总体参数（包括雷体结构参数和衡重参数）、发动机推力及性能参数等均为理论设计值，鱼雷控制系统的软、硬件均为理想工作状态，推力及空气动力按照预定规律及量值作用于鱼雷，鱼雷处于无误差非扰动的运动状态，在此条件下计算得到的弹道为标准弹道，也称为理论弹道。

标准弹道的实质就是依据助飞段运动模型，通过仿真计算确定鱼雷空中助飞段质心运动基本规律，计算结果可作为对助飞鱼雷各系统提出技术要求的重要依据，也是提供飞行试验的基准弹道，在方案设计和实航飞行试验中有着重要作用。

标准弹道计算中的输入参数除了鱼雷发动机参数、鱼雷质量和几何参数、控制系统参数、标准大气参数、空气动力参数、地球物理参数、飞行程序外，还包括发射初始参数及发射点和目标点的大地坐标及高程，这些参数均为理论设计值或标准工况。标准弹道计算输出中，要给出弹道特征点的运动参数，如发射点火时刻、助推器分离时刻、雷箭分离时刻等,这些特征点运动参数包括飞行时间、飞行速度、射程、攻角、侧滑角、姿态角、弹道倾角、弹道偏角、位置坐标、加速度、角速度等,计算结果对发射装置(发射筒或发射箱)设计、助飞雷级间安全分离设计、分离舱设计、雷箭安全分离设计及雷伞弹道设计都具有重要的指导意义和工程应用价值。

3. 助飞鱼雷干扰弹道计算

相对于非扰动的标准弹道来说,产品设计中常存在各种偏差,实际飞行中又会受到许多随机扰动(或偶然干扰)因素作用,使得运动轨迹及其落点都偏离了非扰动状态下的运动轨迹和落点,这种有干扰下的运动弹道称为干扰弹道。干扰会使鱼雷偏离预定的运动弹道轨迹,从而影响鱼雷飞行精度,因此,研究各种干扰因素及其对弹道参数的影响是很有必要的;同时,在助飞鱼雷设计中要进行大量的干扰弹道计算,目的就是确定在干扰影响下鱼雷的动态特性和散布特性,以便为助飞段飞行精度确定提供依据。

计算干扰弹道首先要分析干扰误差的来源,由于干扰误差多种多样,对助飞段飞行的影响也各不相同,要对所有干扰误差逐个进行分析没有必要,一般只能对客观存在的干扰量和对散布起明显作用的干扰因素进行分析讨论。

1)风干扰

风是表征大气运动重要特性之一,可分为定常风和紊流(包括阵风、风切变)两类,紊流主要影响飞行稳定性,定常风主要影响飞行弹道轨迹。风的铅垂分量很小,可忽略不计,在弹道计算中,一般只考虑平行于水平面的定常风对鱼雷的影响。为了从严考核助飞鱼雷制导控制系统的能力,一般需要设定四种较为严酷的风干扰,即顺风、逆风、正侧风和阵风,而风场有高空风和低空风等。

2)初始条件干扰

考虑鱼雷发射出箱(或筒)时的各种初始条件偏差,包括高度误差、速度误差、姿态误差、角速度误差、受海流海浪影响的发射干扰偏差等。

3)气动参数拉偏

气动参数拉偏包括升阻比、操纵力/力矩系数、动导数等描述助飞段气动特性的气动参数偏差量。

4)结构参数拉偏

结构参数拉偏是将鱼雷助飞段衡重参数,如质量、长度、转动惯量、质心位置等的设计偏差代入仿真程序进行仿真计算,尤其是对使用固体发动机的助飞鱼雷弹道,要有适当方法来处理推进剂消耗对弹道造成的影响,以尽量客观地反映固体推进剂的燃烧特性。

上述干扰因素,可以对单个因素进行仿真分析,求得该干扰量对鱼雷运动的影响;也可同时加入多个干扰因素进行计算,求得它们共同作用时产生的影响。干扰量可取最大值,也可取最小值,在边界条件下的计算结果与标称值下的计算结果比较,即可得到该干扰量影响下的偏差大小。如果考虑干扰量的散布特性,采用统计计算方法,可得到的该干扰量影响下的散布特性。

为直观起见,常把干扰弹道参数与标准弹道对应的参数求差,得到等时和非等时偏差。等时偏差是干扰弹道参数与标准弹道参数在同一时间点之差,非等时偏差则是二者在同一特征点的弹道参数之差,在助飞弹道分析中,根据需求两种方法均可能采用。

4. 安全管道计算

在助飞鱼雷实航或飞行试验中,存在火工品、固体推进剂、燃油等危险品,同时考虑各种干扰因素造成的弹道散布,以及鱼雷可能出现的故障,会对鱼雷实航飞行试验或演习的飞行区域或地面环境带来不安全的因素。为了确保实航飞行试验安全顺利进行,要求助飞鱼雷具有安全控制的功能,能够实时监测鱼雷实航飞行状态,以便在发生不安全事故前,主动采取安控措施,释放风险,保证实航飞行的安全。与飞行安全有关的措施,除了定义和界定禁区、危险区、安控区以外,还需要有与安控区有关的安全管道计算和分析任务,这是划分禁区危险区的依据。

根据对助飞鱼雷标准弹道和干扰弹道的计算,将标准条件下的运动轨迹称为空中中心航线,它在地面的投影称为地面中心航线,鱼雷运动受到诸多干扰因素后使得运动轨迹散布在以空中中心航线为中心的某一空间区域内,这一空间区域呈管道形状,所以称作安全管道,如图4-3所示。

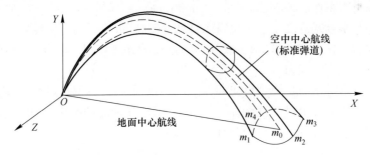

图4-3 安全管道示意

鱼雷发射前通过地面安控装订台装订安控管道;鱼雷发射后,根据GPS位置进行自主判断,超出安控管道后实施自毁,避免鱼雷飞出危险区。如果鱼雷在安控管道中飞行,表示鱼雷的干扰运动是在允许的范围内,否则表示所受的干扰力超出了允许的设计值,鱼雷落点将超出允许的散布区域,甚至失稳,造成实航飞行试验失败或发射失败。

4.2 雷伞弹道设计

4.2.1 雷伞弹道设计一般要求

雷伞弹道是雷箭分离后鱼雷和降落伞系统空中飞行的运动轨迹,是衔接助飞弹道和水下弹道的纽带,起着承上启下的作用,关系到雷箭分离安全性、雷伞空中运动稳定性、鱼雷入水安全性,以及入水后鱼雷能否正常航行和发现目标等,因此,雷伞弹道设计是助飞鱼雷全弹道设计的重要组成部分。

与助飞弹道相比,雷伞弹道无控制无动力,主要依靠降落伞的作用来控制鱼雷空中稳定减速飞行,通过雷伞弹道设计,确定降落伞性能参数,保证雷伞系统运动稳定、入水参数满足指标要求、落点散布满足全雷精度要求。由于入水参数影响鱼雷入水安全性和水下初始航行稳定性,落点精度影响鱼雷发现目标概率,若入水参数和落点散布不合适,就会造成鱼雷入水后不能正常航行和发现目标,使助飞鱼雷作战任务失败。可见,雷伞弹道设计与降落伞设计密切相关,不但涉及降落伞的设计与选型、开伞方式、开伞载荷等,同时还与雷箭分离条件、工作环境、入水参数等有关。对雷伞弹道设计的具体要求如下:

(1)伞衣阻力特征面积。伞衣阻力特征面决定了降落伞的气动阻力特性,通过对降落伞的设计与选型,该值既要满足雷伞系统空中运动稳定减速要求,又要满足鱼雷入水速度要求。

(2)开伞方式。由于助飞鱼雷飞行高度较高,雷箭分离时速度较大,为了减小开伞冲击力,一般需要采用多级开伞的方式,无论哪级开伞,开伞载荷均需要满足鱼雷最大承载能力。

(3)开伞时序。雷箭分离初期,鱼雷是不开伞的自由飞状态,空中稳定装置延时开伞机构的开伞时序设计,需要满足鱼雷在开伞前的空中运动姿态及其弹道稳定性要求,保证雷箭分离安全性。

(4)入水参数和落点散布。鱼雷的入水参数(主要包括入水姿态角和入水速度)和落点散布直接影响鱼雷入水安全性、初始弹道稳定性和发现目标概率,通过雷伞弹道设计确保这些参数满足设计要求。

(5)其他要求。为了与空投附件设计匹配,满足鱼雷使用条件,雷伞弹道设计还需要考虑雷箭分离参数约束、留空时间约束、过载开关门限约束、气象海况约束等。

总之,通过雷伞弹道设计,提出满足雷伞空中运动弹道稳定及其减速要求的降落伞设计参数,解决雷箭分离安全、开伞安全、入水安全等问题,满足鱼雷在各种复杂因素影响下的入水参数和落点精度要求。

4.2.2 雷伞弹道设计方法

受助飞鱼雷的飞行高度、雷箭分离方式和分离条件约束,助飞鱼雷的雷伞弹道设计比一般空投鱼雷的雷伞弹道复杂得多,既要满足雷箭分离安全性、空中飞行稳定性、入水参数等方面的技术要求,又要满足空中稳定装置其他方面的技术要求,如开伞载荷、过载门限、留空时间等。考虑雷伞系统运动具有无动力、无控制、非线性、非定常、极易受气流干扰等特点,一般采取降落伞多级开伞方式。以二级开伞方式为例,雷箭分离至鱼雷入水的雷伞弹道示意如图4-4所示。

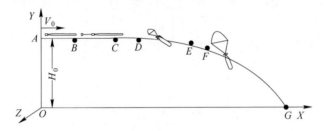

图4-4 雷伞弹道设计示意图

$OXYZ$ 为地面坐标系(原点 O 为雷箭分离点在地面投影,OX 为分离时刻鱼雷运动方向,OY 垂直于 OX 铅垂向上,OZ 符合右手定则)。

图4-4中:H_0 为分离高度;V_0 为分离速度;A 为雷箭分离点;B 为开伞动作点;C 为一级开伞充气点;D 为一级伞衣涨满点;E 为二级开伞充气点;F 为二级伞衣涨满点;G 为入水点。

雷伞弹道分为六个阶段,即降落伞未打开期间的无伞弹道段(AB 段)、拉伞瞬间到伞绳拉直绷紧的伞衣拉直弹道段(BC 段)、一级开伞至一级伞衣涨满的一级伞充气弹道段(CD 段)、一级伞衣充满后的一级伞涨满弹道段(DE 段)、二级开伞至二级伞衣涨满的二级伞充气弹道段(EF 段)、二级伞衣充满后的二级伞涨满弹道段(FG 段)。

在雷伞系统空中运动过程中,不同阶段完成的功能不同,设计要求也不同,相互之间按照一定动作时序紧密衔接,为了实现雷伞弹道功能,工程上一般按照图4-5进行优化循环设计。

按照图4-5,雷伞弹道设计过程如下:

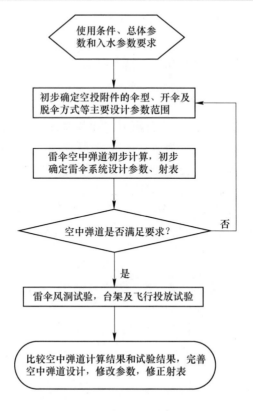

图 4-5 雷伞空中弹道设计过程

（1）根据助飞发射方式及鱼雷作战特点,确定使用条件及入水参数要求。

（2）根据鱼雷总体参数、动载荷、入水参数及落点精度要求,综合考虑使用范围、工艺性、经济性,选择降落伞伞型、开伞方式、初步给出降落伞设计参数（包括伞绳数量、伞绳长度、伞衣直径等）。

（3）加工试验样机,通过风洞试验、台架试验、模拟投放飞行试验或其他外场试验,测出降落伞的气动特性,对空中稳定装置进行修改完善,满足设计指标要求。

（4）建立雷伞段空中运动弹道数学模型,进行雷伞空中弹道初步计算,在满足入水参数的条件下,确定空投附件的设计参数（包括开伞时间、降落伞阻力特征面积、开伞最大冲击载荷等）,以及雷箭分离参数范围。

（5）通过对雷箭分离参数范围下的雷伞弹道计算,确定雷伞弹道的飞行距离、飞行时间、姿态角等变化范围,并给出满足入水参数要求的射表。

（6）比较空中弹道计算结果和试验结果,优化设计参数,完善数学模型,修正射表。

4.2.3 雷伞弹道分析

同助飞弹道一样,雷伞弹道的分析离不开空中运动数学模型,但由于降落伞的柔性特性和气动特性的复杂性,准确反映鱼雷、降落伞及其耦合的性能特性参数比较困难,在雷伞弹道设计时,需要首先采用理论与试验相结合的方法来建立和完善雷伞运动数学模型。本节在基于雷伞系统数学模型基础上,仅对常用的几种雷伞弹道进行分析。

1. 雷伞系统运动方程组

雷伞系统主要由鱼雷和降落伞组成,不同于助飞弹道和水下弹道,雷伞弹道主要依靠降落伞来实现雷伞弹道功能,其运动具有一定的复杂性和随机性,为了研究问题方便,一般做如下假设:

(1) 降落伞与雷尾是刚性连接;
(2) 降落伞是单自由度,不考虑降落伞的柔性;
(3) 忽略雷体和降落伞的气动附加质量;
(4) 忽略雷体在空气中的浮力等。

在上述假设条件下,雷伞系统受力情况如图 4-6 所示。

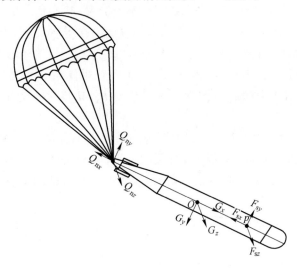

图 4-6 雷伞系统受力示意

不考虑干扰的情况下,鱼雷在空中运动主要受到三种力的作用,即重力 G、气动力 F_s、降落伞阻力 Q_n。

在此，选择以鱼雷质心为原点的雷体坐标系 $oxyz$，动力学方程描述如下：

$$\begin{bmatrix} \dot{v}_x \\ \dot{v}_y \\ \dot{v}_z \\ \dot{\omega}_x \\ \dot{\omega}_y \\ \dot{\omega}_z \end{bmatrix} = \begin{bmatrix} F_x/m + (\omega_z v_y - \omega_y v_z) \\ F_y/m + (\omega_x v_z - \omega_z v_x) \\ F_z/m + (\omega_y v_x - \omega_x v_y) \\ (M_x + \omega_y \omega_z (J_y - J_z))/J_x \\ (M_y + \omega_x \omega_z (J_z - J_x))/J_y \\ (M_z + \omega_x \omega_y (J_x - J_y))/J_z \end{bmatrix} \quad (4-19)$$

考虑干扰后，鱼雷所受的合力和合力矩如下：

$$\begin{cases} F_x = G_x + F_{sx} + Q_{nx} + R_x \\ F_y = G_y + F_{sy} + Q_{ny} + R_y \\ F_z = G_z + F_{sz} + Q_{nz} + R_z \\ M_x = M_{gx} + M_{sx} + M_{nx} + M_{rx} \\ M_y = M_{gy} + M_{sy} + M_{ny} + M_{ry} \\ M_z = M_{gz} + M_{sz} + M_{nz} + M_{rz} \end{cases} \quad (4-20)$$

式中：G_x、G_y、G_z 为重力在雷体坐标系三个轴上分量；M_{gx}、M_{gy}、M_{gz} 为鱼雷重力矩在雷体系三个轴上分量；F_{sx}、F_{sy}、F_{sz} 为雷体气动力在雷体系三个轴上分量；M_{sx}、M_{sy}、M_{sz} 为气动力矩在雷体系三个轴上分量；Q_{nx}、Q_{ny}、Q_{nz} 为伞衣气动力在雷体系三个轴上分量；M_{nx}、M_{ny}、M_{nz} 为伞衣气动力矩在雷体系三个轴上分量；R_x、R_y、R_z 为干扰力在雷体坐标系三个轴上分量；M_{rx}、M_{ry}、M_{rz} 为干扰力矩在雷体坐标系三个轴上分量。

需要说明的是，伞衣气动力和力矩与降落伞大小有关，不同的雷伞弹道段，降落伞的开伞状态不同，伞衣阻力特征面积不同，对雷体产生的气动阻力也不同。一般情况下，伞衣气动力按照风洞试验伞衣打开状态，由吹风试验数据处理后获得。

除了动力学方程外，运动学方程如下：

质心位移为

$$\begin{bmatrix} \dot{x} \\ \dot{y} \\ \dot{z} \end{bmatrix} = [C_0^1]^T \begin{bmatrix} v_x \\ v_y \\ v_z \end{bmatrix} \quad (4-21)$$

欧拉角为

$$\begin{cases} \dot{\psi} = (\omega_y\cos\varphi - \omega_z\sin\varphi)/\cos\theta \\ \dot{\theta} = \omega_y\sin\varphi + \omega_z\cos\varphi \\ \dot{\varphi} = \omega_x - (\omega_y\cos\varphi - \omega_z\sin\varphi)\cdot\tan\theta \end{cases} \quad (4-22)$$

其他运动学方程同助飞段。

2. 风对雷伞系统影响模型

助飞鱼雷是在距离地面一定高度上进行雷箭分离,分离后的雷伞系统运动极易受到风影响,因此需要对风干扰下的气流速度、气流攻角和气流侧滑角进行相应的修正,以便能够准确地计算鱼雷所受的空气动力和力矩。

一般情况下,仅考虑水平定常风对雷伞系统运动影响,如图4-7所示。

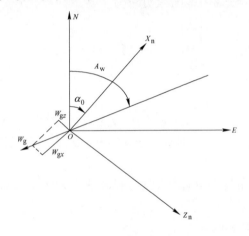

图 4-7 风向角示意

图中,α_0 为发射方向相对于北的方位角,A_w 为风向角,风速 W_g 在发射坐标系中分量为

$$\begin{cases} W_{gx} = -W_g\cos(A_w - \alpha_0) \\ W_{gy} = 0 \\ W_{gz} = -W_g\sin(A_w - \alpha_0) \end{cases} \quad (4-23)$$

由风引起的干扰攻角和干扰侧滑角为

$$\Delta\alpha_w = -\arctan\frac{W_{gx}\sin\Theta}{V - W_{gx}\cos\Theta} \quad (4-24)$$

$$\Delta\beta_w = \arctan\frac{W_{gz}\cos\Psi - W_{gx}\sin\Psi}{v\cos\Theta + W_{gx}\cos\Psi + W_{gz}\sin\Psi} \quad (4-25)$$

气流攻角和气流侧滑角为

$$\begin{cases} \alpha_w = \alpha + \Delta\alpha_w \\ \beta_w = \beta + \Delta\beta_w \end{cases} \quad (4-26)$$

考虑风影响后，空速在雷体系各轴上的分量为

$$\begin{bmatrix} v_{xw} \\ v_{yw} \\ v_{zw} \end{bmatrix} = \begin{bmatrix} v_x \\ v_y \\ v_z \end{bmatrix} - \boldsymbol{C}_1^0 \begin{bmatrix} w_{gx} \\ w_{gy} \\ w_{gz} \end{bmatrix} \quad (4-27)$$

鱼雷空速为

$$v_w = \sqrt{v_{xw}^2 + v_{yw}^2 + v_{zw}^2} \quad (4-28)$$

降落伞在风场坐标系中的速度分量为

$$\begin{bmatrix} v_{nxw} \\ v_{nyw} \\ v_{nzw} \end{bmatrix} = v_w + \boldsymbol{C}_w^1 [\boldsymbol{\omega} \times \boldsymbol{x}_k] \quad (4-29)$$

降落伞空速为

$$v_{nw} = \sqrt{v_{nxw}^2 + v_{nyw}^2 + v_{nzw}^2} \quad (4-30)$$

式中：$\boldsymbol{C}_w^1$ 为雷体系到风场系的坐标变换矩阵；$\boldsymbol{x}_k$ 为伞绳系留点距鱼雷质心的距离。

将空速和气流角代入相应的气动力和气动力矩计算中，就可反映出风对雷伞弹道的影响。

3. 雷伞标准弹道计算

雷伞系统标准弹道是指鱼雷衡重参数和降落伞特征参数均为理论设计值、雷体气动和降落伞气动参数无误差、雷箭分离参数为标称值、无风干扰等条件下的雷伞空中运动弹道，其作用除了研究雷伞系统空中运动的基本规律外，主要为战术技术指标的论证和确定提供依据、为干扰弹道研究提供基准、为实航飞行试验提供理论参考等，因此雷伞弹道在助飞鱼雷全弹道研究中发挥重要作用。

根据雷伞弹道设计方法，将雷伞系统工作过程转化为雷伞协同动作时序，然后利用计算机仿真语言，将雷伞系统空中运动数学模型和动作时序编制为仿真软件，开展标准工况下弹道仿真计算。

标准弹道计算的输入条件包括鱼雷衡重参数（质量、质心位置、直径、长度、转动惯量等）、雷体气动参数（无伞状态、一级伞衣涨满状态、二级伞衣涨满状态）、降落伞设计参数（一级开伞延迟时间、二级开伞延迟时间、一级伞衣阻力特征面积、二级伞衣阻力特征面积、伞包直径和质量、伞绳和伞衣长度、伞帽直径

第4章 空中弹道设计

等)、雷箭分离参数(高度、速度、攻角、侧滑角、姿态角、角速度)等。输出结果包括开伞载荷、留空时间、飞行距离、入水速度、入水姿态角、入水攻角等。

为了直观说明标准弹道设计结果,图4-8示出了不同分离高度下标准弹道主要运动参数变化曲线。

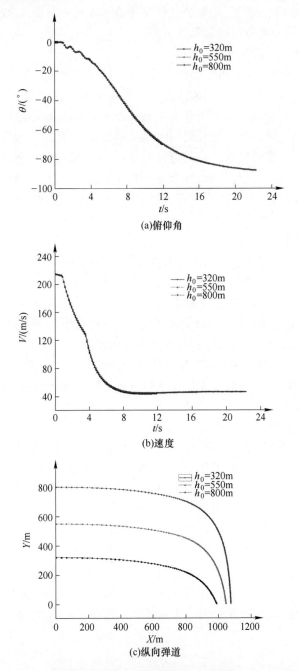

图 4-8 标准弹道运动参数变化曲线

仿真结果说明：分离高度主要影响雷伞系统留空时间和飞行距离，一定程度上影响入水角和入水速度，但不会影响雷伞运动过程变化规律，由此可以确定鱼雷入水参数范围。

另外，由于雷伞段没有控制，主要依靠降落伞对鱼雷起稳定减速作用，为保证助飞雷射程和落点精度，需要通过标准弹道计算制定射表，以便为助飞段关机条件确定和雷箭分离参数确定提供帮助。

4. 雷伞弹道稳定性分析

雷伞弹道的稳定性分析包括两个方面：一是降落伞未打开状态；二是降落伞打开涨满状态。降落伞打开涨满状态与降落伞的设计密切相关（在第7章详细介绍）。本节仅对降落伞未打开状态下鱼雷受干扰后的弹道稳定性进行分析。

雷箭分离后，降落伞未打开期间弹道又称无伞段，此阶段包含战斗载荷与运载体分离过程、分离组件与战斗载荷分离过程、分离舱与运载体分离过程。鱼雷由约束状态变为自由飞行状态，整个过程非常复杂。鱼雷会受到各种干扰作用，可能出现战斗载荷与运载体残骸或分离组件的干涉或碰撞，对雷箭分离安全性带来严重影响。因此，需要单独对无伞段运动稳定性进行分析。

1) 战斗载荷静不稳定性

考虑助飞鱼雷水下航行机动性要求，战斗载荷往往设计为静不稳定或具有较低的静稳定度，而装配空投附件后的战斗载荷在无伞段自由飞运动又要求具有较高的静稳定度，这就需要采取增大战斗载荷静稳定度的措施。常用的措施是在战斗载荷螺旋桨或推进器上增加保护罩，以提高尾部受力面，使气动中心后移，减小静不稳定度，抑制战斗载荷姿态的快速发散。

图4-9是法意联合研制的"米拉斯"助飞鱼雷的战斗载荷，其尾部增加了一个圆筒状的装置，这一装置在无伞段飞行时具有稳定战斗载荷姿态、减小雷体静不稳定度的功能。

2) 分离舱拉绳拉拔干扰

助飞鱼雷携带的战斗载荷表面上有各种插头和拔销，它们通过拉绳和分离舱相连接：拉绳一端系留在雷体上，另一端系在分离舱壳体上，不同拉绳有不同的系留位置。在雷箭分离时，随着分离舱的张开，拉绳逐次拉直，拔出相应的插头和拔销，在这一过程中会对鱼雷产生各种拉拔力，位置不同，拉拔力不同，拉拔方向也不同。拉拔时序异常、拉拔力过大、拉拔时间过长、拉拔力不对称等，都会给无伞段运动造成干扰，使鱼雷运动姿态发生变化，从而影响战斗载荷与分离舱和运载体的安全分离。因此，选择分离舱上拉绳固连位置以及拉拔方式是无伞段稳定性设计的关键，合理的拉拔方式不但可以大大减小分离舱拉拔力对战斗载荷造成的干扰，而且有助于提高无伞段运动的稳定性。

第4章 空中弹道设计

图4-9 法意联合研制的"米拉斯"的战斗载荷

假设战斗载荷受到某一拉绳的拉拔力 F 在鱼雷的横向平面内，与雷体纵轴的夹角为 η，则拉拔力在雷体系中的分量如图4-10所示。

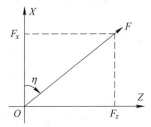

图4-10 拉拔力在雷体系中的分量

拉拔力在雷体系中的分量为

$$\begin{cases} F_x = F\cos\eta \\ F_y = 0 \\ F_z = F\sin\eta \end{cases} \quad (4-31)$$

由于力的作用点与战斗载荷质心不重合，则拉拔力相对于战斗载荷质心形成力矩。假设力作用点在雷体系中位置矢量坐标为 (x_r, y_r, z_r)，则拉拔力矩在雷体系中的分量为

$$\begin{cases} M_x = y_r F_z - z_r F_y \\ M_y = z_r F_x - x_r F_z \\ M_z = x_r F_y - y_r F_x \end{cases} \quad (4-32)$$

除了拉拔力的三要素外，还需要有拉拔力的作用时间，一般为毫秒级。为了

109

减小拉绳拉拔力对鱼雷造成的干扰,在分离方案设计中,还需要考虑拉拔方式,如上下拉拔、左右拉拔、对称拉拔等,拉拔方式均需通过仿真计算和地面试验验证来确定。为了对比,图4-11给出无拉拔干扰、左右不对称拉拔和对称拉拔方式下对鱼雷无伞段运动姿态影响的结果曲线。

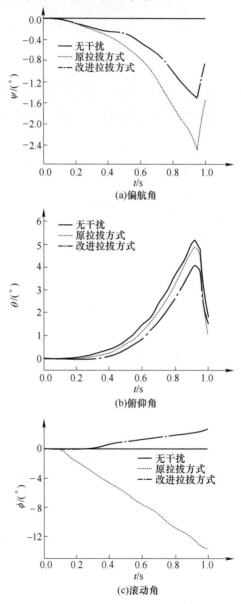

图4-11 不同拉拔方式下鱼雷运动姿态变化

可以看出,分离舱与雷体之间的拉绳拉拔方式对鱼雷姿态角影响很大,合理的拉拔方式可以大大减小拉拔力对战斗载荷造成的干扰,这一结果可对雷箭分离安全性分析提供帮助。

3) 分离气动干扰

雷箭分离过程中,分离舱和运载器以动态变化的形式逐渐与战斗载荷分离,在分离初期,战斗载荷被分离舱和运载器包围在狭小的空间内,处在一种时变、有界的气流场中,所受的气动力特性与其处于孤立运动状态时的气动特性有一定差异,多体之间存在一定程度的气动干扰且随着多体间相对位置和姿态变化而变化。当分离舱张开到限位角度时断裂,战斗载荷与运载器拉开一定距离,脱离有边界的气流环境而进入无边界的气流场中自由飞行。在这一分离过程中产生的分离气动力会干扰战斗载荷运动,使其姿态发生变化,可能出现战斗载荷与分离残骸干涉现象,影响到雷箭分离安全性,所以无伞段稳定性分析必须考虑分离气动对雷箭分离安全性影响这一因素。

图 4-12 是考虑无分离气动干扰和有分离气动干扰两种条件,鱼雷无伞段运动中俯仰角 θ 和偏航角 ψ 的变化曲线。

从图 4-12 看出,分离气动对战斗载荷姿态角变化具有一定影响,在无伞段稳定性分析和雷箭分离安全性设计时必须加以考虑。详细的雷箭分离仿真分析方法可参见第 6 章相关内容。

4) 分离残骸干扰

助飞鱼雷在雷箭分离时,分离舱在气动力作用下张开,与战斗载荷相连的各种拉绳随着分离舱张开相继拉直并拔出设定插头、激活热电池等。当分离舱张开到一定角度时,与运载器在铰链连接处断裂,运载器按照要求在高度或航向上进行机动规避,以偏离原飞行路线。在此过程中,分离舱碎片、运载器残骸及其他组部件是无控无序的自由运动,极易与战斗载荷发生剐蹭,一旦出现就会使鱼雷运动发散,造成严重安全事故,所以无伞段稳定性分析必须包含分离残骸干扰分析。

由于雷箭分离初期,战斗载荷与运载器残骸速度接近,二者相撞的机遇最大,所以对分离残骸干扰分析主要考虑战斗载荷与运载器残骸的相对运动。图 4-13 是雷箭分离后战斗载荷相对运载器残骸的位移和距离变化。

根据图 4-13,雷箭分离初期,首先要实现战斗载荷与运载器残骸快速分离,相对位移 dx 和 dy 增大。降落伞打开后,鱼雷速度迅速减小,在其后方飞行的运载器残骸追赶战斗载荷,并在很短时间超越飞行。为避免发生干涉碰撞,运载器残骸要避开战斗载荷运动轨迹,二者高度差 dy 始终大于零,并越来越大。无伞段弹道设计思想是在雷箭分离过程中实现运载器残骸与战斗载荷的"分、追、

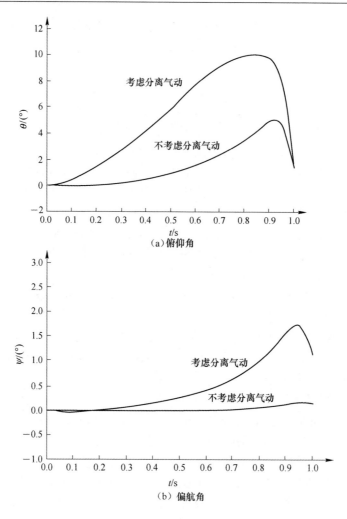

图 4-12 分离气动对无伞段姿态角影响

让"的设计要求,以确保雷箭分离安全。

5) 随机干扰

无伞段的随机干扰是指其他外在因素影响,如雷箭分离过程中的碰撞、分离组件干涉、降落伞包钩挂、短时阵风等。这种干扰的特点是突发性的,作用力大、作用时间短、影响效果明显,往往会引起雷伞系统运动的快速发散,引起硬件故障,严重影响鱼雷的空中正常开伞和飞行,致使鱼雷不能正常入水航行,造成严重损失。

随机干扰的仿真一般用于对雷伞系统飞行的故障模拟和故障分析及故障定

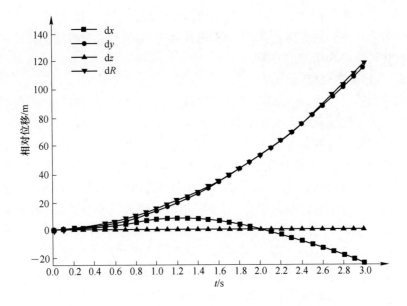

图 4-13 战斗载荷相对运载器残骸的位移和距离变化

位中,要根据产品的具体情况、故障的具体现象,以及实航飞行试验的内外测记录结果来确定故障模拟方式和方法。

6) 开伞时间影响

鉴于雷体静不稳定性和雷箭分离过程中各种干扰的存在,给雷箭分离安全性带来一定的风险。为了使战斗载荷尽快进入稳定飞行状态,需要使降落伞尽早打开。而开伞过早,由于距离太近,伞衣又容易受到分离残骸的干涉和剐蹭,降落伞无法正常充气打开,从而失去稳定减速作用。无伞段一旦发生故障,雷伞系统空中运动就会发散,鱼雷入水时可能摔断或损伤,无法完成攻击水下目标的战斗使命,因此开伞时间的选择至关重要。

在开伞时间设计中一般需要考虑以下因素:

(1) 雷箭分离条件,如分离速度、分离攻角、分离俯仰角、分离角速度等;

(2) 分离舱分离方案,如上下分离、左右分离或其他方式;

(3) 运载器分离方案,如向下操舵、向上操舵、向左操舵、向右操舵等;

(4) 雷箭分离过程中安全开伞距离等。

综上所述,受雷体本身气动特性、分离过程气动、分离舱拉绳拉拔、残骸运动等影响,助飞鱼雷无伞段运动具有时变非定常不稳定特性,虽然在设计上通过采取对雷箭分离参数约束、分离舱拉拔方法优化、开伞动作时序设定、降落伞设计参数限制等措施,来实现雷箭安全分离与雷伞系统空中运动的减速和稳定,但是受外界干扰影响,鱼雷无伞段运动中仍可能会出现大姿态变化,这将给雷箭分离安全性带来严重影响。因此,在雷伞弹道设计中,必须对无伞段运动特性和鱼雷姿态变化进行更为细致的分析。

5. 入水散布分析

助飞鱼雷发射后,经过助飞段和雷伞段的空中飞行到达预定目标点位置,鱼雷入水。为了保证鱼雷入水安全和水下正常航行,对入水参数有严格要求,雷伞弹道设计主要任务就是保证入水参数满足要求。但实际工程应用中,鱼雷设计参数存在偏差、气动参数存在试验测量误差和数据处理误差、雷箭分离参数在一定范围内散布、试验或实际飞行中的气象条件和海况多变,都会对入水参数产生一定影响。综合考虑这些因素后,需要采用概率统计试验方法(一般为蒙特卡洛法)对入水散布进行分析。

利用统计试验方法,首先需要对影响因素的来源和产生机理进行分析,确定影响因素的分布规律,使其能真实反映出产品特点和实际情况。表4-1中列出了影响入水散布的主要因素及其分布规律。

表4-1 入水散布影响因素及分布规律

偏差类型		分布规律
分离条件	速度 V_0	均匀分布
	高度 h_0	正态分布
	攻角 α_0	正态分布
	俯仰角 θ_0	正态分布
	偏航角 ψ_0	正态分布
空投附件	开伞延时时间 T_1	正态分布
	收口绳切割器时间 T_d	正态分布
	二级伞的阻力特征面积 C_{ds2}	正态分布
气动参数	误差系数 C_k	正态分布
气象条件	风速 V_w	正态分布
	风向 ψ_w	均匀分布

影响因素确定后,还需要确定仿真试验的次数,工程上通常以一定的置信度、模拟精度作为选择试验次数的依据,一旦给定模拟试验精度和试验概率,就可确定出试验次数。对雷伞弹道的入水参数散布计算来说,一般可取100~1000次。表4-2给出了由计算机完成100次模拟统计试验的入水速度和入水角度的

超差概率统计计算结果。

表 4-2 入水参数超差统计(条次数)

分离高度/m	500	600	800
入水速度大于 60m/s	16	10	8
入水角度大于 80°	0	62	100

可以看出,分离高度对入水参数超差影响很大,高度越高,入水速度超差率越小,但入水角超差率越大。

总之,借助于助飞鱼雷雷伞空中运动弹道的仿真统计试验方法,在产品研制初期可对初步设计结果进行合理评估,在产品研制中后期可以检验产品实物样机与方案设计的差距,然后再对雷伞弹道模型、参数散布、雷箭分离条件散布、气象条件散布等进行试验验证和修正,利用统计试验结果,对实际产品的雷伞弹道和入水点参数散布做出评估,以减少雷伞系统试验次数、节省研制周期,同时为助飞鱼雷的全雷精度评估提供依据。

4.2.4 试验数据处理

助飞鱼雷在工程研制阶段需要通过陆上飞行试验和海上实航试验进行试验结果评估,以检验设计方案正确性、试验方案合理性、产品质量可靠性、战术技术指标符合性。对试验数据的处理是一项重要的工作,相对助飞段而言,雷伞段飞行试验数据只能借助外测手段间接获得。由于雷伞段飞行时间很短,需要利用多种外测设备和测试手段来跟踪雷伞飞行过程,并进行繁琐复杂的二次数据处理和数据融合,综合后才能获得有效的飞行试验数据。本节仅给出两个与雷伞段相关的数据处理方法。

1. 无伞段气动参数辨识

助飞鱼雷的战斗载荷一般是已经设计定型的产品,它的气动特性和流体动力特性通过数值模拟及风洞试验或水洞试验获得,受试验经费、试验模型、试验条件、试验环境等因素限制,在有限风速和有限攻角的试验条件下,不可能全部覆盖助飞鱼雷飞行速度和姿态角变化范围,况且试验中不可避免存在着安装误差、测量误差和数据处理误差等,因此,由陆上试验所得到的气动参数一般仅适应于鱼雷小攻角变化的理想飞行状态。由于前述各种干扰的存在,实际飞行中,战斗载荷在雷箭分离后,无伞段运动姿态可能会出现大范围的变化,为了分析这一原因,就需要知道鱼雷大攻角下的气动特性及变化规律。下面介绍一种利用助飞鱼雷飞行试验实测数据,获得鱼雷无伞段大姿态变化下的真实气动特性的方法,即气动参数辨识方法。

气动参数辨识是一种将理论模型与试验数据结合起来的数据处理技术,根据试验数据和建立的模型来确定一组模型的参数值,使得由模型计算的数值结果能最好地拟合测试数据,为未知过程预测提供理论指导。在此,根据相关理论,结合工程试验,以俯仰力矩系数为例来说明气动参数辨识过程。

在助飞鱼雷的飞行试验中,通过姿态测量仪、弹道测量仪、经纬测量仪、相控阵雷达等外场测量设备,可获得鱼雷的飞行姿态角和位置坐标。对于雷箭分离后的无伞段自由飞行状态,假设雷箭分离后雷体没有受到任何其他干扰力和干扰力矩影响,忽略气动阻尼,鱼雷受到的力矩就是由攻角产生的气动俯仰力矩 M_z。得到这一力矩,就能得到表征鱼雷俯仰气动特性的俯仰力矩系数,表达式为

$$m_z(\alpha) = M_z/(0.5\rho SL_{ref}v^2) \tag{4-33}$$

式中:ρ 为雷箭分离高度的空气密度;S 为鱼雷参考面积;L_{ref} 为鱼雷参考长度。

通过对外测数据的二次处理,可得到鱼雷在空中飞行的位置坐标、速度、弹道倾角、俯仰角及其角加速度,由这些数据可得到鱼雷纵向运动的俯仰力矩和攻角,即

$$M_z = J_z \ddot{\theta} \tag{4-34}$$

$$\alpha = \theta - \Theta \tag{4-35}$$

式中:J_z 为鱼雷转动惯量;θ 为俯仰角;$\ddot{\theta}$ 为俯仰角加速度;Θ 弹道倾角;α 为攻角。

根据上述方法,对以 MK46 鱼雷为战斗载荷的助飞鱼雷飞行试验外测数据进行处理,得到无伞段俯仰力矩系数随攻角的变化规律,如图 4-14 所示。

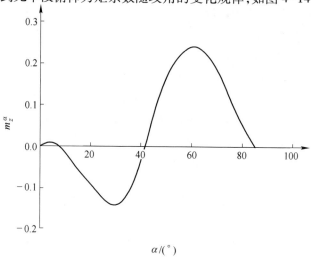

图 4-14 俯仰力矩系数随攻角变化曲线

第4章 空中弹道设计

从图4-14看出,俯仰力矩系数随着攻角的增大呈现出明显的非线性变化特性,变化规律类似于不对称的正弦波。从俯仰力矩系数变化极性看出:小攻角下雷体是静不稳定的,当攻角增大到一定值时雷体变为静稳定,当攻角继续增大时雷体又变为静不稳定。这种大姿态变化气动特性在地面试验中受各种条件和因素制约难以得到,而辨识结果正好弥补了这一欠缺。

将辨识结果代入到实际雷箭分离条件下的雷伞空中运动弹道仿真计算中,可得到鱼雷无伞段俯仰角变化仿真结果,与实测俯仰角结果对比曲线如图4-15所示。

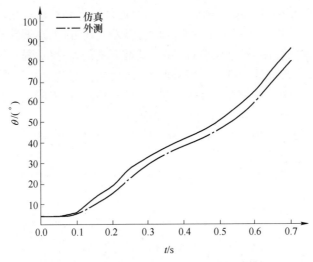

图4-15 俯仰角仿真结果与实测结果对比

由图4-15不难看出,俯仰角仿真结果与实测俯仰角十分吻合,复现了实航试验大姿态变化现象。由此说明:利用实航试验数据辨识出来的气动参数能够很好地反映助飞鱼雷无伞段大姿态运动真实气动特性,一方面验证了辨识方法的正确性,另一方面补充完善了无伞段鱼雷的气动特性,这一方法可推广应用到助飞鱼雷其他气动参数的辨识中。

2. 雷伞段偏差精度计算

助飞鱼雷在实航飞行试验中,能够获得的试验数据包括GPS外测数据、遥测数据、入水点测量数据等,这些数据来源不同、测量手段不同、相对的参考点不同,既具有相对独立性,又有着内在的联系。合理有效地利用实航试验数据,计算鱼雷的落点偏差、雷箭分离点偏差及雷伞段偏差,关系到助飞鱼雷试验结果的评定及各系统性能指标的评定,而雷伞段飞行偏差和落点精度不但是评估雷伞系统性能的重要技术指标,而且涉及助飞鱼雷全雷精度指标的分配和评定。

助飞鱼雷的落点偏差一般由发射舰位偏差、助飞段飞行偏差和雷伞段飞行偏差三部分组成。受助飞鱼雷的飞行弹道特点及测量方法限制,飞行试验中不能直接得到雷伞段测量偏差,需要通过其他可测量的偏差导出。受试验条件和参试产品约束,实航试验条次数有限,得到的雷伞段偏差样本数也是有限的,如何利用有限的偏差样本获得实航试验雷伞段精度,需要依据相应理论进行二次数据处理。下面介绍一种基于同一坐标系的位置偏差处理方法。

位置偏差处理基本方法:首先从飞行试验获得数据信息中(包括外测数据、遥测数据、时统数据等)找出特征点数据,通过计算得到特征点在地理坐标系的位置偏差;其次采用基于同一坐标系的位置偏差处理方法,对偏差进行归一化处理,分解出不同飞行阶段、不同位置、同一基准下的偏差;最后采用统计学理论对多个样本偏差进行统计计算,得到不同飞行阶段的位置精度。具体实现如下:

(1) 由飞行试验外测设备和遥测设备分别得到鱼雷发射点、雷箭分离点、入水点的 GPS 位置经纬度和惯导测量经纬度;

(2) 计算出不同特征点位的 GPS 位置相对惯导位置在地理坐标系中的偏差 ΔR_i 和方位 α_i,如图 4-16 所示。

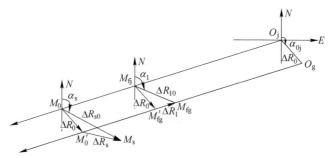

图 4-16 位置误差在北天东坐标系水平面的示意图

图中:ONE 为北天东地理坐标系在水平面投影;O_j 为惯导测量发射点,O_g 为 GPS 测量发射点;M_{fj} 为遥测惯导雷箭分离点,M_{fg} 为遥测 GPS 雷箭分离点;M_0 为理论落点,M_s 为 GPS 外测落点。

已知发射方位 α_0、飞行过程中遥测数据和外测数据,可计算出雷箭分离点偏差 ΔR_{10} 和方位 α_1,落点偏差 ΔR_{s0} 和方位 α_s。

(3) 建立发射坐标系(无指令修正)或修正坐标系(有指令修正),如图 4-17 所示。

图中:$O_s X_n Z_n$ 为以发射点为原点的发射坐标系;$O_{ZL} X'_n Z'_n$ 为以指令修正点为

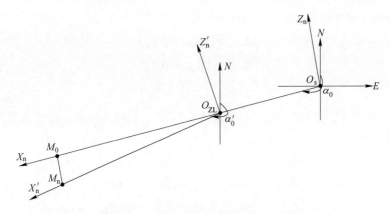

图 4-17 发射坐标系或修正坐标系示意

原点的修正坐标系。

(4) 将不同特征点位的偏差分解到所选定的发射坐标系中,如图 4-18 所示。

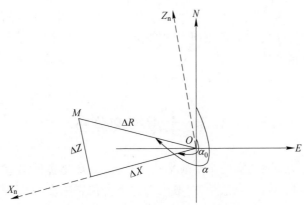

图 4-18 偏差在发射系中分解示意

图中:α_0 为目标方位;α 为误差方位。

雷箭分离点偏差在发射坐标系中分量为

$$\begin{cases} \Delta X_{10} = \Delta R_{10}\cos(\alpha_1 - \alpha_0) \\ \Delta Z_{10} = \Delta R_{10}\sin(\alpha_1 - \alpha_0) \end{cases} \quad (4-36)$$

落点偏差在发射坐标系中分量为

$$\begin{cases} \Delta X_{s0} = \Delta R_{s0}\cos(\alpha_s - \alpha_0) \\ \Delta Z_{s0} = \Delta R_{s0}\sin(\alpha_s - \alpha_0) \end{cases} \quad (4-37)$$

不包含舰位偏差的雷伞段偏差为

$$\begin{cases} \Delta X_2 = \Delta X_{s0} - \Delta X_{10} \\ \Delta Z_2 = \Delta Z_{s0} - \Delta Z_{10} \\ \Delta R_2 = \sqrt{\Delta X_2^2 + \Delta Z_2^2} \end{cases} \quad (4-38)$$

（5）由实航飞行试验统计得到某飞行阶段 n 个偏差样本。以雷伞段偏差样本为例：

$$\begin{cases} \Delta X_2 = [\Delta X_{21}, \Delta X_{22}, \Delta X_{23}, \cdots, \Delta X_{2n}] \\ \Delta Z_2 = [\Delta Z_{21}, \Delta Z_{22}, \Delta Z_{23}, \cdots, \Delta Z_{2n}] \\ \Delta R_2 = [\Delta R_{21}, \Delta R_{22}, \Delta R_{23}, \cdots, \Delta R_{2n}] \end{cases} \quad (4-39)$$

（6）根据 GJB 6289—2008《地地弹道式导弹命中精度评定方法》中第 6 节圆概率误差的点估计方法，计算圆概率误差半径 R，即 CEP 值：

$$\frac{1}{2\pi\sigma_1\sigma_2}\iint_{u^2+v^2\leqslant R^2}\exp\left\{-\frac{1}{2}\left[\frac{(u-\mu_1)^2}{\sigma_1^2}+\frac{(v-\mu_2)^2}{\sigma_2^2}\right]\right\}\mathrm{d}u\mathrm{d}v = 0.5 \quad (4-40)$$

式中：σ_1 为样本 X 方向上的标准差；σ_2 为样本 Z 方向上的标准差；μ_1 为样本 X 方向上的均值；μ_2 为样本 Z 方向上的均值。

（7）偏差精度计算：

$$\sigma_{\text{CEP}} = \text{CEP}/1.1774 \quad (4-41)$$

4.3 全雷精度分析

全雷精度是助飞鱼雷的主要战术技术指标，一般是指助飞鱼雷从发射到入水的空中全弹道飞行落点散布，一般由发射平台位置精度、助飞段导航精度、雷伞段飞行精度三部分组成，全雷精度直接影响鱼雷入水后的作战效能。

4.3.1 发射平台位置精度

发射平台位置精度 σ_1 属于发射载体的性能指标，而与助飞鱼雷本身设计无关，但会影响全雷空中飞行落点精度。

助飞鱼雷的发射平台有静基座和动基座，静基座一般是在陆飞试验或陆海对抗中发射助飞鱼雷时使用的一种在地面固定的发射装置，动基座是在发射舰或其他运动平台上安装的发射装置。发射平台位置精度实际是指动基座发射条件下的定位精度，主要取决于发射舰或运动平台上的综合导航系统定位精度，它会直接传递到鱼雷上，从而影响鱼雷落点偏差。

4.3.2 助飞段导航精度

助飞段导航精度 σ_2 是指动基座发射条件下,运载器以纯惯性导航方式或其他组合导航方式工作时,从发射至雷箭分离点的空中飞行段导航精度。影响助飞段精度的因素很多,其来源不同,影响程度不同,一般只对有明显作用的误差因素进行分析,主要包括:

(1) 发动机系统误差,如比冲偏差、秒耗量偏差;

(2) 结构系统误差,如零部件质量偏差引起的全雷质量偏差、质心偏差等衡重参数的偏差;

(3) 气动特性偏差,如制造安装误差使气动外形发生变化产生的气动偏差、气动试验数据处理误差等;

(4) 大气误差,如与飞行高度有关的大气压、密度、温度、声速和风,这是影响助推段飞行的重要参量,不仅会改变鱼雷在助飞段的运动特性,而且产生落点散布;

(5) 控制系统误差,如元器件的制造误差、系统安装误差、敏感元件测量误差等;

(6) 发射装置误差,如不同类型的助飞鱼雷,使用要求不同、发射装置不同、发射方式不同,这些会影响鱼雷起始运动特性,并直接或间接影响助飞段飞行精度;

(7) 海况影响误差,对采用发射舰动基座发射平台来说,不同海况下舰船的摇摆和升沉的幅度和周期不同,造成鱼雷发射时刻相对大地坐标系的初始姿态、位置和速度产生误差,从而引起雷箭分离点的偏差。

考虑上述影响因素及散布特性,通过下面理论与试验相结合的方法可得到助飞段导航精度 σ_2:

(1) 统计试验法:在助飞鱼雷研制初期,分离点散布常用统计试验法确定,即将影响弹道因素的参数作为仿真计算条件,代入弹道微分方程中进行运算,利用统计方法如蒙特卡洛法,通过随机变量、随机函数的统计试验和数值方法,即可求出分离参数散布特性。此法可缩短研制周期,节约试验次数,减少研制经费。

(2) 飞行试验法:在助飞鱼雷的工程研制阶段,充分利用遥测数据、外测数据、光测数据等飞行试验数据计算出分离点散布特性。这是检验分离点散布最直接的方法。但是,由于试验时干扰并非最大,且试验次数有限,样本数少,致使统计结果误差较大,所以计算分离点散布仍需综合采用数值统计试验法来确定。

4.3.3 雷伞段飞行精度

雷伞段飞行精度是指雷伞系统从雷箭分离点到鱼雷入水点的空中飞行精度。由于雷伞系统的非线性非定常无控制运动特性,鱼雷运动中极易受到外界干扰,使得入水散布较大,进而影响全雷精度。

目前,在分析雷伞段精度时,考虑的主要影响因素有雷箭分离点参数偏差、空投附件设计参数偏差、战斗载荷衡重参数偏差、雷体气动参数偏差、伞衣气动参数偏差、不同海况下风速等。这些因素影响程度不同,在雷伞段总精度中占有的权重也不同。需要首先分类计算不同因素下的单项精度,以确定改进方向,然后通过数据融合得到综合因素影响下的雷伞段总精度,并通过优化调整,确保雷伞段精度要求。

理论计算雷伞段飞行精度时,一般采用标准弹道与干扰弹道相比较的方法进行,首先通过标准弹道计算出标称值条件下的鱼雷落点位移 X_b,然后通过干扰弹道计算出某一影响因素在其标称值偏差 $\pm\Delta_i(i=1,2,\cdots,n)$ 下的落点位移 X_{i1} 和 X_{i2},并将其与标准弹道位移 X_b 进行误差比较,选取绝对值大的误差作为该影响因素下的精度 σ_{3i}。n 个影响因素下的雷伞段总精度计算公式为

$$\sigma_3 = \sqrt{\sigma_{31}^2 + \sigma_{32}^2 + \sigma_{33}^2 + \cdots + \sigma_{3n}^2} \tag{4-42}$$

上述基于理论数学模型和产品设计参数以及使用条件的雷伞段精度计算方法,不但能够分类得到不同影响因素下单项精度,而且通过数据融合得到综合因素影响下的雷伞段精度。利用这一方法,可对雷伞系统设计性能进行综合评估,为助飞鱼雷全雷精度的分配提供帮助。

4.3.4 全雷精度

全雷精度是助飞鱼雷的主要战术技术指标,通过发射平台定位精度、助飞段导航精度、雷伞段飞行精度来保证。已知发射平台测量精度 σ_1、助飞段导航精度 σ_2、雷伞段飞行精度 σ_3,全雷精度计算公式为

$$\sigma = \sqrt{\sigma_1^2 + \sigma_2^2 + \sigma_3^2} \tag{4-43}$$

一般情况下,助飞鱼雷的发射平台是确定的,所以发射平台测量精度是已知的。全雷精度主要取决于助飞鱼雷本身的设计,通过本章的助飞弹道设计和雷伞弹道设计以及相应的仿真计算,可分别得到助飞段精度和雷伞段精度,然后评估精度分配的合理性,除满足各阶段飞行精度要求外,还要满足全雷精度的战术技术指标要求。

参 考 文 献

[1] 黄寿康. 流体动力·弹道·载荷·环境[M]. 北京:中国宇航出版社,1991.
[2] 袁兆鼎. 防空导弹设计中的数值方法[M]. 北京:中国宇航出版社,1991.
[3] 方辉煜. 防空导弹武器系统仿真[M]. 北京:中国宇航出版社,1995.
[4] 徐品高. 防空导弹体系总体设计[M]. 北京:中国宇航出版社,1996.
[5] 潘荣霖. 飞航导弹自动控制系统[M]. 北京:中国宇航出版社,1991.
[6] 杨世兴,李乃晋,徐宣志. 空投鱼雷技术[M]. 昆明:云南科技出版社,2000.
[7] 钱杏芳,林瑞雄,赵亚男. 导弹飞行力学[M]. 北京:北京理工大学出版社,2000.
[8] 赵有善,吴斌. 导弹引论[M]. 西安:西北工业大学出版社,2000.
[9] 王利荣. 降落伞理论与应用[M]. 北京:中国宇航出版社,1997.
[10] 蒋继军,王改娣,杨云川,等. 鱼雷仿真技术[M]. 北京:国防工业出版社,2013.
[11] 王改娣,石小龙,刘孟秦. 助飞鱼雷无伞段运动稳定性分析及仿真[J]. 鱼雷技术,2015,23(6):401-404.
[12] 邢国强,刘旭辉,王改娣. 火箭助飞鱼雷无伞段气动参数辨识及对姿态变化影响[J]. 水下无人系统学报,2017,25(5):459-403.

第5章

结构特性分析及验证

常规鱼雷和导弹均为多级串联结构,一般由战斗部、制导段、动力舱段和尾段构成,各段之间通过螺钉或卡块固紧连接。这种结构特征能够确保各段连接刚度,使整个雷体或弹体呈现一体化结构特征,具有较高的强度和较好的刚度特性。助飞鱼雷是鱼雷和导弹的组合体,鱼雷相当于导弹的战斗部,设计时通过分离舱来连接鱼雷和运载部分,既要实现鱼雷和运载部分(助飞火箭或运载器)在飞行过程中的轴向可靠连接,又要在入水前顺利实现鱼雷和运载部分的分离(雷箭分离),释放鱼雷。由于鱼雷水下使用及结构布局的特点,鱼雷和运载部分的连接不能用螺钉等紧固方式,只能采取外包覆薄壁分离舱,并使用钢带箍紧的连接方式。而分离舱的刚强度大大弱于鱼雷和运载部分,助飞鱼雷将呈现典型的两头强中间弱的扁担型结构特点,给分离舱的结构设计带来巨大困难。

开展助飞鱼雷结构特性分析计算和试验验证工作,就是要在充分研究、分析助飞鱼雷使用寿命周期中各典型工况和极限恶劣工况使用载荷的基础上,对各组成部分,尤其是对分离舱的连接强度、刚度、模态特性进行分析和计算,确保助飞鱼雷全雷结构连接的可靠性和运输、装载及飞行功能的可靠性。另外,开展必要的刚强度试验、模态试验等,可以对设计结果进行充分验证,保证设计结果的正确性。

5.1 使用载荷分析

5.1.1 助飞鱼雷载荷特点

助飞鱼雷的载荷可分为静态载荷和动态载荷,其中静态载荷源于助飞鱼雷停放、吊装、运输、装载、空中飞行等过程中由于地球重力、自身质量受到的支反力和气动作用载荷,动态载荷源于发射、空中飞行、分离、入水等过程中受到的振动、冲击载荷。典型的助飞鱼雷基本构型如图5-1所示。静态载荷一般通过支反力或气动力沿雷体轴向传递,动态载荷一般通过激励点沿雷体轴向传递。

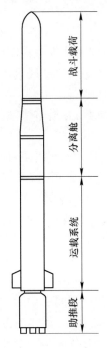

图 5-1 助飞鱼雷基本构型

助飞鱼雷的静态载荷分析一般按照其使用过程中的工作状态和环境条件将结构的承载情况分成若干特征状态,每种特征状态对应一个载荷工况。在对应载荷工况下进行结构刚强度分析时,助飞鱼雷结构实际承受的载荷为使用载荷,设计载荷应根据具体的使用条件或结构要求设计为使用载荷的 1.5~2.0 倍,以保证在使用载荷作用下助飞鱼雷结构不产生永久变形。

助飞鱼雷在受到瞬态作用力时,雷体结构刚度和质量分布自身特性会引起结构的动力响应,如翼面受到空气扰动引起的颤振响应,发动机喷流引起的雷体振动响应,爆炸或入水冲击引起的结构冲击响应等。动态载荷分析即对这类动力响应进行分析,一般应结合助飞鱼雷结构模态分析开展,并避免与控制系统、动力系统发生耦合。

5.1.2 与载荷相关的承载结构

1. 吊点

助飞鱼雷起吊时,前吊点在战斗载荷即鱼雷上,一般用软包带连接;后吊点一般在发动机舱强度比较大的部位,可用包带或螺纹连接。起吊载荷通过吊点承载,并沿雷体轴向传递。

2. 滑块和挡块

助飞鱼雷在箱内运输时,雷体滑块支撑在箱内导轨上,雷体挡块通过箱内挡块固定机构锁紧以约束轴向运动。滑块一般沿雷体轴向均布,与箱内导轨配合;挡块一般在助飞鱼雷发动机壳体或尾段上,与箱内卡爪结构配合锁紧鱼雷。地面和舰载载荷通过滑块和挡块承载,并沿雷体轴向传递。

3. 发射装置

箱雷装载在发射装置上,一般为垂直或倾斜两种装载,主要依靠发射箱上的支脚和发射装置上的支脚座配合锁紧箱雷,确保装载和发射时的结构可靠性。舰船颠簸等环境下产生的载荷通过支脚座,再到支脚,逐级传递至鱼雷。此外,由于不同助飞鱼雷结构不尽一致,承载及传递路径也有一定的区别。

5.1.3 静态载荷

1. 静态载荷分析

助飞鱼雷受到的载荷是矢量和时间的函数。影响外载荷的因素很多,如推力的变化、飞行时雷体周围大气的状态、雷体的机动、雷体的结构变形等。因此,要精确地得到作用在助飞鱼雷上的载荷是一个非常复杂的问题,它不但需要合理的计算方法,而且需要大量的试验数据校核。在计算使用载荷时,通常采用一些假设和处理方法,使载荷计算简化而又能满足工程上要求的精度。这些假设和处理方法如下:

(1) 静力假设。作用在雷体上的载荷,实际上除地面静置之外,无论是地面运输、起吊、装载,还是飞行时发动机推力、空气动力,在某种程度上均属于动载荷,但动力和冲击效应相比最大载荷要小得多,因此在计算载荷时可假设所有的载荷均为静载荷。

(2) 刚体假设。助飞鱼雷结构是弹性体,在计算静载荷时作为刚体处理,不考虑载荷引起的结构动力响应和结构变形对外载荷重新分配的影响。

(3) 平衡假设。利用达朗贝尔原理将动平衡转化为静平衡问题处理,即对于任何载荷状态,所有惯性力或施加的外力构成形式上的平衡关系。

在以上前提下,助飞鱼雷大部分载荷都可以转化为静态载荷,进而便于进行结构设计分析和试验校核。助飞鱼雷静态载荷按照其使用剖面分为地面载荷和飞行载荷。在进行载荷分析时,首先应按照雷体外形结构分段将各段质量分布沿雷体轴线方向上简化为梯形分布,如图5-2所示,其中 d_1、d_2 单位为 kg/mm。参照该图制作各段质量分站(质量分布)表,并在载荷分析中形成剪力弯矩等沿雷体分布情况,便于单独舱段进行计算或试验时其使用载荷的选取。

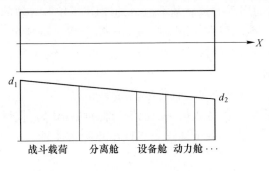

图 5-2 质量梯形分布

2. 地面载荷

助飞鱼雷在地面停放、起吊、运输、装载状态时均处于满载状态,起吊中的过载,运输中的颠簸、启动或急刹车,装载舰艇在允许最大海况下的颠震等,都会产生较大的横向载荷和轴向载荷。与飞行载荷不同,助飞鱼雷在地面的各种载荷作用下均通过支点或吊点传递到雷体结构上,对助飞鱼雷经历的各种地面工作状况进行分解。地面载荷又细分为以下三种:

(1) 吊装载荷。助飞鱼雷一般使用两点起吊,前后吊点起吊时,由于行车启动、刹车会产生较大过载,过载通过吊点传递到雷体,引起雷体较大的剪力和弯矩,一般使用载荷以行车标称最大过载进行计算,通过对吊点支反力的求解。沿雷体剪力和弯矩在雷体前后吊点上最大,然后沿雷体轴线逐步减小,在雷头和雷尾减小到零。

(2) 箱内运输载荷。助飞鱼雷在装发射箱运输时,雷体滑块支撑在箱内导轨上,雷体挡块通过箱内挡块固定机构锁紧以约束轴向运动。运输中颠簸、启动或急刹车时,轴向过载通过挡块承受,径向过载通过滑块承受,对挡块和滑块支反力进行求解。在雷体挡块处受到轴向力最大,轴向力沿雷体向前向后分别到雷头和雷尾衰减为零。从剪力和弯矩的变化趋势上看,基本和起吊状态一致,均在雷头和雷尾减小到零,但由于雷体挡块支反力的带入,以及雷体支点的变化,沿雷体轴向的分布数值有所不同。

(3) 舰载载荷。助飞鱼雷的舰载载荷分为舰载航行和舰载发射两种情况。

在舰载航行时,助飞鱼雷根据舰载装载类型倾斜或垂直静止于箱内,其连接方式和地面运输情况相同,根据助飞鱼雷设计要求不损坏的最大海况要求,可以得到载舰坐标系下各方向最大过载,进而分解为助飞鱼雷坐标系下的各方向过载,其载荷分布与运输情况相同。

在舰载发射时,鱼雷挡块被释放,鱼雷在发动机推力作用下滑块沿箱内导轨运动,此时轴向推力引起的过载基本恒定,但由于滑块与导轨的接触情况分为全接触、部分接触,因此舰载发射情况应分为全组滑块接触情况、部分滑块接触情况分别进行载荷计算。同时,还需要将载舰许可发射最大海况下过载转换到雷体坐标系进行叠加。

综上所述,助飞鱼雷的地面载荷呈现特点如下:

(1) 助飞鱼雷处于整备重量,在受到外部过载作用时,惯性力较大;

(2) 助飞鱼雷受到的载荷通过支点或吊点沿雷体轴线传递,在支点或吊点处剪力和弯矩最大。

基于地面载荷的以上特征,支点、吊点本体或连接结构的强度设计在设计分析时应予以重点考虑。

3. 飞行载荷

飞行载荷的确定是根据助飞鱼雷典型弹道数据,对其飞行期间所经受的载荷和环境条件进行分析。为覆盖全部飞行边界条件,载荷工况的选取主要围绕助飞鱼雷的弯矩、推力、全弹法向气动力、全弹轴向气动力、升力面法向气动力以及惯性力的最大值来进行,但这些最大值往往很难同时出现在一个状态下。因此,在飞行载荷设计中,还需要从实际条件出发合理进行组合,但必须能够包含雷体主要结构受载荷最严重的情况。对于在高空中飞行的助飞鱼雷,还必须考虑高空阵风载荷的影响。

需要强调的是,相对于地面载荷的质量分布,飞行载荷情况应考虑质量变化对载荷分布造成的影响,特别要考虑级间分离造成的质量突变和推进剂或燃油等消耗引起的质量分布改变。

一般来说,飞行载荷主要选取发动机推力,三向过载,攻角、侧滑角等参数的最大状态,在进行参数组合时,摒弃明显不可能同时存在的状态。由于飞行载荷来源于典型弹道数据,其载荷均为计算流体动力学(CFD)计算结果,因此安全系数取决于 CFD 计算准确度。

对于高马赫数飞行的助飞鱼雷,还需要针对某些部件进行单独的载荷分析,如战斗载荷头帽、降落伞系留结构和翼面等受到的载荷,通过全雷的飞行载荷计算,可以得到各种状态下这些部件上的气动分布力,在设计中需要对这些重要部件进行单独校核,并通过专项静力试验考核。

第5章 结构特性分析及验证

4. 战斗载荷水下航行载荷

助飞鱼雷入水后,其带载的战斗载荷启动航行,战斗载荷主要承受航行深度上的海水静压作用。一般情况下,把鱼雷在极限航行深度上所承受的静压力载荷作为鱼雷壳体的使用载荷。

5.1.4 动态载荷

助飞鱼雷动态载荷为瞬态的交变载荷,主要是空中分离时火工品动作产生的冲击载荷,以及空中飞行和入水航行过程中运动部件产生的振动载荷。

冲击载荷和振动载荷的分析结果,还可用于指导助飞鱼雷环境试验条件制定或修改,便于进行助飞鱼雷力学环境适应性设计。

1. 冲击载荷

助飞鱼雷飞行过程中会经历多级冲击载荷作用,过程包含发射燃气射流冲击、燃气舵分离冲击、助飞火箭级间分离冲击、雷箭分离冲击、雷伞开伞冲击、头帽入水冲击等。典型的冲击时域曲线和冲击响应谱如图5-3所示。级间分离一般依靠火工品强制动作方式进行,冲击载荷直接作用在雷体上,并由雷体传递到内部连接器件,直至衰减为零,完成雷体冲击响应过程。冲击载荷条件主要来源于实航测试,在条件不满足时,也可以依据地面的单项试验确定。

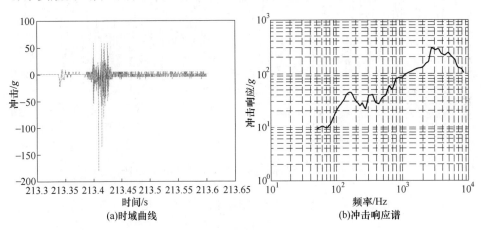

图5-3 典型冲击时域曲线及冲击响应谱

冲击载荷具有量值高、时间短、频带宽的特点,火工品动作产生的应变能释放作用于雷体,作用点响应具有较高的频率和幅值,随着段间连接结构的阻断和距离的远离,冲击响应衰减较为明显。但火工品爆炸冲击对于抗剪切能力差的结构会产生不利影响,特别是对电子产品、轻薄结构、脆性材料的破坏尤为明显。

另外,冲击载荷也为助飞鱼雷的某些结构的设计提供了依据;准确地获取入水冲击载荷的量级、持续时间、频谱特性等,对于头帽入水缓冲结构的设计尤为重要。

2. 振动载荷

振动载荷是助飞鱼雷全寿命周期中受到的最为多样化和持久性的载荷类型,如运输振动、装载振动、空中飞行振动、水下航行振动等,这些振动的来源主要是机械结构的振动、燃气湍流、外部空气或水流噪声激励等。典型的稳态飞行时振动时域响应曲线如图5-4所示。

助飞鱼雷全寿命周期内振动的不确定性,低周疲劳下电子元器件的失效,或飞行过程中弹性变形与气动力之间的相互耦合,都对攻击精度和可靠性带来危害。在振动载荷作用下,雷体不可避免会出现弹性共振现象,其振动频率和幅值很大程度上由雷体结构和外界激励决定。振动幅度较小时往往不会对雷内系统安全产生影响;但是雷体固有频率与系统中激励的频率相近时,易产生共振,会对雷体稳定性和控制精度造成很大的影响。因此,在助飞鱼雷的结构设计中必须采取措施降低振动对系统安全的影响。

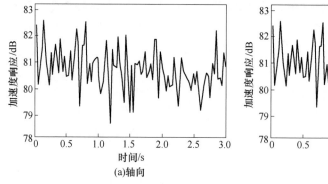
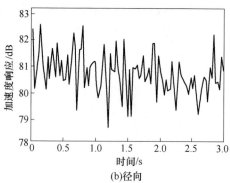

图5-4 稳态飞行振动时域响应曲线(20Hz~2kHz)

对于助飞鱼雷的运输、装载、飞行来说,根据实测数据,一般运输振动要大于飞行振动,飞行振动要大于装载振动,由于运输和装载过程助飞鱼雷均处于不工作状态,因此,飞行历程中的振动是助飞鱼雷振动载荷分析的主要内容。

大多数情况下,对飞行振动载荷的分析主要集中于雷体振动响应是否与固有频率接近,以避免共振发生失稳。另外,共振还会对控制系统造成影响,引起控制系统精度大为降低。过大的振动如果不能在传递到导航系统时衰减到许可的范围内,则会导致导航系统工作异常,严重情况下影响助飞鱼雷发射和飞行,直接导致任务失败。因此,通过地面试车或实航遥测,获取振动数据,采取实测功率谱包络加安全系数的方式形成地面功能振动载荷条件,在全雷工作状态下通过地面功能振动对助飞鱼雷振动载荷耐受性进行评估。

5.1.5 计算对象选择

助飞鱼雷相较普通鱼雷,其结构连接更加复杂,载荷更加多样。需要从总体结构到关键舱段或部件自顶向下逐级进行受力分析,一方面需要对载荷进行分类,抽取典型工况对助飞鱼雷整体进行初步的建模分析;另一方面需要对关键组件、零件的强度、稳定性等进行校核,并通过模态试验、振动试验、疲劳试验、冲击试验来验证。

分离舱与战斗载荷和运载系统通过钢带紧固的连接方式,一般设计为薄壳结构以适应装配和快速分离的要求,因此,相对于一体的战斗载荷和运载系统,助飞鱼雷的结构强度和模态刚度主要取决于分离舱的结构特性,分离舱刚强度满足设计要求应为总体设计的基本要求。

另外,分离舱前部连接战斗载荷,后部连接运载系统,在助飞鱼雷全寿命周期,战斗载荷和运载系统作为以分离舱为支点的长悬臂结构,在受到较小的载荷作用时,也会产生较大的弯矩,因此,战斗载荷和运载系统各段间连接部位也是需要关注的环节。

5.2 强度和稳定性计算及试验验证

5.2.1 强度与稳定性分析的基本理论

各种材料强度不足引起的失效现象是不同的,对于塑性材料,如碳钢、铜、铝等,以发生屈服现象、出现塑性变形为失效准则,屈服极限 σ_s 为失效应力;对于脆性材料,如铸铁、玻璃等,失效现象为突然断裂,即强度极限 σ_b 为失效应力。失效应力除以安全系数 n,便可得到许用应力 $[\sigma]$。针对两种失效形式,分别产生了两类强度理论:第一类为最大拉应力理论(第一强度理论)和最大伸长线应变理论(第二强度理论);第二类为最大切应力理论(第三强度理论)和形状改变能密度理论(第四强度理论)。

四种强度理论的计算应力分别为

$$\sigma_{r1} = \sigma_1 \tag{5-1}$$

$$\sigma_{r2} = \sigma_1 - \mu(\sigma_2 + \sigma_3) \tag{5-2}$$

$$\sigma_{r3} = \sigma_1 - \sigma_3 \tag{5-3}$$

$$\sigma_{r4} = \sqrt{\frac{1}{2}[(\sigma_1 - \sigma_2)^2 + (\sigma_2 - \sigma_3)^2 + (\sigma_3 - \sigma_1)^2]} \tag{5-4}$$

式中：μ 为泊松比；σ_1、σ_2、σ_3 为单元的三个主应力。

四种强度理论的统一强度条件为

$$\sigma_r \leqslant [\sigma] \tag{5-5}$$

对于脆性材料，通常采用第一强度理论；对于塑性材料，宜采用第二强度理论；塑性材料碳钢、铜和铝的试验资料表明，第四强度理论的计算结果与试验更加吻合，因而分离舱壳体强度的计算分析采用第四强度理论准则。

板壳类结构在外压作用下，当外压达到临界值时，薄壳原有的圆形平衡就变为不稳定，会突然变为长圆形，且不能恢复原有形状。整体或局部结构所承受载荷由于载荷微量增加时结构变形急剧增大，丧失了原有平衡位置和形态，这种失效称为结构失稳。

结构失稳的分支点和极值点统称为临界点；分支荷载 P_c 和压溃荷载 P_s 均为临界荷载 P_{cr}。在临界状态之前的平衡状态称为前屈曲平衡状态；超过临界状态之后的平衡状态称为后屈曲平衡状态。

求解板壳结构的临界载荷可以从平衡条件出发得出微分方程，然后以高等数学方法求出微分方程的通解，代入边界条件得到临界载荷。

假设细长杆长为 l，一端固定，另一端自由，如图 5-5 所示。

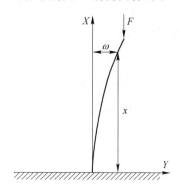

图 5-5　压杆失稳图

压力 F 与轴线重合，作用在轴线上向下，距原点为 x 的任意截面的挠度为 ω，弯矩 M 的绝对值为 $F\omega$。

微分方程表达式为

$$EI\frac{d^2\omega}{dx^2} = -F\omega \tag{5-6}$$

记 $k^2 = \dfrac{F}{EI}$，通解为

$$\omega = A\sin kx + B\cos kx$$

按照边界条件

$$\omega(0) = 0, \dot{\omega}(l) = 0$$

得到

$$B = 0, Ak\cos kl = 0$$

若 A 等于零，挠度恒等于零，与失稳发生微小弯曲前提相矛盾，因此 $\cos kl$ 等于零。根据余弦函数的周期性，零点的位置为

$$kl = \left(n - \dfrac{1}{2}\right)\pi \quad (n = 1, 2, \cdots, \infty)$$

联立求解可得

$$F = EI\dfrac{\left(n - \dfrac{1}{2}\right)^2 \pi^2}{l^2}$$

当 n 取 1 时，得到的压力最小，为压杆的临界载荷，即

$$F_{\text{cr}} = \dfrac{EI\pi^2}{4l^2} \tag{5-7}$$

对于受压杆，当载荷超过临界载荷时，杆将失去平衡状态而发生急剧变形。正如杆受压时有失稳现象一样，鱼雷壳体受外压时也将在载荷达到某一临界值时丧失稳定性。加肋壳体的破坏方式一般有肋间壳板屈服、肋间壳板失稳和总体失稳。

对于一些简单的均匀外压圆锥壳体、圆柱壳体，通过微分方程求解可以得到其失稳临界压力。对于复杂的圆柱或圆锥壳体、分离舱壳体结构，建立在微分方程上的求解难以实现，通过有限元法进行计算分析是简单而准确的有效方法。有限元法的基本思想是用离散化的结构模型替代真实的连续弹性体。

5.2.2 强度与稳定性计算模型的建立与求解

在计算时不可能一次性考虑到所有的结构细节来进行建模分析，因此推荐采用分步计算的方式来进行分析，即不是一次性建立全雷结构模型，而采用针对不同的组件单独或组合建模进行计算分析，与模型相连接的其他部分可以采用刚体模型进行等效处理，从而大幅减少建模时间与计算时间。在本节中以分离舱强度计算为例进行计算流程与注意事项的说明，其他组件的强度计算方法可以参考。

1. 几何模型的选择与简化原则

在兼顾计算效率与计算精度的前提下,采用简化模型来代替真实的全雷模型进行计算分析,同时结合结构件强度试验要求进行简化,模型中仅保留运载系统前部舱段、分离舱、止推块、卡环、战斗载荷、钢带等主要受力部件。其中战斗载荷和运载系统只保留壳体部分并进行刚体化处理。在对各主要部件简化时采取忽略开孔、凸台、倒角等不影响计算的局部细节的原则。简化后计算几何模型如图 5-6 所示。

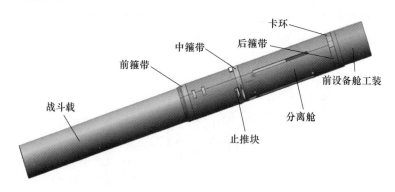

图 5-6　简化后计算几何模型

2. 段间连接关系的处理方法

简化后各主要部件在模型前端及后端存在两处集中的装配区域(图 5-7):前端装配区域,战斗载荷与分离舱前段部分区域直接接触;后端装配区域,分离舱与设备舱端面接触且通过卡环和外侧钢带实现装配连接。

在进行有限元强度分析时,类似止推块与分离舱连接区域基本不会发生相对位移,对于这种连接方式一般利用绑定连接等处理方式。这种处理方式会一定程度上增大该区域的刚度,但是会有效地降低计算量,保证计算的收敛性。

类似卡环与分离舱这样的区域会随着外载的作用而发生切向与法向的分离,因此一般对这些区域利用接触进行模拟,通过罚函数、增强拉格朗日等接触算法进行计算。这种处理方式能较好地模拟两个接触区域真实的受力状态;但是,由于采用了接触算法会大大地增加计算的时间,同时也比较容易导致计算的不收敛,在实际的计算过程中对这些区域的处理一定要非常慎重。

3. 有限元网格划分方法与要求

为提高计算精度,减小计算量,一般在强度计算时推荐采用结构化网格,但对于结构复杂的计算对象建议采用高阶的四面体单元,并采用网格尺寸快速过渡原则来减少内部网格的数量,在结构细节区域进行网格的加密。

第5章 结构特性分析及验证

图 5-7 模型装配关系简图

网格划分完毕后需要通过网格质量检查来保证网格的扭曲度不要过大,从而确保网格的质量。整体网格示意如图 5-8 所示。

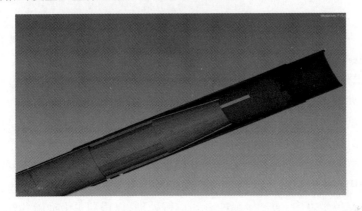

图 5-8 整体网格示意图

4. 外部载荷与约束条件的确定

在有限元计算中,外部载荷与约束条件的模拟精确度是有限元计算的主要误差来源之一,必须根据真实的工况进行等效的模拟。另外,存在多步加载时,加载的顺序也会对计算结果产生较大的影响。下面以分离舱的加载与约束为例进行简要说明。

分离舱计算过程中采用了参考点施加外部载荷的方式,主要是出于与分离舱强度试验条件保持一致的考虑,同时为减少计算时间忽略了加载工装的模型。具体而言,首先在外载荷作用点建立参考点,之后利用运动耦合约束方式关联参考点与待施加载荷对象网格之间的从属关系,最后将工况要求的力及力矩施加在参考点上(图 5-9)。

考虑各主要部件的连接是通过钢带预紧力来实现的,因此在计算时采用分

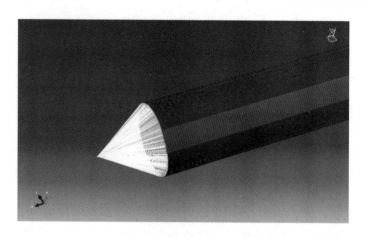

图 5-9 参考点加载方式

布加载的方式施加各步载荷。这种加载方式防止了初始刚体位移带来的计算发散,并充分考虑了加载顺序对计算结果的影响,提高了计算的准确性。第一步加载,施加钢带的预紧力;第二步加载施加分离舱的弹簧力;第三步加载根据不同工况施加外载。

由于试验时运载系统设备舱是直接固定在刚性较大的试验台上,用来模拟真实试验时的边界支撑,因此在计算分析时直接将设备舱的相关节点进行固定约束即可(图 5-10)。在有限元计算过程中必须仔细地判断约束模拟的准确性,当不能利用分析软件提供的约束方式准确模拟真实的约束关系时,建议将被连接件建立在模型之中,通过接触的方式进行处理,以得到更为准确的计算结果。

5. 强度及稳定性计算参数的设置及收敛性控制

为便于模拟各类复杂工程实际问题,将载荷作用等物理过程分为若干个分析步。计算时应充分考虑几何非线性对计算结果的影响,考虑结构可能发生局部失稳设置可以在计算时增加一部分人工阻尼。同时应根据收敛速度差异调整不同载荷步的参数设置,以便更快完成计算。

模型中出现大量的接触面很容易导致后续计算时不收敛,建议采用多种办法对计算的收敛性进行调整,具体的措施包括:根据计算结果优化接触面的网格;对容易产生刚体位移的部件采用施加临时约束的方式消除刚体位移带来的收敛困难;采用虚拟小载荷步加载的方式避免一次性加载带来的大变形造成的收敛困难;改变初始载荷步设置,增加算法阻尼;通过先绑定连接所有接触对之后逐步修改绑定连接为面面接触的方式,逐一排查问题接触对。

图 5-10　设备舱固定约束

6. 计算结果后处理的要求

助飞鱼雷的强度设计准则以形状改变比能理论为判断标准,因此在计算完成后主要通过判断计算得到的应力结果是否超过材料的许用应力来进行判断。需要注意的是,计算完成后在结构开孔、倒角等几何形状突变的部分有可能出现较大的应力计算结果,这可能是应力奇异导致的非真实结果(图 5-11)。因此,对这些计算区域必须通过网格加密后反复计算的方法来进行判断,当网格加密后应力变化的范围在 5% 以内,则认为是真实的计算结果;否则,可以解读为应力奇异引起的虚假结果。该结果是模型简化与数值计算方法本身的缺陷导致的,因此这部分过大的数据不能作为判断结构失效的标准。后续可以通过子模型细化的手段将模型简化的部分还原,之后再对这些失效部位进一步校核。

对于位移的计算结果以不发生结构干涉及不影响正常使用为判断原则。出于对计算效率的考虑,在计算分析时对非计算校核的结构部分采用刚体的处理方式,虽然这样可以快速得到结果,但是由于采用刚体来代替真实的弹性体结构,使得替换后这部分被刚体处理的结构整体刚度偏大,因此位移的计算结果可能要比真实结果小,需要设计人员针对具体问题在计算效率与计算精度之间进行取舍。

5.2.3　强度及稳定性试验

在飞行试验前,应对全雷静态载荷进行汇总和分析,整理出较为典型的工况或组合工况,进行强度和刚度试验,以验证结构刚强度计算结果的正确性,以及为结构最大承载能力提供实测数据,试验结果应反映在最终的雷体结构设计中。

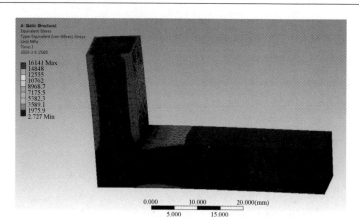

（a）应力云图

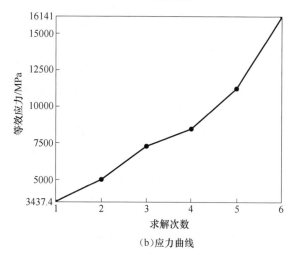

（b）应力曲线

图 5-11　L形梁典型的应力奇异现象

另外,对于较为独立的、重要的受力部件应进行单项试验对其强度进行校核。

1. 试验结构要求

试验结构件应为全尺寸模型雷,尽可能模拟产品的真实状态,试验夹具、载荷传递设备等在对试验结果无影响的前提下,其刚强度设计用载荷要大于最恶劣试验项目2倍以上,以避免夹具或载荷传递设备先于试验件破坏。

为确保试验实施,允许采取下述措施进行结构上的近似:

（1）为了施加载荷,允许在雷体结构上打孔,以便加载,试验件的结构应在结构强度和刚度特性上与雷体结构基本相同;

（2）在试验件的结构中,不传递载荷以及不影响试验件在受载情况下内力分布、温度分布和结构特性的一些零件、部件、组件及其支撑件,允许从试验件结构中略去;

（3）只传递载荷,不需要检验和测量自身强度和刚度,又不影响考核部位强度和刚度的舱段及组部件,如战斗载荷、控制组合、动力系统等,均可用模拟件代替,但必须在试验大纲的产品组成中说明;

（4）助飞鱼雷内部有与雷体外壳存在机械接口的系统,其机械部分应完整无缺。

需要强调的是,已经进行过刚强度试验的结构部件和零件不允许再装配到用于飞行的助飞鱼雷上使用。

2. 试验载荷及边界条件

试验一般分为设计载荷试验和破坏载荷试验,如果能够识别出助飞鱼雷最大载荷工况,则视情可仅进行设计载荷试验。

试验载荷应在使用载荷分析的基础上按要求换算为设计载荷,分布载荷转换为集中载荷时,既应满足总体受载的要求,又应满足局部受载的要求,同时还应考虑分离舱等薄壁壳体或翼舵结构局部强度或刚度条件的限制。考虑实际加载的实施难度,以及提高加载效率,允许对考核部位上的载荷进行组合,但不应改变结构的应力分布和变形状态。由于助飞鱼雷的质量分站并不总是线性变化的,因此对应的载荷分布也不总是线性的,在进行试验加载设计时,允许通过少量集中载荷的近似,形成实际分析中剪力、弯矩图分布的包络,但需要注意超出实际载荷的包络应不高于10%,以免对处于临界破坏状态的结构件造成不必要的过试验条件。对照全雷结构特征,按照上述要求对载荷进行简化、组合,以及分布载荷的集中加载,形成加载方案,加载点应考虑圣维南原理并采取过渡段用以缓和边界效应。

刚度试验设计载荷为强度试验载荷的三分之一或更低量级,加载方向为沿助飞鱼雷 Y 向和 Z 向两个方向从雷体头部分别加载。为了简化支撑和便于加载,试验结构件往往采取水平放置的方式,此时应采取工装消除试验结构件自身的重力影响。

加载前的预试验必不可少,通过30%满载量级的2~3次预试验,能够消除装配间隙和残余变形,使试验结果更为可信。同时,通过预试验获取结构应变,对满载试验时结构应力情况进行预估。

试验边界条件的确定直接影响试验结果的真实性,尽量模拟真实的边界条件能够保证试验结构件与工装之间的边界效应。因此,与试验结构件相连的工装应尽量在材料及生产工艺的选择上与试验件相一致。另外,作为边界的固定支撑强度和刚度至少应能承受 2 倍的最大设计载荷要求。

3. 试验结果处理方法

当加载到设计载荷时,结构未发生破坏,通过应变—应力计算结构材料在许用应力范围内,判定结构安全。在进行破坏载荷试验中,加载到使结构破坏、失稳或弹性变形超出许可范围,即表现出结构无法加载时,该载荷为结构极限破坏载荷。

在进行强度试验结果分析时,根据测试应变传感器的不同,选用不同的强度准则进行测点应力的计算,进行测试时,一般应使用第四强度理论计算应变和应力。强度试验后,通过绘制测点载荷—应力曲线,可以获取零件在最大载荷下的应力,从而获取该零件安全裕度;另外,还可以通过拟合弹性模量(斜率)预估零件的破坏载荷。

刚度试验主要是用来获取雷体结构在外力作用下的变形,避免助飞鱼雷在空中飞行时形成的自激振动影响飞行控制和精度。通过绘制刚度试验两个方向各测点的载荷—位移曲线,求取临界载荷,对结构失稳载荷进行校核。

5.3 模态计算及试验验证

5.3.1 模态计算的基本理论

模态分析的最终目标是识别出系统的模态参数,为助飞鱼雷的振动特性分析,振动故障诊断和预报,以及结构动力特性优化提供依据。

模态分析的经典定义是将线性定常系统振动微分方程组中的物理坐标变换为模态坐标,使方程组解耦,成为一组以模态坐标及模态参数描述的独立方程,以便求出系统的模态参数。坐标变换的变换矩阵为模态矩阵,其每列为模态振型。若系统中各点振动相位差为 0° 或 180°,例如无阻尼和比例阻尼系统,此类系统的模态参数(主要是模态频率及模态向量)是实数,这类系统的模态分析称为实模态分析。助飞鱼雷全雷、零部件的模态振动相位差近似于 0° 或 180°,结构模态均属于多自由度实模态。

以多自由度比例阻尼系统为例,介绍其模态求解过程。

一个 N 自由度线性定常系统,其运动微分方程可以表示为

$$M\ddot{X} + C\dot{X} + KX = F \tag{5-8}$$

式中:M、C、K 分别为质量、阻尼、刚度矩阵,均为 $N \times N$ 的矩阵。

式(5-8)为一组耦合方程,求解十分困难,因而以无阻尼系统的各阶主振型所对应的模态坐标来代替物理坐标,使坐标耦合的微分方程组解耦为各个坐标

独立的微分方程组,从而求出系统的各阶模态参数。

对上式两边进行拉普拉斯变换,可得

$$(s^2 \boldsymbol{M} + s\boldsymbol{C} + \boldsymbol{K}) \boldsymbol{X}(s) = \boldsymbol{F}(s) \tag{5-9}$$

式中:s 为变换因子,$s = \sigma + \mathrm{j}\tau$。

$$\boldsymbol{X}(s) = \int_{-\infty}^{+\infty} \boldsymbol{X}(t) \, \mathrm{e}^{-st} \mathrm{d}t \tag{5-10}$$

$$\boldsymbol{F}(s) = \int_{-\infty}^{+\infty} \boldsymbol{F}(t) \, \mathrm{e}^{-st} \mathrm{d}t \tag{5-11}$$

求得传递函数和频响函数为

$$\boldsymbol{H}(s) = (s^2 \boldsymbol{M} + s\boldsymbol{C} + \boldsymbol{K})^{-1} \tag{5-12}$$

$$\boldsymbol{H}(\omega) = (\boldsymbol{K} - \omega^2 \boldsymbol{M} + \mathrm{j}\omega \boldsymbol{C})^{-1} \tag{5-13}$$

模态坐标系下的运动方程为

$$(\boldsymbol{K} - \omega^2 \boldsymbol{M} + \mathrm{j}\omega \boldsymbol{C}) \boldsymbol{X}(\omega) = \boldsymbol{F}(\omega) \tag{5-14}$$

对线性时不变系统,系统的任一 i 点响应均可表示为各阶模态响应的线性组合。对 i 点的响应可表示为

$$x_i(\omega) = \varphi_{i1} q_1(\omega) + \varphi_{i2} q_2(\omega) + \cdots + \varphi_{iN} q_N(\omega) = \sum_{r=1}^{N} \varphi_{ir} q_r(\omega) \tag{5-15}$$

式中:φ_{ir} 为第 i 个测点的第 r 阶阵型系数。

N 个测点的阵型系数组成的列向量 $\boldsymbol{\varphi}_r = \{\varphi_1 \quad \varphi_2 \quad \cdots \quad \varphi_N\}_r^{\mathrm{T}}$,即为第 r 阶模态向量,反映了该阶模态的振动形状。

由各阶模态向量组成的矩阵称为模态矩阵,记为

$$\boldsymbol{\Phi} = [\varphi_1 \quad \varphi_2 \quad \cdots \quad \varphi_N] \tag{5-16}$$

q_r 为第 r 阶模态坐标,其物理意义可以理解为各阶模态对响应的贡献量,数学意义可理解为加权系数。各阶模态对响应的贡献量或权系数是不相同的,它与激励的频率结构有关。一般低阶模态比高阶模态有较大的权系数。

单点激励时,测量点 l 与激励点 p 之间的频响函数为

$$H_{lp}(\omega) = \frac{x_l(\omega)}{f_p(\omega)} = \sum_{r=1}^{N} \frac{\varphi_{lr} \varphi_{pr}}{K_r - \omega^2 M_r + \mathrm{j}\omega C_r} \tag{5-17}$$

式中:K_r、M_r、C_r 分别为模态刚度、模态质量和模态阻尼。

5.3.2 模态计算模型建立与求解

模态计算是助飞鱼雷结构动力学分析的基础,利用模态计算的结果可以进行后续的谐响应分析,求解助飞鱼雷的振动传递函数;可以进行随机振动分析,判断助飞鱼雷的环境适应性;可以进行瞬态动力学分析,求解助飞鱼雷在任意时

域载荷条件下的振动响应。因此,作为其他计算分析的基础,模态计算结果的准确性与高效性有着至关重要的作用。

对于助飞鱼雷而言,全寿命周期中的不同状态对应着不同的模态模型,运输与贮存状态下模型中应包含发射箱、战斗载荷、分离舱、运载器、空投附件等组件及其连接状态;在空中飞行状态应包含战斗载荷、分离舱、运载器、空投附件等组件,并考虑燃料损耗对于模态计算结果的影响;空中分离开伞后模型仅包含战斗载荷和伞系统等。

1. 计算模型的简化原则

相比于全雷刚强度计算,模态计算需要考虑全雷小到组件级的刚度贡献与质量贡献,模型的复杂程度大幅上升。为保证模型的质量,对几何模型的简化应制定统一的标准。对舱段壳体的几何模型进行简化,忽略不影响计算的小开孔、小倒角等结构细节,保留凸台、加筋等对结构刚度贡献较大的结构细节;对全雷贡献较大刚度的组部件仅需要保留主要结构部分,并通过调整密度保持简化前后组件的质量不变,对全雷贡献较小刚度的组件可以省略几何模型,通过质量单元代替;鱼雷段间连接的楔环、分离舱与战斗载荷之间的钢带等结构是影响全雷模态分析的关键部位,在模型简化时应重点关注,尽量保证简化前后的动态特性一致。

2. 有限元网格划分方法与要求

相比于全雷刚强度计算模型注重结构细节,全雷模态计算更加注重全雷的整体特性,因此在网格划分时更加注重网格的均匀性。为保证模型的质量,对有限元的划分方法应制定统一的标准,原则上应遵守以下规定:

(1) 尽量使用 3D 网格划分;

(2) 尽量使用 6 面体等结构化网格;

(3) 对组件不考虑内部结构细节可采用实体建模(局部刚度贡献不能忽略的组件)或用质量单元代替(局部刚度贡献可以忽略的组件),但需要保证简化结构与原结构的质量、质心及转动惯量一致;

(4) 燃料等液态结构,应换算为等效质量,通过密度属性转化到相应容器壳体上;

(5) 减(隔)振设备可以采用实体建模的方式或采用弹簧阻尼单元等结构进行等效简化;

(6) 各舱段有限元模型的质量、重心、转动惯量要求与几何模型一致。

3. 助飞鱼雷连接结构的模拟

助飞鱼雷结构复杂,各组件中存在着多种连接方式,局部组件连接方式的模拟对全雷的模态特性影响很小,同时考虑到模态计算不支持法向能够发生分离的非线性接触,因此一般而言实体建模组件采用绑定约束直接连接到安装支座上。对于较大的组件可保留螺栓的安装位置,采用梁单元来模拟螺栓的连接。当采用质量单元代替组件时,建议质量单元组件采用运动耦合约束连接到安装支座上。

在进行分离舱连接结构建模时,铰链连接相对于钢带对全雷连接刚度贡献较少,一般可删去铰链结构;止推块对战斗载荷约束较强,刚度影响较大,需要保留,在有限元建模时接触面设置为可分离;钢带的连接比较紧固,通过力矩要求确保了连接刚度,在进行助飞鱼雷模态计算时,进行预应力模态计算,需要考虑钢带的预紧力影响。

战斗载荷舱段间一般采用楔环连接方式,该连接结构具有弱非线性特性,其连接刚度较小,不能和螺栓连接方式一样设置为绑定状态,否则会影响助飞鱼雷模态计算的准确性。对于楔环结构的模拟,可以使用等效弹性模量法,即不考虑楔环与壳体的接触关系,将楔环结构简化为一个等效楔环。等效楔环与等效壳体间不采用任何接触设置,而是让它们的接触面上的节点一一对应,耦合在一起。等效楔环模型中,等效楔环的材料属性弹性模量为待修正参数。修正的参考依据为全雷有限元模型前六阶段的模态阵型及频率与实际模态试验结果相近为判断依据。

4. 模态参数求解

进行全雷的模态仿真时采用 lanczos 迭代法;全雷计算频率范围要求 1~1000Hz;当需要模拟助飞鱼雷在受到较大外载条件下的模态特性时,建议首先进行静力分析,之后结合静力分析的结果进行考虑预应力的模态计算;当全雷模态计算模型十分复杂,无法一次性完成所有模态计算时,可以将计算对象进行分组,对分组后的各个组件进行单独的计算之后,通过模态综合的手段合成整体的计算结果;当需要模拟助飞鱼雷带载的战斗载荷在水下航行状态时的模态计算,应采用有限元或边界元的方式利用声固耦合的方式进行计算。

由于助飞鱼雷结构复杂,仅通过模态计算不能保证计算结果的准确性,因此必须利用模态试验的结果对仿真计算的结果进行修正。本节主要以楔环连接的弹性模量或罚刚度系数为设计变量,以全雷前三阶模态频率为目标函数进行参数优化设计,通过优化计算得到的前三阶模态频率与试验结果的误差可在 8% 以内。进行修正后的全雷模型才能进行后续振动响应的计算和振动特性的分析。

模态计算完成后提取模态频率与振型,用于判断全雷结构特性是否会与激励力频率发生共振;同时提取模态参与因子,用于判断用于参加模态叠加进行振动响应计算的模态阶数。

5.3.3 模态试验

模态试验是最直接、最可信的一种模态分析途径，能够准确地获得模态参数，同时也是验证仿真模态计算结果、修正结构动力学仿真计算模型的有效手段。

1. 模态试验分析的四个假设

模态试验分析的四个基本假设为线性假设、时不变性假设、客观性假设和互易性假设。只有满足这些假设的试验才是准确的，进行模态试验时应尽可能满足这些假设。

线性假设认为，任何输入的组合引起的输出等于各输出的组合。根据频率响应函数公式可知，只有当测点的响应与激励力为线性的，频率响应函数与激励力无关，反映出系统本身的特性。若所测结构系统为非线性结构，则频响函数会随着外力的改变而改变，此时模态试验结果是没有意义的。所以在模态试验前可进行线性检查。

时不变性假设认为，结构系统的动态特性不随时间变化。除了一些受温度变化影响较大的特殊材料结构，这往往是测试不当造成的。例如，移动传感器进行测试时每一次移动的传感器集中在局部区域，支撑刚度的变化，都可能出现同阶模态的频率测出两个峰值的现象。

客观性检测认为，测试所关心的系统动态特性所需要的全部数据都是可以测量的。一般选择合适的激励带宽、激励位置以及采样频率都可满足。

互易性假设认为，结构应遵从互易性原理，即在任意 j 点激励所引起的任意 k 点响应，等于在 k 点激励所引起的 j 点的响应，如此才能使质量矩阵、刚度矩阵、阻尼矩阵和频响函数矩阵为对称矩阵，一般结构都可认为是满足的。

2. 模态试验的一般流程

模态试验的一般流程为预试验分析、建立模态模型、数据采集、参数识别和结果验证。在助飞鱼雷的模态试验中一般包括战斗载荷的模态试验、分离舱的模态试验、局部翼舵的模态试验、助飞火箭/运载系统的模态试验以及全雷的模态试验等。测试的有弯曲模态、呼吸模态、扭振模态。方法大同小异，在此以助飞鱼雷全雷的模态试验说明一般流程及注意事项。

将助飞鱼雷的前后吊点依据雷体自重选取适当股数的橡胶绳进行边界条件支撑，使用行车起吊雷体，并确保自由—自由边界条件下的雷体基本水平，试验时助飞鱼雷处于非工作状态（图 5-12）。

由于助飞鱼雷质量大、频率低，力锤的锤头采用橡胶头，能够保证低频的充分激励，因此，一般采用力锤激励方式进行试验。利用模态传感器测得试验对象的频率响应函数,然后利用商用软件求得测试对象的固有频率、近似阻尼比和模态振型。

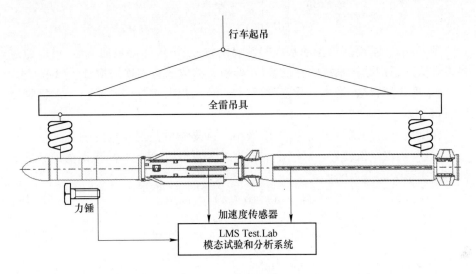

图 5-12　模态试验状态

3. 模态试验数据后处理

模态试验数据后处理主要为模态参数辨识和模态验证阶段。

模态参数辨识的方法总体来说分为时域法和频域法,分析流程如图 5-13 所示。

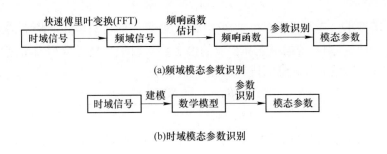

图 5-13　模态参数识别流程图

一般情况下,模态试验通过频域法进行模态参数辨识。通过测试获得结构系统的激励信号与测点响应信号,再通过 FFT 可以获得系统的传递函数:

$$H(s) = \frac{X(s)}{F(s)} = \begin{bmatrix} H_{11}(s) & H_{12}(s) & \cdots & H_{1f}(s) \\ H_{21}(s) & H_{22}(s) & \cdots & H_{2f}(s) \\ \vdots & \vdots & & \vdots \\ H_{e1}(s) & H_{e2}(s) & \cdots & H_{ef}(s) \end{bmatrix} \quad (5-18)$$

令 $s = \mathrm{j}\omega$，就能获得振动系统的频响函数，获得传递函数曲线后，可以通过多种方法来识别结构系统的特征参数，即模态参数。有多项式拟合法（Levy法）、正交多项式拟合法、最小二乘复频域（LSCF）法以及多参考点最小二乘复频域法（PolyMax）法。

在助飞鱼雷的试验实践中，采用最小二乘复频域法对结构的响应进行模态参数辨识，辨识结果较好。对于一个单输入多输出的试验方法，各测点的频响函数可以表示为同分母的形式。

$$H_{ef_1}(\omega) = N_e(\omega)/d(\omega) \quad (5-19)$$

$$N_e(\omega) = \sum_{j=0}^{n} \Omega_j B_{ej}, \quad d(\omega) = \sum_{j=0}^{n} \Omega_j A_j \quad (5-20)$$

式中：$e = 1, 2, \cdots, N_o$，N_o 表示输出测点数；$\Omega_j = \mathrm{e}^{\mathrm{j}\omega k \Delta t}$，$\omega$ 表示频率，j 表示虚数；Δt 表示采样间隔时间；n 为多项式的最高阶次，工程上一般取值不大于32；A_k、B_{ek} 分别为分母分子的多项式系数。

A_j、B_{ej} 为待估计的参数，将所有待估计参数合并为一个矩阵 $\boldsymbol{\theta}$：

$$\boldsymbol{\theta} = \begin{bmatrix} \boldsymbol{B}_e & \boldsymbol{A} \end{bmatrix}^{\mathrm{T}} \quad (5-21)$$

式中

$$\boldsymbol{B}_e = \begin{bmatrix} B_{e0} & B_{e1} & \cdots & B_{en} \end{bmatrix}^{\mathrm{T}}$$

$$\boldsymbol{A} = \begin{bmatrix} A_0 & A_1 & \cdots & A_n \end{bmatrix}^{\mathrm{T}}$$

采用最小二乘法得到分母系数矩阵后，求解分母系数矩阵的特征值和特征向量，就可以得到系统的极点和相应的模态参与因子。模态振型向量则可通过传递函数的留数展开式形式进行线性拟合得到：

$$H(s) = \sum_{m=1}^{N_m} \left(\frac{R_m}{s - \lambda_m} + \frac{R_m^*}{s - \lambda_m^*} \right) + \frac{LR}{s^2} + UR \quad (5-22)$$

式中：N_m 为待求解的模态阶数；λ_m 为识别出来的物理极点；λ_m^* 为 λ_m 的共轭复数；R_m 为留数；R_m^* 为 R_m 的共轭复数；s 为自变量；LR、UR 分别为低阶传递函数剩余项、高阶传递函数剩余项。

LMS Test.Lab 频域法求解模态的方法即为 PolyMax 法，时域法一般为时域多自由度法，可根据需要进行选择。图5-14为通过时域法求解得到的稳态图。

利用稳态图得到全雷的前三阶模态频率和阻尼，进而求得助飞鱼雷的前三

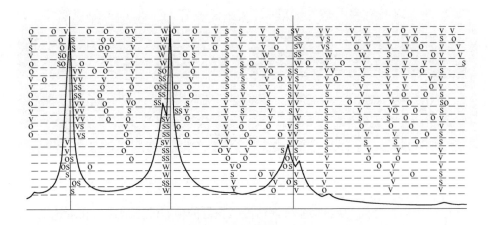

图 5-14 频率响应稳态图

阶弯曲振型,如图 5-15~图 5-17 所示。

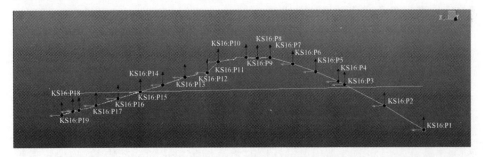

图 5-15 第一阶模态振型

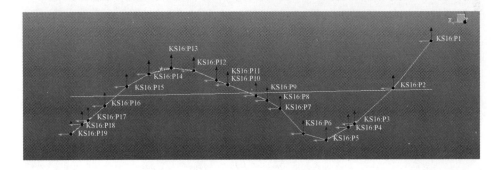

图 5-16 第二阶模态振型

最后利用模态判定准则(MAC)对提取的前三阶模态进行判定。MAC 是通

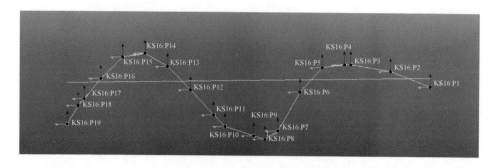

图 5-17　第三阶模态振型

过比较两个向量之间的线性关系,评估测试获得的模态的正确性。在理论上,由于模态具有正交性,所以同一阶模态($r=s$)的 MAC 值为 1,不同阶模态($r \neq s$)的 MAC 值为 0。实测时,由于试验数据不充分(测点数量不足)、系统误差等,不同阶模态 MAC 值一般介于 0~1 之间。一般认为不同阶模态 MAC 不大于35%时,模态参数辨识结果比较准确。

5.4　冲击响应计算及试验验证

5.4.1　基于有限元动力学的冲击响应数值计算方法

助飞鱼雷在起吊、运输、发射、各级分离、降落伞打开、入水等时刻,将承受各种冲击载荷。当冲击激励超过设计值时将会导致鱼雷的功能失效,主要失效形式有结构塑性变形、结构脆性断裂、接触面接触分离、电路或器件损坏等。

进行冲击响应有限元计算时,可采用隐式求解法和显式算法。显式算法是应用中心差分法对运动方程进行显式的时间积分,应用一个增量步的动力学条件计算下一个增量步的动力学条件。在增量步开始时,程序求解动力学平衡方程,表示为用节点质量矩阵 M 乘以节点加速度 $\ddot{u}$ 等于节点的合力(在外力 P 与单元内力 I 之间的差值):

$$M\ddot{u} = P - I \tag{5-23}$$

在当前增量步开始时(t 时刻),计算加速度为

$$\ddot{u}|_t = M^{-1} \cdot (P - I)|_t \tag{5-24}$$

由于显式算法总是采用一个对角或集中质量矩阵,所以求解加速度并不复杂,不必同时求解联立方程。任何节点的加速度完全取决于节点质量和作用在节点上的合力,使得节点计算的成本非常低。

对加速度在时间上进行积分采用中心差分方法,在计算速度的变化时假定加速度为常数。应用这个速度的变化值加上前一个增量步中的速度,即

$$\dot{u}\big|_{t+\frac{\Delta t}{2}} = \dot{u}\big|_{t-\frac{\Delta t}{2}} + \frac{(\Delta t|_{t+\Delta t} + \Delta t|_t)}{2}\ddot{u}\big|_t \tag{5-25}$$

速度对时间的积分加上在增量步开始时的位移以确定增量步结束时的位移,即

$$u\big|_{t+\Delta t} = u\big|_t + \Delta t\big|_{t+\Delta t}\dot{u}\big|_{(t+\frac{\Delta t}{2})} \tag{5-26}$$

这样,在增量步开始时提供了满足动力学平衡条件的加速度。得到了加速度,在时间上"显式"地前推速度和位移。"显式"是指在增量步结束时的状态仅依赖于该增量步开始时的位移、速度和加速度。为了得到精确的结果,时间增量必须小。但由于不必同时求解联立方程组,所以每一个增量步的计算成本很低。

隐式求解法的动力学平衡方程是一样的,但是直接求解一组线性方程组,求解成本高。牛顿(Newton)迭代求解法,时间增量比显式求解相对大一些,每次迭代都需对位移增量进行修正,直到满足给定的容许误差(力残差、位移修正值等)才结束迭代,对于较大模型,计算成本很高。对于模型中包含高度的非线性过程,如接触和滑动摩擦,可能需要更多的迭代过程,并减小时间增量,甚至可能与显式算法的时间增量在一个量级上,并可能计算不收敛,因此对于助飞鱼雷进行动力学仿真计算时推荐显式算法进行计算。

5.4.2 冲击计算模型的建立与求解

助飞鱼雷在全寿命周期中历经颠震、分离、开伞以及入水等多种冲击工况下的载荷作用;此外,还包括意外跌落,其安全性也是在设计中需要考虑的因素。在每种条件下需要依据具体情况的不同,建立不同的冲击计算模型进行计算分析,下面分别以冲击量值较大的开伞、入水、意外跌落等工况为例进行说明。

1. 几何模型的简化原则

空中开伞工况是计算模型中最为简单的计算工况,由于在开伞冲击过程中冲击作用力在尾轴位置附近的作用最大,离尾轴越远冲击力的作用迅速衰减,因此计算模型中仅需要包括尾轴、轴承、尾舱段壳体、密封模拟件、螺旋桨模拟件、排气阀、解脱机构等组件。在进行几何简化时可忽略不影响计算的小开孔、小倒角等结构细节。

入水冲击工况的计算对象为战斗载荷,通过试验的结果可以知道冲击的风险点位于雷头及楔环的连接部位,因此建模的重点也位于这些风险点的位置。模型中各段壳体也是分析的重点,壳体模型的加筋及凸台等对结构刚度贡献较

大的部位必须加以保留，其他组件部件可以忽略不计。同时，入水冲击时还需要建立水体的几何模型，出于计算时间的考虑，仅需要保留入水冲击过程中和雷体发生作用周边的小区域水体模型即可。入水冲击几何模型如图 5-18 所示。

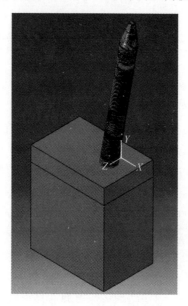

图 5-18　入水冲击几何模型

意外跌落工况是计算模型中最为复杂的计算工况。模型不仅要包括战斗载荷，同时也包含运载系统和雷箱等结构。在模型简化时需要突出止推块与分离舱、滑块与分离舱、固弹机构与箱体、止推块与战斗载荷、滑块与箱体、后滑块与固弹机构等连接区域的结构细节，这些区域是主要发生破坏的风险点。对于雷体、运载系统、雷箱等结构可以进行大幅的简化，仅体现结构的主要刚度与质量分布即可。意外跌落几何模型如图 5-19 所示。

2. 有限元网格划分方法与要求

空中开伞工况的几何模型多为轴对称体，比较容易建立结构化网格，因此在网格划分时采用结构化网格为主的网格划分策略。同时由于尾轴为整个冲击过程中的最大风险点，因此划分网格时需要体现尾轴的结构细节，在条件允许下需要划出尾轴的花键等结构细节以便对尾轴的连接状态进行精确的模拟。其他组件的网格划分重点在组件之间的连接位置，需要进行相应的网格加密处理以提高接触求解的精度。空中开伞有限元模型如图 5-20 所示。

入水冲击状态下的建模重点之一是楔环的连接位置，建议采用实体建模方

第5章 结构特性分析及验证

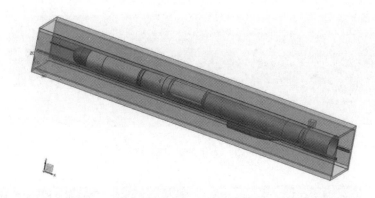

图 5-19 意外跌落几何模型

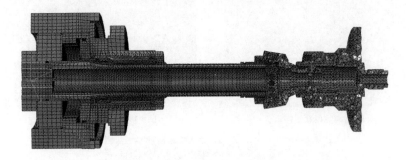

图 5-20 空中开伞有限元模型

式,通过精细的楔环模型来真实地模拟冲击过程中的振动传递过程。雷头的模型是空中开伞状态下建模的又一重点,当采用头帽、内部吸能装置等设备时,需要对这些设备进行精确的模拟。对于舱段内的组件一般采用等效质量点代替的方式处理,将等效后的质量点与舱段的壳体通过运动耦合约束连接在一起,同时要保证各个舱段质量、质心数据的准确性,这种处理方式虽然对舱段的整体刚度特性有一定程度的影响,但是能大大缩短计算的时间,提高计算的效率。入水冲击有限元模型如图 5-21 所示。

意外跌落工况的网格划分重点在上面所述的结构连接区域,在这些区域应进行网格加密,保证接触区域能够充分接触,同时也可以提高模型结果的计算精度。网格划分的其他要求可以参考模态计算的网格要求,需要注意的是,由于冲击计算采用的是显式动力学的计算方法,计算时的时间步长由网格中的最小单元尺寸所决定,因此与模态计算的要求不同,在进行冲击计算时必须控制最小网格的尺寸,以减少计算时间。意外跌落有限元模型如图 5-22 所示。

图 5-21　入水冲击有限元模型

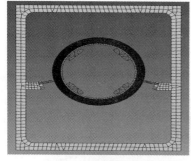

(a)雷与发射箱连接示意

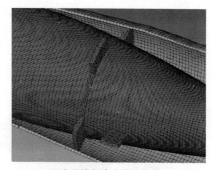

(b)止推块与战斗载荷连接示意

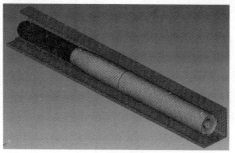

(c)箱雷示意

图 5-22　意外跌落有限元模型

3. 通用接触的设置

在进行开伞、入水、意外跌落等冲击工况的计算时,结构会发生较大的变形,因此无法像强度或模态计算一样在计算之前就确定可能发生接触的面。因此,建议在建模时除部分初始明确的连接区域可以利用绑定连接外,利用通用接触功能让软件自行判断在整个冲击过程中哪些组件之间可能会发生接触关系从而自动进行接触计算。通用接触的法向接触属性利用罚函数算法控制,在切向上过高的摩擦系数计算结果精度较高,计算收敛困难,较低的摩擦系数计算结果精度较低,计算收敛性较好。因此综合考虑计算收敛性与计算精度的影响,切向摩擦系数建议取 0.12。

4. 大变形条件及材料非线性属性的设置

在进行开伞、入水、意外跌落等冲击工况的计算时,结构的变形已经远远超过小变形的假设,因此必须考虑结构变形引起的结构刚度矩阵的变化来提高计算结果的精度。同时,由于大变形的影响,加载的外部载荷的位置与作用方向可能会发生变化,这也是计算过程中所必须考虑的内容。

由于在冲击计算过程中材料很可能会进入塑性变形阶段,因此利用静力计算过程中所采用的线弹性模型进行分析得到的应力结果较大,建议采用双线性等向强化模型或多线性等向强化模型进行分析,充分考虑材料非线性对计算结果的影响。

5. 减(隔)振设备的处理方法

对于减(隔)振设备的模拟,是影响冲击计算结果准确性的重要因素之一,在助飞鱼雷上常用橡胶隔振装置,建议采用 Monney-Rivlin2 参数模型对橡胶材料进行模拟,模型中涉及的具体参数可以通过橡胶材料的试验数据获得。对于其他减振设备可以根据具体的材料属性,利用黏弹性模型或空隙弹塑性模型等材料模型进行模拟。

6. 边界条件及初始条件的施加方式

对于空中开伞工况,冲击载荷是开伞瞬间降落伞缆绳施加在计算对象上的瞬态冲击载荷,因此在计算时可以将尾舱段壳体固定约束,在套筒上施加随时间变化的冲击载荷即可,如图 5-23 所示。

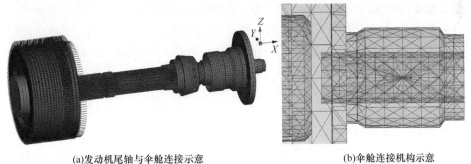

(a)发动机尾轴与伞舱连接示意　　　　(b)伞舱连接机构示意

图 5-23　空中开伞边界条件

对于入水冲击及意外跌落模拟的是计算对象以不同速度、不同角度与刚性地面或柔性水面的撞击过程,因此对计算的全雷模型无须进行约束,仅仅需要给出全雷模型与地面或水面的初始相对位置和相对速度即可。为提高计算效率,全雷模型与地面或水面模型的初始接触位置应尽可能小,因为雷体在空中自由飞行的状态对计算结果没有影响。同时,在入水冲击及意外跌落计算过程中需要考虑重力加速度的影响。

7. 水体与地面的模拟方法

对于入水冲击及意外跌落还需要对地面及水体进行模拟。对于地面的模拟可以建立一层较薄平板结构,通过设置该结构为刚体来模拟刚性地面的作用,同时约束该平板结构的六个方向的自由度。对于水体结构模拟可利用欧拉(Euler)单元来模拟,采用 Null 材料模型、Gruneisen 状态方程来确定压力体积关系。无论是对刚性地面的模拟还是对水体的模拟,由于冲击过程的最大应力均发生在撞击过程发生后的毫秒级别,因此地面与水体的模型不能过大以影响计算的效率。

8. 计算方法的选择与参数设置

跌落冲击及开伞冲击的计算可采用显式算法来进行。显式算法特点:一般利用中心差分法进行显式时间积分;方程非耦合可以直接求解,但容易失稳,需要通过算法来进行控制;显式算法能够分析各种复杂的接触问题,实现真实接触中力的传递;需要非常小的时间步以保持求解的稳定性,时间步长取决于接触单元的尺寸与波速;不需要求解线性方程组,所以每个增量步的费用较低。因此,显式算法非常适合于求解冲击、穿透等高频非线性动力响应问题。

入水冲击的分析可采用耦合欧拉-拉格朗日(CEL)算法来进行。CEL 流-固耦合算法采用欧拉法描述流体,流体材料通过不变形的网格点,采用拉格朗日法来描述固体结构。欧拉材料和拉格朗日单元通过欧拉-拉格朗日接触来进行相互作用,这种算法的特点包括:可以用于固体材料的大变形分析,支持自适应网格细化,可以定义网格运动(包括网格移动、旋转、缩放等来包络欧拉材料)。CEL 算法常用于液体箱晃动分析、飞机水面迫降、产品包装模拟等常规流固耦合分析,轮胎滑水性能分析等多项流耦合分析,爆炸冲击等固体大变形分析等。

9. 计算结果后处理的要求

开伞、入水、意外跌落等冲击计算完成后,通过外力功、内能、动能、总能量的变化与守恒来判断计算的准确性。以开伞冲击为例,在整个冲击过程中,外力功主要转化为内能,动能的变化较小,总能量趋于 0;入水与意外跌落主要是动能转化为内能的过程,总能量也应趋近于 0。当能量的变化规律异常时,需要对计算模型进行仔细的检查以排除问题所在。

出于保守设计的原则,目前助飞雷冲击失效与否的判断准则是在冲击过程中是否出现大面积的超过材料屈服应力的区域,当出现大面积的应力屈服区域以至于失效区域穿透被计算的结构件时,可以认为结构完全失效。当失效区域较小时,可以结合具体的设计经验做出结构未失效的判定。

5.4.3 冲击试验方法

基于商用软件进行的有限元结构冲击响应计算,可以获取在外界激励下的结构响应,但前提条件是冲击边界条件设定必须真实。对于跌落试验来说,由静止状态从一定高度跌落至地面,边界条件的设置较为简单,但对于爆炸冲击来说,计算结果的可信度直接取决于试验边界条件的设置是否恰当。因此,边界条件的采集一般基于实航冲击实测数据,当条件不允许时,也可以通过地面或台架试验方式获取实测数据作为边界输入条件。

当实航中进行冲击测试时,在雷载测试设备许可的容量要求下,首先应分析冲击可能影响的结构部件,其次应尽可能获取助飞鱼雷冲击传递特性,以对未考虑到的结构点进行预估。

当通过地面试验获取数据时,用来将被试件与冲击台面连接为一体的夹具应能将台面的运动不失真地传递给被试件;另外,夹具与被试件连接形式及紧固件也应尽量与实际情况一致。同时,应按照助飞鱼雷工作剖面,对危险的环境进行判定,如冲击发生时,惯性导航系统、声学基阵或其他精密器件处于工作状态,此时需要开展联合试验进行地面验证。

由于助飞鱼雷结构特性,要从各测点冲击响应中获取规律往往是不现实的,因此在地面试验中往往以关注结构件的最大冲击响应作为输入。现代的振动或冲击试验台已能够采取冲击时域波形或响应谱直接输入控制方式进行试验,因此试验的准确度更加取决于边界条件的准确获取。

参 考 文 献

[1] 国防科学技术工业委员会. 飞航导弹强度和刚度规范飞行载荷:GJB 540.2—1991[S]. 总装备部军标出版发行部,1992.

[2] 王军评. 点式火工分离装置冲击载荷作用机制的数值模拟研究[J]. 振动与冲击,2013,32(2):10-13.

[3] 张建华. 航天产品的爆炸冲击环境技术综述[J]. 导弹与航天运载技术,2005(3):30-36.

[4] 罗梦翔. 导弹振动的动力学建模和频率分析[J]. 中国科技论文,2015,10(16):1925-1927.

[5] 朱敬举.导弹振动问题对系统可靠性的影响及应对策略[J].装备环境工程,2010,3(7):75-78.
[6] 国防科学技术工业委员会.助飞鱼雷刚强度试验方法:CB 20307—2016[S].中国船舶工业综合技术经济研究院,2017.

第6章

分 离 技 术

分离技术是助飞鱼雷研制中的一个重要研究内容,它直接关系到助飞鱼雷能否成功完成作战任务。许多国家都发生过分离故障导致导弹飞行失败的事例,例如,"海神"导弹和"三叉戟"Ⅰ导弹均在一二级分离后,一级发动机前部被二级发动机尾焰加热而引起爆炸,炸裂的碎片又击中第二级,导致导弹飞行失败;"北极星"AX潜地导弹二级分离故障也导致飞行试验失败;"潘兴"Ⅰ导弹两次飞行试验都因级间分离故障、头体分离故障导致飞行试验失败等。

助飞鱼雷分离技术涉及全雷外形选择与布局、总体参数选择、飞行程序设计、鱼雷结构方案等方面,是助飞鱼雷总体设计的关键技术之一。分离技术研究对象众多,包括空中燃气舵的分离、级间分离、雷箭分离,以及入水时的雷帽分离和雷伞分离等,由于各种分离过程所处的环境相差很大,涉及的专业面不同,因此研究方法不尽相同。为此,将雷帽分离和雷伞分离放在第7章"稳定减速技术"和第8章"入水缓冲技术"中进行介绍,本章主要介绍级间分离、雷箭分离技术的设计方法、分离结构形式、分离计算及相关分离试验方法。

6.1 级 间 分 离

6.1.1 级间分离方法

级间分离是指助飞鱼雷的助推器或固体火箭发动机完成助推任务后,与助飞鱼雷的二级体进行分离的过程,或称一二级分离。

对于弹道式助飞鱼雷来说,发射出箱后,利用尾端的燃气舵参与初始的转向控制,控制助飞鱼雷滚转,并迅速转向目标方向平稳飞行,燃气舵参与的初始段控制功能完成后(主要是避免烧蚀后的燃气舵不对称造成能量损失和加剧控制的难度,其与弹道导弹无本质上的差别,在此不再赘述),助飞鱼雷进入爬升段,直至燃料耗尽,此时,再将固体火箭发动机分离掉,以减小二级滑翔段的惰性质量,即级间分离。弹道式级间分离所面临的主要问题是由于固体火箭发动机尚有残余推力,使得固体火箭发动机和二级体不容易分开、拉开距离而产生碰撞现象。对于飞航式助飞鱼雷来说,发射出箱后,同样利用尾端推力矢量舱中的燃气舵控制助飞鱼雷滚转,并迅速转向目标方向,直到助推器工作完成,之后和助推器一起与助飞鱼雷二级体分离,即级间分离。飞航式级间分离面临问题和弹道式基本相同,只是分离时的状态有所区别。

针对级间分离存在的问题,弹道式助飞鱼雷级间分离一般采用两种方法:

(1) 采用发动机泄压+低冲击分离装置解锁+火工作动筒提供初始分离动力的冷分离方案。级间分离时固体火箭发动机泄压孔打开实现推力终止,同时一级空气舵对摆产生气动阻力,在低冲击分离装置解锁后,依靠火工作动筒提供的初始分离力和空气舵对摆产生的气动阻力实现两体分离。一般级间分离动作时序如图6-1所示。

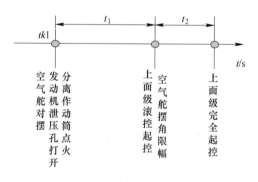

图6-1 一般级间分离动作时序

(2) 采用柔性导爆索切割+发动机前端的反喷管同时打开泄压形成反推喷流方案。在级间分离时刻会形成较大干扰,二级体飞行姿态发散较快,并且空气舵在一定分离距离内被包裹在比较紊乱的流场内,起控较为困难。在此基础上,要从保证分离可靠、压缩分离时间、减少失控时间出发,优化分离时序指令。一般会在反喷管泄压的基础上增加机械分离装置或增阻板等,以提高分离力,并通过大量的数学仿真确定合理的级间分离方案。

飞航式助飞鱼雷的助推段功能由助推器和涡喷发动机组成的运载器实现,助推器前裙与涡喷发动机之间用分离环连接,分离环内侧埋设环形切割索,对称布置两个电起爆器。助飞鱼雷点火发射后,利用助推器后端推力矢量舱的燃气舵完成大机动转弯后,为避免燃气舵烧蚀后的不对称影响鱼雷后续的稳定飞行,适时引爆分离环的切割索,切割索定向、聚能切断外部的连接环,将助推器抛离,同时启动二级巡航飞行的涡喷发动机,完成级间分离过程。典型分离环示意如图 6-2 所示。

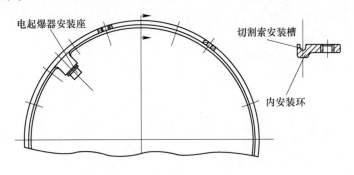

图 6-2　分离环示意图

6.1.2　级间分离设计原则

通过对级间分离时产品飞行状态和所处环境的分析,为了保证级间分离安全可靠,在级间分离设计时应遵循以下设计原则:

(1) 根据分离条件、分离机构的工作性能、结构尺寸及可靠性要求等,选择气动力、火药爆炸力、燃气冲击力、弹簧力等作为级间分离的能源。

(2) 级间分离时尽量减小残余推力对惰性分离体的影响,可采取延长耗尽残余推力的方法。

(3) 从保证分离可靠、压缩分离时间、减小失控时间出发,优化分离时序指令,在分离时刻尽可能增大下面级的阻力,提高分离力。

(4) 级间分离可采用多种形式的组合分离方案,对分离后飞行体的姿态要进行仿真分析及实航验证,对级间分离机构要进行地面试验,确保飞行姿态符合安全性要求。

6.1.3　级间分离结构形式

1. 轴向低冲击分离装置

早期导弹的一二级分离也有采用爆炸螺栓作为轴向连接与分离机构,传统爆炸螺栓的分离冲量一般在 10N·s 以上,在动作时可能会对周围的精密仪器、设备产生危害,因此使用受到一定限制。近年来,为了进一步拓展爆炸螺栓的使用范围,在典型火工爆炸螺栓的基础上,通过结构尺寸优化、分离部件质量优化以及起爆器装药小量化技术,研制了新型的低冲击分离装置——新型爆炸螺栓。

低冲击分离装置将鱼雷的一二级轴向连接在一起,根据鱼雷的直径、载荷,选择低冲击分离装置的数量,确定分布位置。当鱼雷直径较大时,一般选用4个低冲击分离装置,结构布局选用"十"字形布置或与鱼雷水平基准面成45°夹角"×"布置,如图6-3所示。

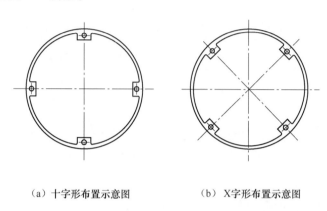

（a）十字形布置示意图　　　　（b）X字形布置示意图

图6-3　低冲击分离装置布置示意图

采用低冲击分离装置的优点是连接可靠、结构简单、质量小、防爆安全。当助飞鱼雷的固体火箭发动机任务完成后,控制系统控制低冲击分离装置内的电发火管,使其发火,引爆装药,切断螺栓头,使一二级快速分离。

低冲击分离装置安装在鱼雷舱体内,不影响全雷的气动外形;鱼雷的一二级之间用低冲击分离装置轴向连接,主要承受轴向拉力,其他外载荷较小,安全性较高,使用与维护方便。

2. 卡环式连接分离装置

卡环式连接分离装置一般由舱段对接框、分离卡环、箍带、连接拉杆、切割索等组成。对接时用分离卡环将两个舱段的对接框贴合,用箍带将分离卡环压紧贴合在端框,由贴合的对接面来传递舱段间的弯矩和轴向力。箍带的收紧依靠拉紧连接拉杆来实现,连接拉杆一般可设计成左右螺纹对拉形式,结构相对简单。在箍带下方分离卡环的间隙处布置切断箍带的切割索组件,一般将切割索的定向槽对准箍带切割部位。卡环式连接分离装置示意如图6-4所示。

卡环式连接分离装置的优点是:结构简单,占雷体内部空间小,突出雷体部分仅为连接拉杆,体积较小,对全雷气动影响较小。

3. 环形切割分离装置

级间分离体之间用分离环连接,分离环内部埋设环形切割索,切割索的电爆

第6章 分离技术

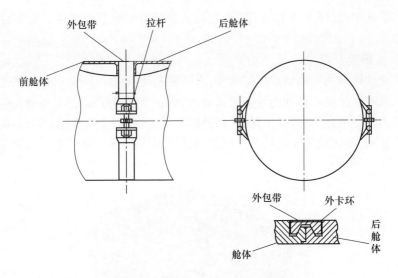

图 6-4 卡环式连接分离装置示意图

管装在舱体内部。环形切割分离装置示意如图 6-5 所示。

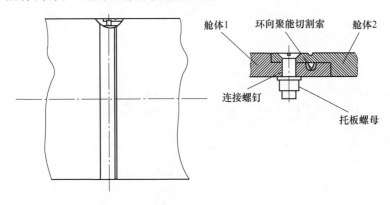

图 6-5 环形切割分离装置示意图

如图 6-5 所示,在二级舱体的端框埋设环向聚能切割索,舱体之间用螺钉连接,由于环向螺钉数量较多,可在内部用游动托板螺母进行调整,确保可靠连接。

设计环形切割分离装置时,要注意环形切割索是线性的,在其上布置两个起爆点,若其中一个起爆点出现问题,就可能形成爆炸零门,使切割索中的爆轰波传递中断,影响切割分离。起爆点越多,出现问题的概率越大,因此一点起爆优于两点(或多点)起爆。同时,由于爆轰波的叠加原理,叠加处切割索射流的切

161

割能力明显增强,因此环形切割索的起爆点选择在切割索连接处的对称点上最为合理。

4. 反推喷管技术

在发动机的前端面设计反推喷管,当助推发动机完成工作后,助推发动机前端与二级舱体连接的低冲击分离装置动作,解脱两者的连接,然后引爆反推喷管的切割索切断堵盖,打开反推喷管,将助推发动机燃烧室内的残余推力由前方反推喷管喷出,加速助推发动机与二级体分离。反推喷管及其布置示意如图 6-6 和图 6-7 所示。

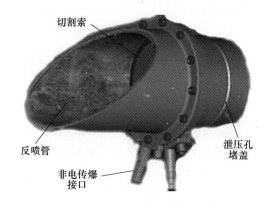

图 6-6 反推喷管示意图

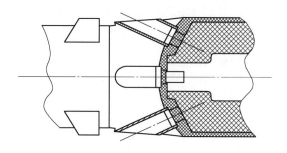

图 6-7 反推喷管布置示意图

5. 径向泄压装置

助飞鱼雷采用固体火箭发动机(或助推器)为动力,固体火箭发动机工作结束后,需要被分离,也可采用径向泄压方式,即用火工品切开径向泄压孔的堵盖,将燃烧室内的推力由四个径向孔泄放,终止向后产生推力,在气动力作用下带动固体火箭发动机与二级体进行分离。径向泄压装置设计时,要确保发动机装药的最小燃烧长度满足最小射程要求。径向泄压装置示意如图 6-8 所示。

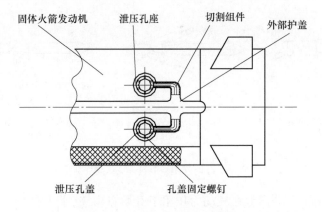

图 6-8 径向泄压装置示意图

6.2 雷箭分离

6.2.1 雷箭分离方法

雷箭分离是指助飞鱼雷二级体飞行到达预定目标点后释放战斗载荷的过程。在国际上,除早期澳大利亚研制的"伊卡拉"采用运载器和战斗载荷并联结构,形似一架飞机腹部带载一条战斗载荷外,其余的助飞鱼雷如美国的"阿斯洛克"、法意联合研制的"米拉斯"以及韩国的"红鲨"均采用运载器和战斗载荷串联结构。本节主要介绍串联结构的助飞鱼雷雷箭分离方法,主要针对弹道式的"阿斯洛克"和飞航式的"米拉斯"类似的分离方法。

弹道式助飞鱼雷典型工作过程包括助推器点火、飞行、级间分离、二级体滑翔飞行,在到达预定目标点时雷箭分离。图 6-9 表示了弹道式助飞鱼雷雷箭分离过程。

弹道式助飞鱼雷分离系统常见的结构形式为上下舱体,因此雷箭分离过程主要描述纵平面内的二级体(分离舱体、仪器舱)及战斗载荷在分离过程中的运动轨迹及各组成部分之间的安全距离变化情况。

雷箭分离一般采用箍带切割方案。雷箭分离指令发出后,箍带被非电传爆系统引爆银管聚能炸药索形成的高温、高速金属射流切断。箍带被切断后,分离舱的上下壳体在分离弹簧组件的作用下顶开一初始角度,气流进入分离舱,上下壳体在气动力作用下迅速打开,分离舱张开到限位角时,分离舱壳体与仪器舱发

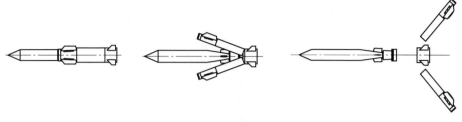

(a) 二级体飞行至雷　　(b) 分离舱体在分离弹簧　　(c) 在气动力作用下抛离
　　箭分离预定点　　　　　作用下初始张开　　　　　　分离舱体

图 6-9　雷箭分离过程示意图(纵平面)

生碰撞、断裂,上下分离舱在气动力作用下开始自由飞,上下分离舱及仪器舱残骸在较大气动阻力作用下迅速远离战斗载荷,完成雷箭分离。

飞航式助飞鱼雷由助推器点火、飞行,在大机动拐弯后抛掉已完成工作的助推器,巡航发动机点火进入平飞段,在到达预定区域时调整雷体姿态,满足雷箭分离条件后进行雷箭分离,切断分离系统的锁紧包带,让分离系统内部的弹簧分离组件顶开分离舱体,解锁与战斗载荷的连接结构,分离舱体在气动力作用下张开并与设备舱分离,完成雷箭分离过程,图 6-10 表示了飞航式助飞鱼雷雷箭分离过程。目前,飞航式助飞鱼雷分离系统常见的结构形式为左右舱体,因此雷箭分离过程主要描述在水平面内的分离舱体、设备舱及涡喷发动机舱、战斗载荷在分离过程中的运动轨迹及各组成部分之间的安全距离变化情况,同时分析运载器残骸后续运动对战斗载荷的影响。

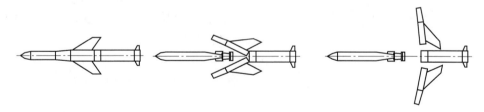

(a) 二级体飞行至雷箭分离　　(b) 分离舱体在分离弹簧　　(c) 在气动力作用下抛离
　　　预定点　　　　　　　　　作用下初始张开　　　　　　　分离舱体

图 6-10　雷箭分离过程示意图(水平面)

分离系统作为弹道式助飞鱼雷和飞航式助飞鱼雷共有的连接分离机构,其主要的功能如下:

第6章 分离技术

（1）将战斗载荷和助飞火箭/运载器连接成助飞鱼雷，并能承受全雷运输、贮存、装载、发射和飞行等各种工况下的力学环境和气候环境并保持可靠连接；

（2）在雷箭分离时，分离系统的非电传爆系统能同时可靠地切断锁紧包带，并提供初始分离力，然后在气动作用下实现雷箭分离；

（3）在分离过程中，完成对战斗载荷上附件的拔脱和开关的触发，如拔出战斗载荷设定电缆插头、水激活电池待发绳和空中稳定装置延时开伞机构拔销等相关开关；

（4）分离系统内部可提供空投附件安装空间。

分离系统一般由分离舱体、分离与锁紧装置、非电传爆系统、分离转动机构或限角度转动分离机构、拉拔机构和辅助连接机构组成，分离舱组件内部作为空投附件的安装空间，外部安装全雷的前翼。

6.2.2 分离系统设计原则

1. 分离系统外形符合全雷气动外形要求

分离系统作为细长形战斗载荷与直径较大助飞火箭的连接组件，要保持连接后的外形符合全雷气动外形要求，一般分离系统外形设计成截锥体，即"小圆柱+圆锥+大圆柱"的铸造壳体，符合全雷的气动外形要求。某型分离系统外形示意如图 6-11 所示。

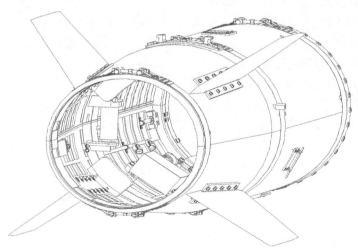

图 6-11 某型分离系统外形示意图

2. 分离系统强度和刚度要求

分离系统连接战斗载荷与助飞火箭(或运载器)，需承受各种工况载荷，而且相比战斗载荷与助飞火箭，分离系统的质量小、厚度薄，要承担连接功能，分离系统的强度和刚度就要大，在前期研制中助飞鱼雷分离系统的横向最大过载为$(2\sim4)g$，而目前在研的某型号分离系统的最大横向过载达到$7g$。因此，设计质量小、刚度和强度大的分离系统是研制工作的难点之一。

3. 分离系统的安全分离要求

助飞鱼雷雷箭分离时，要保证战斗载荷的安全，不能磕碰战斗载荷和空投附件，要求两半分离舱体同步迅速分离并带动仪器舱远离战斗载荷。

雷箭分离过程在稠密大气层中完成，受分离环境因素(风速、风向、姿态等)影响很大，涉及战斗载荷、分离系统和仪器舱在高度畸变流场中的相互作用，尤其是分离系统展开角度的变化使流场问题变得十分复杂，两半分离舱体在张开过程的受力不均，张开角度的不同步，会引起仪器舱绕其质心进行旋转运动。因此在雷箭分离过程中，分离系统的运动既有绕铰链轴张开的旋转运动，同时在铰链带动下存在仪器舱进行绕组合体质心的旋转趋势，给雷箭分离过程的安全性带来不确定性。

分离系统绕组合体质心的旋转运动改变了分离系统在纵平面的位置，引起分离系统与战斗载荷之间的相对位置发生改变，这种变化会使分离系统舱体后端面与空中稳定装置后端面靠近，当战斗载荷与仪器舱之间轴向距离拉开不够远时，两者可能发生磕碰，造成故障。

分离系统作为雷箭分离的执行机构，设计时要考虑从提供初始分离力、分离舱承受气动力快速张开、与仪器舱快速拉开至安全距离并保持姿态相对稳定，是分离系统设计的安全性要求。

4. 分离冲击小及初始分离力同步要求

分离系统连接战斗载荷与助飞火箭，用连接机构将两半舱体箍紧，保持足够的连接刚度；在雷箭分离时，用火工作动器切断连接机构，通过弹簧提供初始分离力，完成分离。设计时要求火工作动器的分离冲击力小，不能影响到战斗载荷内部电子设备的安全；分离系统的连接机构被切断后，通过弹簧提供的初始分离力与火工作动器动作时间基本一致，同时要求两侧提供的弹簧分离力及行程基本相当。

6.2.3 分离系统接口设计原则

1. 与战斗载荷接口要求

(1) 分离系统与战斗载荷的机械接口应确保运载体与战斗载荷可靠连接，

并在雷箭分离点与战斗载荷可靠分离。

（2）与战斗载荷的机械接口，如推力块等应满足规定的尺寸及空间要求。

（3）分离系统与战斗载荷之间满足等电位要求。

2. 与助飞火箭（或运载器）的接口要求

（1）分离系统与助飞火箭的接口应保证其可靠连接，在发射、飞行过程中确保安全。

（2）分离系统与助飞火箭的电气接口应满足雷箭分离的要求。

（3）分离系统与助飞火箭之间满足等电位要求。

3. 与发射箱的接口要求

（1）分离系统与发射箱的接口应匹配。

（2）分离系统一般应设计装箱或退箱的施力点。

4. 布局与结构要求

（1）分离系统的外形应满足规定的气动外形要求。

（2）分离系统的结构强度应满足规定的使用要求。

（3）分离系统的长度、质量、质心应满足规定的要求。

（4）分离系统内部设备布置应适应装配战斗载荷、空投附件的要求，在雷箭分离时不得干涉战斗载荷和空投附件。

6.2.4 分离系统设计流程

分离系统设计流程如图 6-12 所示。

1. 分离舱体结构

分离舱体是分离系统的主要组成部分。分离舱体夹持并支撑战斗载荷，提供空投附件的安装空间并连接助飞火箭，要求其占用的质量小、内部空间利用率高、结构合理，并应保证整体的可靠性，装配使用方便。

分离舱体设计成气动性能对称、工艺性好的旋转体，一般为薄壁硬壳结构，多用铝、镁合金铸造成型，内表面可有纵向和横向加强筋，在受集中力较大处和开口周围布置较强的加强筋（图 6-13）。分离舱体提供锁紧与分离装置的安装位置，提供非电传爆系统的敷设路径，分离舱体内提供助飞火箭（或运载器）设备电缆和战斗载荷设定电缆敷设路径，并在相应位置设计固定点，分离舱体设计翼（舵）和前滑块安装位置，舱体内视空间容许可安装部分设备。

分离舱体为薄壁壳体，其铸造长度和外径大，壳体主体厚度一般为 3mm，内部加强筋提高强刚度，该类长径比较大的薄壁件铸造难度大、成品率低，而且铸件质量要求高，刚度和强度要满足使用要求；在加工过程中，需将分离舱体剖切

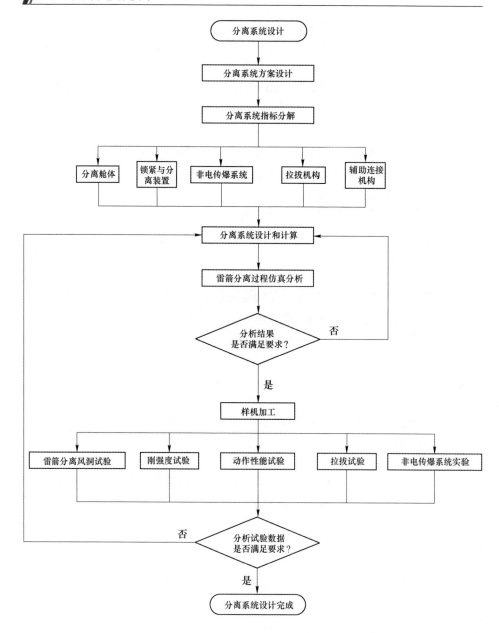

图 6-12 分离系统设计流程图

注：1. 流程图中列出的试验均为分离系统研制中的单项试验，可独立完成；对于综合性试验需结合其他组部件完成的，本图未列出；
2. 流程图中结构分类只列出了主要组成，未列出全部组成。

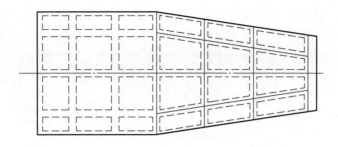

图 6-13 舱体结构示意图

成两个半圆形壳体,用箍带抱紧使用。薄壁壳体剖切后存在较大的变形,因此提高分离舱铸造成品率和减小分离舱剖切后的变形对分离舱体研制具有重要意义。

在制定铸造工艺时,结合分离舱体的结构特点,采用差压铸造方法,提高了铸件成品率。其具有以下优点:

(1) 获得最佳的充型速度,充型过程中保证金属液质量,避免外来杂物进入型内;

(2) 铸件内部比较致密,铸件无针孔或少针孔;

(3) 铸件尺寸精度与表面质量较高,不会引起铸型的变形或使铸件表面粘连;

(4) 提高了铸件的力学性能,抗拉强度可提高 10%~50%,伸长率提高 25%~50%。

分离舱件需加工成两个半圆形壳体包裹战斗载荷,为减小分离舱壳体剖切后的变形,在切开之前用自然时效+人工时效的方法减小其内应力,并采取分段切开,使分离舱剖切后的喇叭口变形量由大于 10mm 减小到 3mm 以内,解决了分离舱剖切后的变形问题。

2. 分离系统与助飞火箭/运载器的对接结构

1) 端框对接结构

分离系统与助飞鱼雷的前端框对接,助飞火箭前端为安装了惯性测量组件、配电系统、舵机和电池组等的仪器舱,其内部装配设备多,各种电缆敷设复杂。为了提高仪器舱的空间利用率,要求能用仪器舱的前后两端进行设备装配和电缆敷设操作,这样就限制了分离系统对接的结构形式,一般使用"对接框+抗剪切螺钉"的结构形式,如图 6-14 所示。

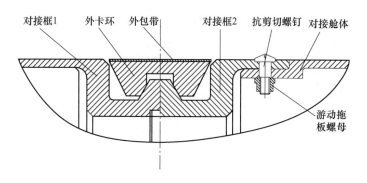

图 6-14 "对接框+抗剪切螺钉"连接结构示意图

前端框设计成公差配合的圆柱段;用于连接的抗剪切螺钉中间是承力的圆柱部分,与两个端框的过孔形成配合。在仪器舱内端框预先装好游动托板螺母,作为固定用。分离系统与助飞火箭端框对接时由一圈固定螺钉完成定位和装配。抗剪切螺钉的强度根据装配螺钉数量的 1/6~1/5 进行校核。

分离系统与助飞火箭端框用螺钉连接,结构简单,装配方便,加工制造容易,连接框占用尺寸小,舱内可利用空间大,安装设备方便,而且采用销/孔配合,保证了较好的对中性。

2) 外卡环对接结构

分离系统与仪器舱也可采用外卡环连接结构,外卡环结构如图 6-15 所示。外卡环结构设计时,主要考虑其受力情况。分离系统是助飞鱼雷全雷最薄弱结构,同时也是承受较大外载荷的部位。外卡环设计时要进行受力分析,并对能确保外卡环分离的斜面角度进行核算。

外卡环在包带作用下压紧对接框,利用斜面收紧。在运动过程中,承受雷体的弯矩作用,其受力如图 6-15 所示,P 为舱体对卡环的作用力,其分解的 P_y 为推开卡环的作用力,对释放有利,F 为卡环与舱体的摩擦力,起阻止卡环分离作用,因此,卡环的分离条件为

$$P_y > F\cos\alpha \tag{6-1}$$

舱体和卡环的静摩擦系数为 f_0,由式(6-1)得到

$$P\sin\alpha > f_0 P\cos\alpha \tag{6-2}$$

则 $\tan\alpha > f_0$,即

$$\alpha > \arctan f_0 \tag{6-3}$$

因此,斜面的倾斜角度与摩擦系数相关,摩擦系数与接触面的材料、表面粗糙度有关,铝件之间的摩擦系数在 0.2 左右,按照此条件求出的 $\alpha > 11.3°$,说明角度越大越容易解脱。

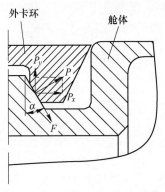

图 6-15　外卡环受力情况示意图

分离系统采用外卡环连接结构,能有效节约全雷轴向长度,在分离系统后端框与空中稳定装置后端面之间尽可能留出分离的安全距离,提高雷箭分离的安全性。

3. 分离系统的锁紧及解脱结构设计

分离系统包裹战斗载荷和助飞火箭后用锁紧机构连接好,保证全雷连接强度和刚度。要求锁紧机构凸出雷体表面尺寸要小,不能影响全雷的气动外形。助飞鱼雷一般选择用左右螺纹对拉的箍带作为锁紧机构,箍带示意如图 6-16 所示。

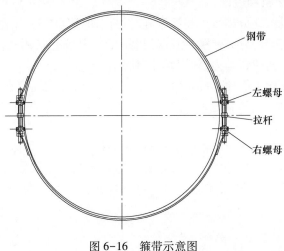

图 6-16　箍带示意图

箍带选用优质弹簧钢,两端弯曲后用铆钉铆接,保证了连接强度并能承受各种工况下的剪力和弯矩。箍带设计时一般将其最大工况受力限制在自身承力的1/3左右。

分离系统的解锁通过非电传爆系统切断箍带实现,非电传爆系统由电爆管、传爆索和切割索组成,切割索埋在箍带的下方,切割索动作时由聚能射流切断箍带释放分离系统。箍带切割示意如图6-17所示。

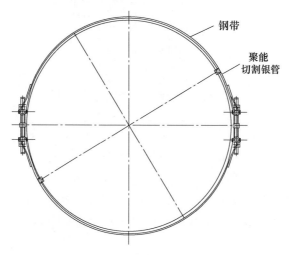

图6-17 箍带切割示意图

非电传爆系统设计时应采用冗余设计,在箍带下方设计两处切割点;整套非电传爆系统的动作时间同步要求在8ms内。

4. 初始分离机构设计

初始分离机构在分离舱体初始张开时提供初始分离力,如在"阿斯洛克"助飞鱼雷舱体上安装的分离弹簧。我国研制的助飞鱼雷也使用结构形式大致相同的分离弹簧作为初始作动力,如图6-18所示。

为了提高工作可靠性,分离弹簧采取冗余设计,分别固定在分离舱体上,同时需要保证每对分离弹簧力和行程相当,弹簧分离能量基本稳定,以确保分离舱张开过程平稳快速。

在结构尺寸限制较为严格的分离舱设计时,可以利用舱体壁厚作为分离弹簧的容腔,如图6-19所示。采用该设计可以有效利用舱体壁厚,增加战斗载荷装配的安全间隙;同时增大了分离弹簧的安装空间,可提高分离弹簧的力值和初始行程。

第6章 分离技术

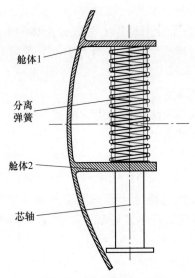

图 6-18 分离弹簧示意图

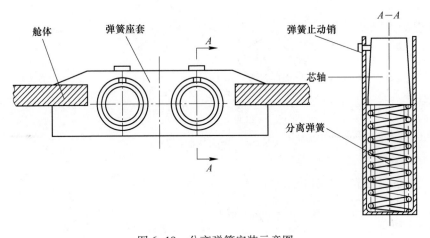

图 6-19 分离弹簧安装示意图

6.3 分离计算方法

本节针对助飞鱼雷级间分离和雷箭分离,分别介绍相应的数值计算方法。

6.3.1 级间分离数值计算

级间分离时,在解锁装置工作后两级间不再有结构约束,两级分离体的动力学模型可单独建立,分别对二级与一级分离体求解六自由度动力学方程即可得到两者的运动参数。但由于分离过程中两级分离体间的气动干扰作用,力学环境剧烈变化,数值计算时将流动与刚体动力学耦合求解才可以较为准确地反映级间分离物理过程。

1. 级间分离动力学模型

级间分离过程中,两级分离体的动力学模型一致。

1) 分离体质心运动的动力学方程

质心动力学方程在弹道坐标系 $Ox_2y_2z_2$ 下建立,如图 6-20 所示。一、二级分离体坐标系类似。以一级分离体为例,O 位于分离体质心处;Ox_2 轴同分离体质心的速度矢量 V 重合;Oy_2 轴位于包含速度矢量 V 的铅垂平面内,且垂直于 Ox_2 轴,向上为正;Oz_2 轴按照右手定则确定。弹道坐标系与分离体速度矢量 V 固连,是一个动坐标系。

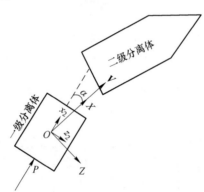

图 6-20 级间分离示意图

质心动力学方程如下:

$$\begin{cases} m\dfrac{dV}{dt} = P\cos\alpha\cos\beta - X - mg\sin\Theta \\ mV\dfrac{d\Theta}{dt} = P(\sin\alpha\cos\gamma_v + \cos\alpha\sin\beta\sin\gamma_v) + Y\cos\gamma_v - Z\sin\gamma_v - mg\cos\Theta \\ -mV\cos\Theta\dfrac{d\psi_v}{dt} = P(\sin\alpha\sin\gamma_v - \cos\alpha\sin\beta\cos\gamma_v) + Y\sin\gamma_v + Z\cos\gamma_v \end{cases}$$

(6-4)

式中:m 为分离体质量;V 为分离体速度;Θ 为弹道倾角;Ψ_v 为弹道偏角;γ_v 为弹道倾斜角;α 为攻角;β 为侧滑角;P 为推力;X、Y、Z 分别为气动阻力、升力和侧向力(包含控制力)。

通过质心速度可得到质心位置如下：

$$\begin{cases} \dfrac{dx}{dt} = V\cos\Theta\cos\Psi_v \\ \dfrac{dy}{dt} = V\sin\Theta \\ \dfrac{dz}{dt} = -V\cos\Theta\sin\Psi_v \end{cases} \tag{6-5}$$

式中：x、y、z 为发射坐标系下分离体质心位置。

2）分离体绕质心转动的动力学方程。

分离体绕质心转动的动力学方程在分离体体坐标系 $Oxyz$ 下建立。O 位于分离体质心处；Ox 轴与分离体纵轴重合；Oy 轴位于纵向对称平面内，且垂直于 Ox 轴，向上为正；Oz 轴垂直于 xOy 平面，按照右手定则确定。体坐标系与分离体固连，也是动坐标系。

$$\begin{cases} J_x \dfrac{d\omega_x}{dt} + (J_z - J_y)\omega_y\omega_z = M_x \\ J_y \dfrac{d\omega_y}{dt} + (J_x - J_z)\omega_z\omega_x = M_y \\ J_z \dfrac{d\omega_z}{dt} + (J_y - J_x)\omega_x\omega_y = M_z \end{cases} \tag{6-6}$$

式中：J_x、J_y、J_z 分别为相对过分离体质心三个转轴的转动惯量；ω_x、ω_y 和 ω_z 为分离体相对三个转轴的角速度分量；M_x、M_y、M_z 为作用于分离体上的气动力矩在分离体坐标系 $Oxyz$ 各轴上的分量。

$$\begin{cases} \dfrac{d\theta}{dt} = \omega_y\sin\gamma + \omega_z\cos\gamma \\ \dfrac{d\psi}{dt} = \dfrac{1}{\cos\theta}(\omega_y\cos\gamma - \omega_z\sin\gamma) \\ \dfrac{d\gamma}{dt} = \omega_x - \tan\theta(\omega_y\cos\gamma - \omega_z\sin\gamma) \end{cases} \tag{6-7}$$

式中：θ、ψ、γ 分别是分离体的俯仰角、偏航角和横滚角。

3）补充方程

角度换算关系式如下：

$$\begin{cases} \sin\beta = \cos\Theta[\cos\gamma\sin(\psi-\psi_v) + \sin\Theta\sin\gamma\cos(\psi-\psi_v)] - \sin\Theta\cos\theta\sin\gamma \\ \sin\alpha = \dfrac{\{\cos\Theta[\sin\theta\cos\gamma\cos(\psi-\psi_v) - \sin\gamma\sin(\psi-\psi_v)] - \sin\Theta\cos\theta\cos\gamma\}}{\cos\beta} \\ \sin\gamma_v = \dfrac{\cos\alpha\sin\beta\sin\theta - \sin\alpha\sin\beta\cos\gamma\cos\theta + \cos\beta\sin\gamma\cos\theta}{\cos\Theta} \end{cases}$$

(6-8)

联立式(6-4)~式(6-8)，共15个方程，包含15个未知变量，给定各参数级间分离时刻初始条件后，即可用数值积分法求解微分方程，从而获得级间分离过程中分离体的运动参数变化。

2. 级间分离数值计算方法

级间分离时，由于上面级喷流的影响以及上下两级相互气动干扰作用，形成了分离过程中剧烈变化的力学环境。数值计算时将流动与刚体动力学耦合求解才可以较为准确地反映级间分离物理过程。

将级间分离动力学与运动学模型嵌入流场求解器，将三维非定常流场控制方程与六自由度分离动力学模型耦合求解，对级间分离过程进行仿真。流动控制方程由质量守恒方程和动量守恒方程组成，采用 $k-\omega$ 剪应力运输（SST）两方程湍流模型。工质为空气与发动机燃气的双组分混合理想气体，假设空气与燃气间不发生化学反应。

根据分析问题侧重点的不同，数值计算可分为轴对称数值计算和三维数值计算。轴对称数值计算用于分析轴向因素对喷流干扰流场的影响规律。外界来流采用压力远场入口条件，给定来流静压、静温与马赫数，对应的出口条件为内部流场数据外插出口。间隙喷流入口为压力入口，给定入口燃气的总压、静压与总温。雷体表面采用无滑移壁面边界条件。三维数值模拟用于分析侧向参数对喷流干扰流场的影响规律。三维数值模拟计算方法与轴对称数值模拟相同。

6.3.2 雷箭分离计算

在雷箭分离的前两个阶段，两片分离舱与运载器通过铰链连接组成多刚体系统，分离舱与运载器既有力的传递又有运动上的约束关系，动力学问题较为复杂。因而，需建立分离舱-运载器多体动力学模型，研究该多体系统在分离过程中的动力学特性对雷箭分离安全性分析尤为重要。

雷箭分离方案中，常见的分离方式有分离舱"上下"分离或者分离舱"左右"分离，如图6-21所示。由于分离舱为轻薄壳体，分离舱重力与其气动力相比可忽略不计。因此，"上下"分离和"左右"分离方案在分离舱张开平面内的动力学模型是类似的。根据实际情况,研究对象有"上下"分离方案,也有"左右"分离方案。

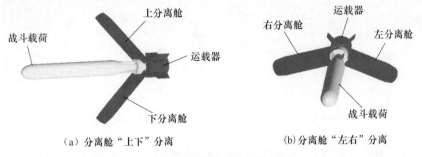

(a) 分离舱"上下"分离　　(b) 分离舱"左右"分离

图 6-21　雷箭分离方案示意图

1. 雷箭分离动力学模型

拉格朗日方法是将上分离舱-运载器-下分离舱组合而成的多体系统视为一个整体,忽略上下分离舱与运载器之间的内部约束力,运用分析力学理论建立组合体系统多体动力学模型。

拉格朗日方法引入了广义坐标的概念,并运用达朗贝尔原理得到与牛顿第二定律等价的拉格朗日方程。拉格朗日方程在多体系统领域具有更普遍的意义和更广泛的适用范围;并且在选取恰当的广义坐标后,可以使多体动力学方程得到简化,其微分方程形式规范,物理意义明确。

1) 理论基础

由多刚体组成的系统动力学满足拉格朗日方程:

$$\frac{\mathrm{d}}{\mathrm{d}t}\left(\frac{\partial T}{\partial \dot{q}}\right) - \frac{\partial T}{\partial q} = Q \tag{6-9}$$

式中:T 为系统总动能;q 为广义坐标;$\dot{q}$ 为广义速度;Q 为广义力。

2) 组合体受力分析

上分离舱-运载器-下分离舱组合体示意图如图 6-22 所示。O、O_1、O_2 分别是运载器和分离舱上、下壳体质心;O_1'、O_2' 分别为两片分离舱壳体的压心;γ_1、γ_2 分别为两片分离舱壳体相对于运载器轴线的张开角;A、B 分别是两片分离舱壳体与运载器的铰链连接点;θ 为运载器俯仰角。

令 ρ_A、ρ_B 为运载器质心 O 至铰链 $A(B)$ 的距离,ρ_1、ρ_2 为铰链 $A(B)$ 至两片分离舱壳体质心 O_1、O_2 的距离,ρ_1'、ρ_2' 为铰链 $A(B)$ 至两片分离舱壳体压心 O_1'、O_2' 的距离,Δ 为铰链点 A、B 相对于过 O 点的轴线的夹角。

按照两片分离舱壳体分别朝上下方向打开,上分离舱-运载器-下分离舱组

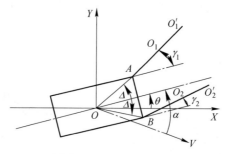

图 6-22 上分离舱-运载器-下分离舱组合体示意图

合体的受力分析如图 6-23 所示。运载器、分离舱上下壳体分别受到的 x、y 方向的气动力 F_{qx}、F_{qy}，F_{1x}、F_{1y} 及 F_{2x}、F_{2y}；M_q 为运载器气动力矩；G_0、G_1、G_2 分别为运载器、两片分离舱壳体重量。

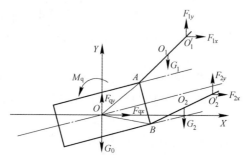

图 6-23 上分离舱-运载器-下分离舱组合体受力分析

3) 组合体动力学模型

运载器与分离舱上、下壳体组成的多刚体系统运动的拉格朗日方程为

$$\frac{\mathrm{d}}{\mathrm{d}t}\left(\frac{\partial T}{\partial \dot{q}}\right) - \frac{\partial T}{\partial q} = Q \tag{6-10}$$

组合体系统总动能为

$$\begin{aligned}
T &= T_0 + T_1 + T_2 \\
&= \frac{1}{2}m_0(\dot{x}^2 + \dot{y}^2) + \frac{1}{2}m_1\{[\dot{x} - \rho_A \sin(\theta + \Delta)\dot{\theta} - \rho_1 \sin(\theta + \gamma_1)(\dot{\theta} + \dot{\gamma}_1)]^2 \\
&\quad + [\dot{y} + \rho_A \cos(\theta + \Delta)\dot{\theta} + \rho_1 \cos(\theta + \gamma_1)(\dot{\theta} + \dot{\gamma}_1)]^2\} \\
&\quad + \frac{1}{2}m_2\{[\dot{x} - \rho_B \sin(\theta - \Delta)\dot{\theta} - \rho_2 \sin(\theta + \gamma_2)(\dot{\theta} + \dot{\gamma}_2)]^2 \\
&\quad + [\dot{y} + \rho_B \cos(\theta - \Delta)\dot{\theta} + \rho_2 \cos(\theta + \gamma_2)(\dot{\theta} + \dot{\gamma}_2)]^2\}
\end{aligned}$$

$$+\frac{1}{2}J_0\dot{\theta}^2 + \frac{1}{2}J_1(\dot{\theta}+\dot{\gamma}_1)^2 + \frac{1}{2}J_2(\dot{\theta}+\dot{\gamma}_2)^2 \tag{6-11}$$

组合体系统的广义坐标为

$$\boldsymbol{q} = [x, y, \theta, \gamma_1, \gamma_2]^T \tag{6-12}$$

则相应的广义速度为

$$\dot{\boldsymbol{q}} = [\dot{x}, \dot{y}, \dot{\theta}, \dot{\gamma}_1, \dot{\gamma}_2]^T \tag{6-13}$$

相应的广义力为

$$\boldsymbol{Q} = [Q_x, Q_y, Q_\theta, Q_{\gamma1}, Q_{\gamma2}]^T \tag{6-14}$$

由虚位移原理可解得

$$Q_x = F_{1x} + F_{2x} + F_{qx} \tag{6-15}$$

$$Q_y = -(G_0 + G_1 + G_2) + F_{1y} + F_{2y} + F_{qy} \tag{6-16}$$

$$\begin{aligned}Q_\theta =& -G_1[\rho_A\cos(\theta+\Delta)+\rho_1\cos(\theta+\gamma_1)] - G_2[\rho_B\cos(\theta-\Delta)+\rho_2\cos(\theta+\gamma_2)] \\&+ F_{1x}[-\rho_A\sin(\theta+\Delta)-\rho'_1\cos(\theta+\gamma_1)] + F_{1y}[\rho_A\cos(\theta+\Delta)+\rho'_1\cos(\theta+\gamma_1)] \\&+ F_{2x}[-\rho_B\sin(\theta-\Delta)-\rho'_2\sin(\theta+\gamma_2)] + F_{2y}[\rho_B\cos(\theta-\Delta)+\rho'_2\cos(\theta+\gamma_2)] \\&+ M_a\end{aligned} \tag{6-17}$$

$$Q_{\gamma1} = -G_1\rho_1\cos(\theta+\gamma_1) - F_{1x}\rho'_1\sin(\theta+\gamma_1) + F_{1y}\rho'_1\cos(\theta+\gamma_1) \tag{6-18}$$

$$Q_{\gamma2} = -G_2\rho_2\cos(\theta+\gamma_2) - F_{2x}\rho'_2\sin(\theta+\gamma_2) + F_{2y}\rho'_2\cos(\theta+\gamma_2) \tag{6-19}$$

可将上式写为含有五个方程的方程组。为便于计算,可进一步将上式写为矩阵形式,即

$$\boldsymbol{A}\ddot{\boldsymbol{q}} + \boldsymbol{B} = \boldsymbol{Q} \tag{6-20}$$

式中:$\boldsymbol{A}$ 为 5×5 矩阵;$\boldsymbol{B}$ 为 5×1 的矩阵。

同时,可以很容易建立组合体的运动学方程组,即

$$\begin{cases}\dfrac{dx}{dt} = \dot{q}_1 \\[4pt] \dfrac{dy}{dt} = \dot{q}_2 \\[4pt] \dfrac{d\theta}{dt} = \dot{q}_3 \\[4pt] \dfrac{d\gamma_1}{dt} = \dot{q}_4 \\[4pt] \dfrac{d\gamma_2}{dt} = \dot{q}_5\end{cases} \tag{6-21}$$

2. 雷箭分离数值计算方法

雷箭分离过程的数值计算方法可分为准定常数值计算方法和非定常数值计算方法。

准定常数值计算方法通过定常数值计算方法获取离散状态下各分离体气动力参数，将多体气动力参数作为输入求解动力学和运动学方程，即可获取各分离体的运动轨迹和姿态。准定常数值方法具有快速便捷的优点，在雷箭分离初步方案设计中得到广泛应用。

非定常数值模拟方法将流动方程与雷箭分离动力学运动学方程耦合求解，充分反映了各分离体相对位置和姿态变化引起的多体间瞬变气动干扰作用，并考虑分离体运动和流场的实时相互作用，因此从理论上讲可以更加准确地模拟雷箭多体分离过程。

1）准定常数值计算方法

（1）准定常数值计算流程。

准定常数值模拟流程大致分为气动力求解模块、动力学模块、运动学模块以及多体干涉分析模块四个模块。

气动力求解模块基于雷诺平均N-S方程（RANS方程）对雷箭分离过程中典型状态多体绕流问题进行定常数值模拟。其中，典型状态的确立考虑分离速度V、攻角α、侧滑角β、分离舱张开角γ、前后体相对距离Δx、前后体相对姿态$\Delta \theta$等影响多体气动干扰作用的主要因素，依据工程估算初步确定这些因素的变化范围，然后对每个因素在变化范围内取若干离散值进行组合，确定数值模拟工况表。通过定常数值模拟获取各分离体（战斗载荷、分离舱和运载器）在典型状态下的气动力（矩），形成雷箭分离多体气动参数数据库。

动力学模块依据动量/动量矩定理或拉格朗日方法，在不同的分离阶段求解相应的动力学方程，获取各分离体在气动力及其他外力（弹簧力、铰链力、拉拔力等）作用下动力学特性。运动学模块求解运动学方程获取各分离体运动参数，即位置、速度、加速度、姿态角、角速度等。干涉分析模块则依据各分离体的相对位置和姿态关系，对各分离体主要特征点相对位置进行监测，判断分离过程是否安全。

准定常数值方法在每一个时间步首先根据每个分离体当前飞行参数（速度V、攻角α、侧滑角β）以及各分离体相对位置和姿态（分离舱张开角γ、前后体相对距离Δx、前后体相对姿态$\Delta \theta$等）对雷箭分离多体气动参数数据库进行插值求解获取各分离体当前状态下的气动参数；然后依据各分离体运动参数判断雷箭分离阶段，加载气动力及其他外力（弹簧力、铰链力、拉拔力等），求解相应的动力学和运动学方程，获取下一时间步各分离体速度和姿态信息。如此循环往复,直至分离过程完成。准定常数值模拟流程框图如图 6-24 所示。

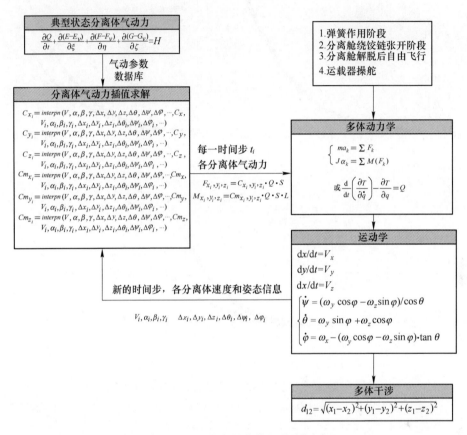

图 6-24　准定常数值模拟流程框图

（2）典型结果分析。

采用准定常数值计算方法分析雷箭分离过程得到的典型结果如图 6-25~图 6-27 所示。图 6-25 为不同分离攻角时上下分离舱张开时间历程曲线。图 6-26 和图 6-27 为不同分离攻角时战斗载荷和运载器姿态变化曲线。显然，分离攻角越大,上下分离舱张开不同步性越大,战斗载荷和运载器俯仰姿态变化越大。因此,在雷箭分离前需对分离攻角进行严格控制,以减小雷箭分离时多体干涉风险。

2) 非定常数值计算方法

雷箭分离的非定常数值计算方法基于重叠网格技术,将雷箭分离动力学模型嵌入流场求解器,将雷箭分离动力学模型与流动控制方程实时耦合求解,获取

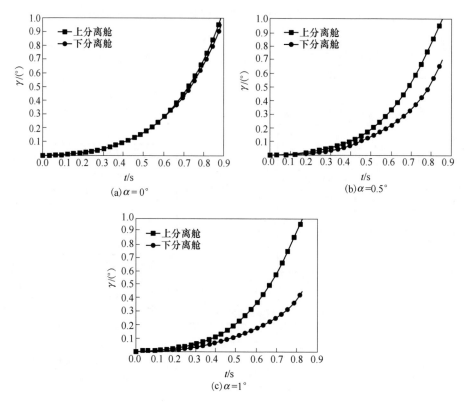

图 6-25 不同分离攻角时分离舱张开时间历程曲线

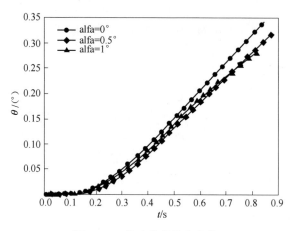

图 6-26 战斗载荷姿态变化

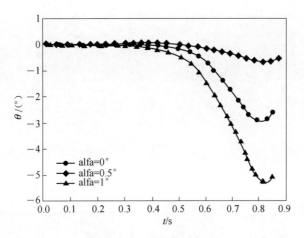

图 6-27 运载器姿态变化

整个雷箭分离过程中流场演变过程和分离体运动参数的变化。

(1) 重叠网格技术。

模拟多体相对运动的网格技术主要有重构网格、变形网格和重叠网格。重构网格即在求解过程中实时进行网格的重生成,要求网格能在无人干预下完全自动生成,对网格适应任意拓扑和复杂构型的能力有很高要求。变形网格是通过初始网格的伸缩扭转变形去匹配边界运动,网格变形能力和网格质量取决于控制网格变形的物理模型的构建。重叠网格时将计算区域分成多个独立子区域,各子区域网格随部件做刚性运动,流场信息在网格重叠部分通过插值进行传递。雷箭分离过程各分离体相对运动幅度大、相对速度快,采用重叠网格方法可以较好地对雷箭分离过程进行数值模拟。

采用重叠网格技术模拟左右分离舱在气动力作用下的张开过程。将流场计算域分为静止域和运动域。静止域为整个流域;运动域有四块,分别固连于左分离舱、右分离舱、战斗载荷和运载器四个分离体,随着各分离体一起运动,如图 6-28 所示。非定常计算过程中,各网格子块随分离体运动,它们之间的相对位置在不断变化,导致网格间的重叠区域也在随时间变化。在每一时间步,各网格块都要经历网格"挖洞"、贡献单元的搜索和插值交换流场信息三个步骤。

(2) 非定常数值模拟流程。

采用非定常数值方法模拟雷箭分离过程的流程如图 6-29 所示。具体表述如下:

① 建立流体计算域,由背景网格和各分离体嵌套网格子块组成。

② 开展分离条件下的定常数值模拟,获取雷箭分离前 $t_0=0$ 时刻稳定的流

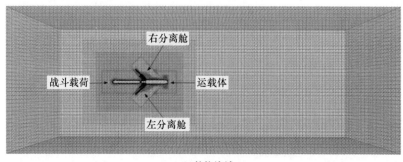

(a)整体流域

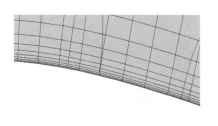

(b)边界层网格划分

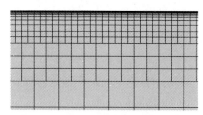

(c)局部网格过渡

图 6-28　重叠网格

场信息。

③ 将各分离体初始运动参数赋初值,如 V_0、ω_0 等。

④ 从 t_k 开始进行非定常迭代求解,获取该时间步各分离体的气动力(矩);将气动力(矩)作为外力,通过求解多体六自由度动力学和运动学方程,获取该时间步各分离体运动参数 X、a、V、ω、θ、ψ、φ 等。

⑤ 调整各分离体位置和姿态,并更新重叠网格嵌套关系。

⑥ 根据分离时间及各分离体相对位置和姿态判断雷箭分离阶段,以确定 t_{k+1} 各分离体间运动约束关系以及外部作用力(弹簧力、铰链约束力、操空气舵产生的气动力)。

⑦ 开始 t_{k+1} 时间步非定常数值求解,重复步骤④~⑥,循环求解,直至雷箭分离过程结束。

(3)典型结果分析。

图 6-30 为分离舱张开过程中流场压力分布演变图。在分离舱张开过程中,由于分离舱对气流的汇聚和阻滞作用,分离舱与战斗载荷间形成高压区,直至分离舱相对运载器向后飞行后,高压区域逐渐消去。

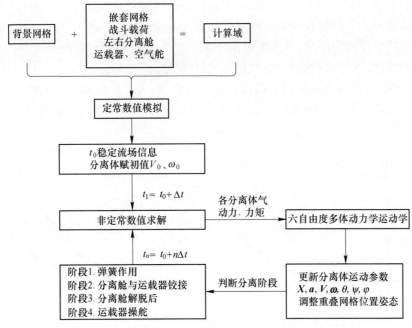

图 6-29 非定常数值模拟流程图

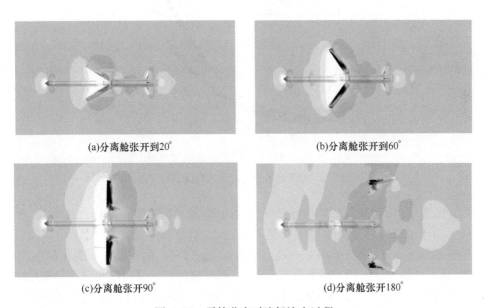

(a)分离舱张开到20°　　　　　　　　(b)分离舱张开到60°

(c)分离舱张开90°　　　　　　　　　(d)分离舱张开180°

图 6-30 雷箭分离时流场演变过程

图 6-31~图 6-33 为通过非定常仿真方法得到的典型结果。图 6-31 为不同分离攻角下分离舱张开角随时间变化曲线。$\alpha=1.5°$ 和 $\alpha=0°$ 时,上下分离舱张开不同步性较为严重,下分离舱张开速度均明显快于上分离舱;$\alpha=-1.5°$ 时,同步性良好,下分离舱张开速度略快于上分离舱。

图 6-32 为分离舱法向力随张开角变化曲线。$\alpha=1.5°$ 和 $\alpha=0°$ 时,上分离舱法向气动力大于下分离舱,但张开速度明显慢于下分离舱。由此可见,上下分离舱张开的不同步性并非分离舱自身的气动力差异所致。

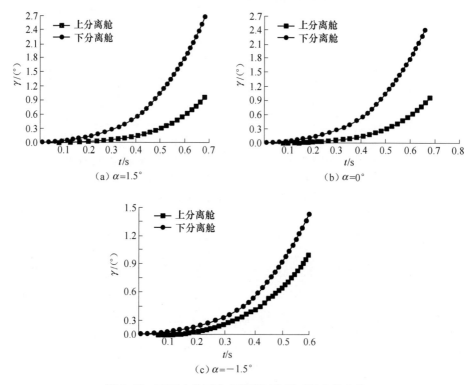

图 6-31　不同攻角下分离舱张开角随时间变化曲线

图 6-33 为运载器俯仰角随时间变化曲线。$\alpha=1.5°$ 和 $\alpha=0$ 时,运载器"抬头",由于运载器与分离舱通过铰链连接,在运载器的牵连作用下,上分离舱张开速度慢于下分离舱(如图 6-30)。而当 $\alpha=-1.5°$ 时,运载器姿态变化很小,因此上、下分离舱张开同步性较好,下分离舱张开速度略快是负攻角时下分离舱法向气动力略大所致。由此可见,雷箭分离过程中运载器与分离舱的运动相互耦合,组合体运动特性复杂。雷箭分离方案设计时需将分离舱和运载器的气动特性与分离条件进行综合考虑,保证分离舱张开的同步性,提高雷箭分离安全性。

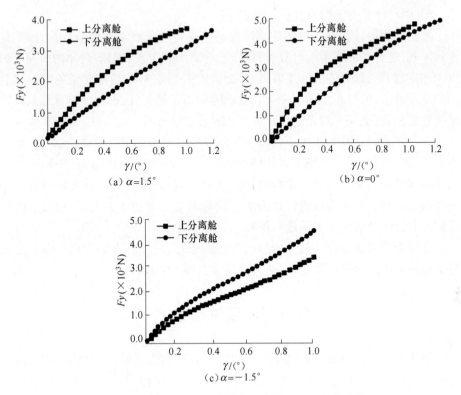

图 6-32 不同攻角下分离舱法向力随张开角变化曲线

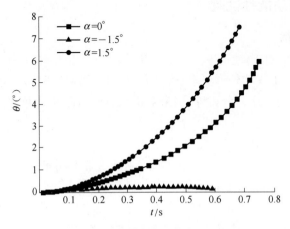

图 6-33 运载器俯仰角随时间变化曲线

3) 两种计算方法特点及适用范围

准定常数值计算方法由于计算过程不需要实时求解流动控制方程,因此计算效率高,适合开展多工况计算,进行雷箭分离影响因素和影响规律的研究。但由于准定常数值计算方法将定常气动力作为输入,忽略运动与流场的实时耦合的非定常效应,而且在多体气动干扰方面考虑得不够充分,因此准定常数值计算结果精度偏低,适用于对雷箭分离方案的初步定性分析。

非定常数值计算方法由于在每一时间步内实时耦合求解流动控制方程和动力学运动学方程,充分考虑了多体间气动干扰以及多体运动与流场的耦合效应,因此求解精度较高。但非定常数值计算耗时,不能通过大量计算来进行参数敏感性研究,因此,非定常数值计算方法不能对雷箭分离初步方案进行快速评估,适用于对雷箭分离典型工况进行校核。

在雷箭分离方案设计与分析过程中,将两种数值计算方法有机结合起来可提高雷箭分离问题分析效率,快速完成雷箭分离方案设计。

6.4 分离试验技术

助飞鱼雷级间分离一般属于助飞火箭或者运载器系统内部试验,要经过地面试验进行验证,在此不再赘述。雷箭分离试验主要包括分离系统主要组成部分单项功能性试验和整体功能性试验。

6.4.1 单项功能性试验

1. 风洞试验

通过分离系统的风洞试验,一方面得到了装配后的分离系统气动外形参数,验证是否满足全雷气动外形要求;另一方面,通过风洞试验获得分离舱体张开过程的气动参数、内外压力分布等,用来对雷箭分离过程进行仿真分析,确定雷箭分离条件。

2. 箍带拉力试验

利用力矩扳手箍紧箍带和连接组件,测试箍带不同扭矩下的变形和力的传递,在箍带外表面粘贴应变花测量(图 6-34),通过试验求得箍带预紧力—扭矩关系曲线。

箍带在拉伸试验机上进行箍带拉力试验,测试箍带本身的力学特性参数(E、σ_s、σ_b、δ_5),试验为破坏性试验,通过拉力试验得到箍带的极限拉力,确认箍带的薄弱环节并采取适宜的改进措施。通过箍带拉力试验,确定助飞鱼雷箍带使用的拧紧力在其极限拉力的 1/3 左右。

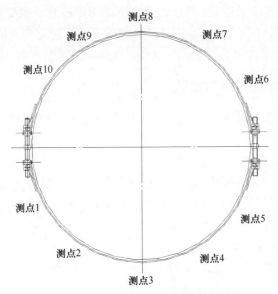

图 6-34　箍带外表面应变花粘贴示意图

3. 刚度和强度试验

分离系统与战斗载荷模拟件、助飞火箭(或运载器)模拟件模拟全雷装配情况进行刚度和强度试验,对分离系统在规定载荷作用下的结构刚度和强度进行摸底,按照刚度试验和强度试验分别进行,刚度和强度试验产品安装示意如图 6-35 所示。

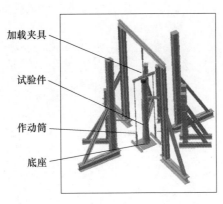

图 6-35　刚度和强度试验产品安装示意图

4. 拉拔时序试验

模拟分离舱打开过程,进行分离系统拉拔功能检查。主要目的是测试分离系统在雷箭分离过程中,分离舱体打开时的各项拉拔功能是否正常实现,拉拔时序和角度是否与设计相符。试验时用高速摄影拍摄试验过程。

6.4.2 整体功能性模拟试验

整体功能性模拟试验包括地面台架雷箭分离模拟试验和带速雷箭分离模拟试验。

1. 地面台架雷箭分离模拟试验

地面台架雷箭分离模拟试验主要验证雷箭分离过程时序的正确性,各操作动作是否干涉,测量分离时的非电传爆系统爆炸冲击,对战斗载荷电子组件的适应能力进行摸底。

2. 带速雷箭分离模拟试验

带速雷箭分离试验主要用于验证雷箭分离方案的可行性、正确性和安全性,试验方法可以是飞机挂飞投放试验或者火箭橇试验。

1)飞机挂飞投放试验

飞机以规定的高度、速度、预设定的航向角飞行至预定的投放点,操作挂弹钩释放试验样机,然后按照设定的撤离飞行路线离开试验区域;试验样机被释放后,经下降加速达到雷箭分离条件,依照设定程序发出雷箭分离指令,依次完成雷箭分离动作过程。由内部测量设备、外部测量设备全程跟踪测量,主要测量参数包括相对雷箭分离时刻的雷体位置、速度、加速度、弹道倾角和偏角、弹道特征点(含雷箭分离点及鱼雷落点等)等。飞机挂飞投放试验如图 6-36 所示。

图 6-36 飞机挂飞投放示意图

2) 火箭橇试验

将雷箭分离试验样机固定在火箭橇上,安装试验用固体火箭发动机,点火,火箭橇在轨道上滑行加速至规定的雷箭分离速度,执行雷箭分离,依次完成雷箭分离动作过程。由内部测量设备、外部测量设备全程跟踪测量,主要测量参数包括相对雷箭分离时刻的雷体位置、速度、加速度、弹道特征点等。

参 考 文 献

[1] 刘庄楣.飞航导弹结构设计[M].北京:中国宇航出版社,1995.
[2] 许椿荫.防空导弹结构与强度[M].北京:中国宇航出版社,1995.
[3] 龚康平.环形切割装置切割索起爆点研究[J].火工品,2008(1):5-7.
[4] 秦永明,田晓虎,董金刚,等.串联布局飞行器级间分离气动特性研究[J].实验流体力学,2014,28(1):39-44.
[5] 彭迪任,怀宇,刘辉,等.低空大动压级间分离碰撞边界预示方法[J].宇航学报,2015,36(5):504-509.
[6] 郭正,王广,刘君,等.助推器侧向泄压喷流对尾舵气动干扰的数值研究[J].推进技术,2008,29(5):578-582.
[7] 郭凤美,余梦伦.导弹分离设计技术研究[J].导弹与航天运载技术,2014(1):5-10.
[8] 王建,桑为民,党明利,等.导弹级间分离气动特性研究[J].弹箭与制导学报,2012,32(5):137-139.

第 7 章

稳定减速技术

助飞鱼雷空中飞行速度快,国际上主要的助飞鱼雷飞行速度都在高亚声速或超声速,最大接近马赫数 2,并随着技术发展,今后还有进一步提高的趋势。当助飞鱼雷飞行到目标空域时,释放作为战斗载荷的鱼雷,此时鱼雷因惯性继续高速飞行;同时,助飞鱼雷释放鱼雷时对雷体有一定的初始弯矩干扰,影响雷体姿态稳定性。如果任由鱼雷高速自由飞行直至落水,必然会造成姿态失控高速撞水,导致结构破坏。为了保证战斗载荷入水后能正常工作,完成作战任务,要求鱼雷从空中入水时速度不能太高,一般为几十米每秒,并且要满足入水角度约束,姿态可控。因此,助飞鱼雷空中释放鱼雷后,必须对雷体进行稳定、减速,使其按照预定的弹道、姿态和限定的速度入水。

7.1 鱼雷稳定减速技术的发展

鱼雷稳定减速需求是随着鱼雷空投使用的发展而产生的。空投鱼雷研制历史已久,早在 1914 年,英国和德国就先后进行了空投鱼雷试验,1917 年,美国成功试投了其第一条空投鱼雷——布利斯鱼雷。早期空投鱼雷研究过程中,出现了各种入水导致鱼雷损坏的问题,人们对空投鱼雷的改造主要是对推进器等部位进行保护,包括加软质垫块、木板、保护罩等,尚没有系统的空中稳定减速措施,只能将飞机投放速度和高度降低。早期用于投放鱼雷的飞机主要是活塞式战斗机及轻型鱼雷轰炸机,其飞行速度低,投放时高度可降低到贴近水面,基本可以安全投放鱼雷。1915 年 8 月,英国一架舰载肖特 184 型飞机发射了一枚空投鱼雷,成功击沉了一艘土耳其补给船,这是空投鱼雷首个成功战例。

第一次世界大战以后,随着舰艇防御能力提高,飞机的生存性面临巨大的挑战;同时,战斗机、轰炸机发展迅速,飞行速度大幅提高,于是人们开始尝试从更高的空域以更快的速度投放鱼雷。第二次世界大战前后,各军事大国都投入了大量精力研究飞机投放鱼雷作战问题,空投鱼雷在此期间取得了长足发展。一个重大的改进是通过在鱼雷尾部加装稳定减速装置,初步解决了鱼雷入水时遇到的各种复杂问题,基本达到了高空高速投放鱼雷入水作战的需求。在此期间,日本将空投鱼雷的高度上限提高到了 200m 左右,速度达到了 220km/h,极大地提高了作战投放的灵活性。英国、美国、苏联等国家在此期间都研制了多型空投鱼雷,美国先后装备了 MK7~MK32 一系列空投鱼雷。

第二次世界大战后,美国加大力度研发空投鱼雷,先后装备了 MK34、MK41~MK44、MK46 等多型空投鱼雷,稳定减速技术也取得了快速发展。1954 年研制的 MK44 鱼雷装备了 MK24 型空中稳定器,是以降落伞为主体的稳定减速装置,入水能够惯性解脱。

相比飞机空投鱼雷,助飞鱼雷起步较晚,第二次世界大战后,美国海军提出了延伸反潜鱼雷航程的需求,开始研究采用火箭带载鱼雷,于 1956 年成功研制了"阿斯洛克"助飞鱼雷。之后,法国、澳大利亚、苏联也研制了一系列助飞鱼雷,均配备了用于稳定减速的装置,实现了高空高速投放后鱼雷的稳定减速入水。

助飞鱼雷的稳定减速技术是在飞机空投鱼雷的基础上发展起来的,以降落伞作为主要的稳定减速方式。由于助飞鱼雷飞行速度更高,对稳定减速装置的外形、降落伞类型和开伞方式、降落伞与雷体连接及解脱方式提出了更高的要求。

7.2 助飞鱼雷稳定减速装置的功能与组成

助飞鱼雷利用火箭、涡喷发动机等动力,将作为战斗载荷的鱼雷从空中运送到预定水域上方,在一定高度释放鱼雷;当运载部分与鱼雷拉开一定安全距离时,安装在雷尾的稳定减速装置开始工作,打开其中的降落伞,对雷体姿态进行稳定,对鱼雷实施减速,直至入水;入水后,降落伞使命完成,稳定减速装置与鱼雷脱离,鱼雷自主航行攻击目标。

助飞鱼雷的稳定减速装置主要由降落伞、开伞机构和脱伞机构三部分组成。

降落伞是稳定减速装置的核心部分,其性能参数直接决定鱼雷的空中弹道及入水参数。降落伞存放在伞舱里,在贮存、运输及空中飞行过程中,伞舱对降落伞起收纳保护作用。开伞机构要完成降落伞的触发工作,使伞衣、伞绳拉出伞舱;对开伞时机有特殊要求时,开伞机构还要具备定时触发开伞功能。脱伞机构实现稳定减速装置在雷尾的连接与分离,在飞行过程中,稳定减速装置通过脱伞机构稳固地连接在雷尾,入水时,脱伞机构动作,稳定减速装置与鱼雷脱离。

7.3 降落伞设计技术

7.3.1 降落伞的用途

对飞行体进行稳定减速的方式很多,降落伞是最常用的稳定减速装备。降落伞用织物制成,质地柔软,包装后体积小,充满后获得比原来折叠状态大几十倍到几百倍的阻力面,物体在空气中运动时打开降落伞可迅速减小物体的运动速度。空投鱼雷及助飞鱼雷通常配备有降落伞,用以在飞机投放或雷箭分离后的下落过程中有效减小雷体的空中飞行速度,保证鱼雷按照预定的弹道飞行,并以满足要求的速度和姿态入水。因此,降落伞是鱼雷稳定减速装置的核心部分,其性能参数直接决定鱼雷的空中弹道及入水参数是否符合要求。

7.3.2 鱼雷用降落伞设计准则

鱼雷用降落伞设计的主要准则如下:

(1) 针对火箭助飞、固定翼飞机或直升机的不同投放条件,结合各种伞型自身的特点,选择具有较高稳定性和适度阻力系数的降落伞伞型,并综合考虑降落伞制造的复杂性和经济性等要求;

(2) 降落伞应保证鱼雷入水姿态及入水速度满足要求;

(3) 降落伞的静、动稳定性应满足雷伞系统稳定性要求;

(4) 降落伞的开伞冲击载荷应满足鱼雷的承载要求;

(5) 雷伞系统弹道应满足落点精度要求。

在助飞鱼雷和固定翼飞机使用时,投放速度较大、投放高度较高,其开伞冲击载荷大,留空时间较长,通常采用阻力系数和开伞动载系数小且稳定性好的伞型。对于直升机投放用降落伞,由于投放速度较小、高度较低,其开伞冲击载荷小,留空时间较短,为了在短时间内获得足够的减速效果,通常采用阻力系数较大、稳定性好、加工方便的降落伞。

7.3.3 鱼雷用降落伞及其特点

降落伞使用范围广,分类方法很多,按伞衣透气结构不同可分为密实伞和开缝伞两大类。根据前述降落伞设计准则,鱼雷用降落伞既有密实伞也有开缝伞,常用的密实伞有有肋导向面伞、无肋导向面伞和十字形伞,常用的开缝伞有平面圆形带条伞和盘缝带伞。

1. 有肋导向面伞

有肋导向面伞的伞衣由近似圆拱形顶部和底边缘的倒锥面即"导向面"构成,位于伞衣幅之间并与伞绳在同一平面的肋片在开伞时有助于保持伞衣的结构形状。有肋导向面伞充满侧面图如图 7-1 所示。

这种伞的顶幅和导向面幅采用低透气量织物,以促进快速开伞和保持伞衣的特征形状。由于气流在最大直径处迅速分离,加之底边处有倾斜的导向面,具有良好的稳定性、且使用可靠。

直到 20 世纪 60 年代后期,鱼雷用降落伞主要为有肋导向面伞。这种伞由于外形能使气流分离,压力分布对称,稳定性好,保证了鱼雷稳定的飞行和较好的入水姿态。其缺点是消耗材料多,工艺性差,成本高。

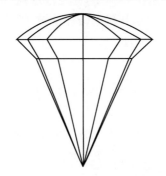

图 7-1　有肋导向面伞充满侧面图

2. 无肋导向面伞

无肋导向面伞是有肋导向面伞的改进,它由顶幅和导向面组成,顶幅沿导向面幅边缘加宽到底边边缘,并除去肋片。无肋导向面伞充满侧面图如图 7-2 所示。

这种伞的特点是稳定性好,比有肋导向面伞结构简单,省料且易加工,从 20 世纪 40 年代以来一直被广泛使用,一般用作稳定伞和减速伞。其缺点是摆动角比有肋导向面伞大。

3. 十字形伞

十字形伞因其结构形状呈十字而得名,由两片相同的矩形织物面构成,这两片矩形织物面彼此成直角相交连接,形成一个具有四个相同矩形幅的平表面(图 7-3)。伞绳连接在四个矩形幅的外边缘,有些伞在相邻侧幅的幅角之间用绳连接。

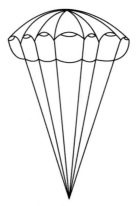

图7-2 无肋导向面伞充满侧面图

十字形伞的优点是成本低,体积小,稳定性好,制造工艺简单,可根据需要任意拼成所需的面积,使用方便。其缺点是开伞慢、包装不方便,对称性要求严格,否则伞衣不稳定易旋转。

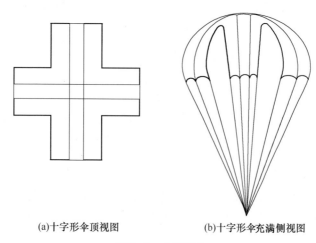

(a)十字形伞顶视图　　　　(b)十字形伞充满侧视图

图7-3 十字形伞

4. 平面圆形带条伞

平面圆形带条伞在展开状态下为平面多边形,一般近似看作圆形伞。伞衣由同心带条组成,带条之间有一定缝隙。带条宽度按所用材料不同而有窄带条、宽带条之分,窄带条一般指带条宽度在60mm以下,而宽带条大多是指带条宽度在100mm以上,为制作方便,可采用宽带条和等缝隙的结构。

平面圆形带条伞的伞衣幅由平行于底边的水平带条和垂直于底边的垂直带条组成。水平带、产生阻力,垂直带条除产生阻力外主要是限定水平带条间的间隙距离。带条数目依据伞衣直径、带条宽度和结构透气量确定,在伞顶孔孔口和伞衣底边处都用加强带加强。平面圆形带条伞充满侧面图如图7-4所示。

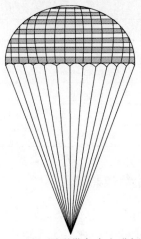

图7-4 平面圆形带条伞充满侧面图

平面圆形带条伞结构透气量大,稳定性好,开伞充气较慢,开伞动载小,适合鱼雷投放高度和速度较大时使用。美国MK46-0型和MK46-1型鱼雷飞机空投使用的MK32-0型降落伞即为平面圆形带条伞。带条伞的缺点是工艺性要求高,必须保证其良好的对称性,在带条稍不均匀的情况下,伞衣容易产生转动。

5. 盘缝带伞

盘缝带伞的伞衣由平面圆形盘和圆筒形带子组成,中间有缝隙将其垂直分开,伞衣幅顶部呈三角形,底部呈矩形,其充满侧面图如7-5所示。

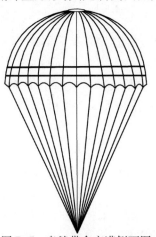

图7-5 盘缝带伞充满侧面图

这种伞具有较高的稳定性,易于制造,成本低;但摆动角和开伞动载较大。常用鱼雷降落伞的主要性能参数见表7-1。

表7-1 常用鱼雷降落伞的主要性能参数

降落伞类型	阻力系数	平均摆角范围/(°)
有肋导向面伞	0.8~1.0	±2
无肋导向面伞	0.75~0.85	±3
十字形伞	0.58~0.74	±3
平面圆形带条伞	0.45~0.55	±3
盘缝带伞	0.53~0.7	±(5~10)

7.3.4 降落伞主要设计参数影响

1. 伞衣面积

在伞型确定之后,降落伞的减速效果主要取决于降落伞的面积。降落伞面积的确定既要保证在要求的投雷高度范围内能获得满意的减速效果,又要保证最大开伞动载在许可的范围内。因此,确定降落伞伞衣面积时应考虑两个边界条件:

条件一:雷伞系统的稳态运动速度小于等于允许的最大入水速度。当雷伞系统有足够的下落高度时,鱼雷的入水速度接近于雷伞系统的平衡速度,此时降落伞产生的阻力接近雷伞系统的重力(雷伞系统接近竖直向下),可得出最小伞衣名义面积:

$$S_{0\min} = \frac{2mg}{C_{D_0}\rho V^2} \tag{7-1}$$

式中:m 为雷伞系统质量(kg);S_0 为伞衣名义面积(m²);ρ 为空气密度(kg/m³);V 为允许的鱼雷最大入水速度(m/s);C_{D_0} 为降落伞阻力系数。

条件二:开伞瞬间产生的最大冲击载荷小于鱼雷尾部结构及雷伞连接机构可以承受的最大载荷。可得出最大伞衣面积:

$$S_{0\max} = \frac{2mgn}{K_d C_{D_0}\rho V_k^2} \tag{7-2}$$

式中:V_k 为开伞瞬间最大速度(m/s);n 为最大过载系数;K_d 为降落伞开伞动载系数。

为了既保证能够获得满意的减速效果,又能保证开伞冲击载荷在雷伞连接机构承载范围内,降落伞的面积应满足

$$S_{0\min} < S_0 < S_{0\max} \tag{7-3}$$

低速投放鱼雷时,条件二所允许的最大伞衣面积很大,这种情况下,降落伞面积的选取主要考虑条件一即可,应尽量采用阻力系数大的伞型,以延长下落时间。助飞鱼雷高速投放鱼雷时,可能出现 $S_{0\max} \leq S_{0\min}$,此时可采用多级开伞方式,每级开伞的最大阻力特征面积由式(7-2)得出。

2. 降落伞阻力特征面积

在降落伞加工过程中,会存在许多不确定因素对降落伞的理论阻力特征面积产生影响,另外降落伞在充满后存在一种隐含的形状效应,因此在计算出伞衣的名义面积 S_0 后,必须将加工好的样伞在风洞中进行吹风试验,以得出降落伞阻力特征面积 $C_{D_0}S_0$ 的实测值。

将降落伞或按比例缩小制成的模型伞在风洞内进行吹风,测量其阻力 F,结合风速 v 和空气密度 ρ 等数据,按下式计算其阻力特征面积:

$$C_{D_0}S_0 = \frac{2F}{\rho V^2} \tag{7-4}$$

如果采用二级开伞方式的降落伞,还需根据所选伞型,对照阻力特征面积与收口直径之间的函数关系计算出第一级开伞的收口比,再通过风洞试验对收口比进行调整,通过测出的一、二级降落伞阻力特征面积的具体数值对开伞动载、入水速度及空中弹道等参数进行反算校核,并观察一、二级开伞的时序及降落伞在使用过程中的稳定性,根据风洞试验结果对降落伞的相关参数进行调整,从而与设计相符。

3. 伞绳有效长度及数量

降落伞全部伞绳的集合点通常称为汇交点。从伞衣底边到汇交点的距离叫作伞绳有效长度(简称伞绳长度)。伞绳长度直接影响降落伞的稳定性、阻力特征面积、拉直时间等。伞绳长度既要保证雷伞系统具有较高的稳定性,尽量减少雷体尾流对降落伞阻力及稳定性的影响,又要保证雷体的运动变化能及时传递到降落伞上。因此,伞绳长度根据理论设计结合经验数值来确定,通常取伞衣展开直径的80%~150%。伞绳数量一般与伞衣幅数相同,以保证其对称性和结构上的延续性,此外伞绳数量也影响降落伞涨满后外形及其气动特性,故伞绳数量皆为偶数,常为8根以上,最好为4或6的倍数。

7.4 稳定减速装置开伞技术

7.4.1 开伞延时时间设计

开伞延时时间一直是助飞鱼雷设计的重要环节。鱼雷离开运载体一般不立刻开伞,而是延迟一段时间,待鱼雷与运载体拉开安全距离后才开伞。延迟时间过短,鱼雷无法和运载体拉开开伞安全距离,降落伞和运载体(残骸)容易发生钩挂干涉,导致降落伞受损、功能失效,鱼雷无法稳定减速。另外,高速飞行的助飞鱼雷,分离舱释放鱼雷时,雷体支撑受力状态突变,加上雷体自身的静不稳定性,其姿态会在短时间(数百毫秒)内变化很大,如果开伞延迟时间过长,鱼雷姿态容易失控,造成开伞后伞衣与雷体自身干涉,导致鱼雷无法稳定减速。

在设计中要对运载体(残骸)与鱼雷的分离过程和柔性伞衣拉直充气过程进行综合仿真分析,对分离过程中各体的运动轨迹和姿态进行计算,初步确定延迟时间范围,在飞行试验中进行验证,对延迟时间范围进行修正,结合延时器的精度控制能力,最终获得准确的延迟时间及精度偏差范围。

7.4.2 延时开伞机构设计

鱼雷离开载体,延迟一段时间后才开伞,该过程既可通过加长开伞拉绳来实现,也可通过无绳延时开伞机构来控制。一般情况下,对于低速、低空投放,如直升机前飞或悬停投放,采用加长拉绳来控制安全距离,对于高速、高空投放,如火箭助飞、固定翼飞机投放鱼雷,都采用无绳延时开伞机构来控制。

延时开伞机构的延时方式较多,常见的有火药延时、电子延时和机械延时。火药延时体积小,延时范围较宽;缺点是延时时间精度控制较差,并且精度随着延时药搁置时间的增长而下降。电子延时精度高,延时范围可任意设置;缺点是工作需要通电,寿命、使用环境条件受供电方式影响较大,并且对于开伞延时来说,延时结束还需要执行开伞动作,使用电子延时还需增加机械机构,造成结构复杂。机械延时器体积小,工作可靠性高,延时精度也较高(可以控制在5%偏差以内),而且其可与动作装置一体化设计,从而减小体积,适合助飞鱼雷在分离舱狭小空间内使用;但它的延时范围较小,多适用于短时间(1s左右)延时。

7.4.3 开伞方式设计

1. 拉绳强制开伞

开伞绳的一端系留在运载体上,另一端直接与降落伞相连。运载体释放鱼雷后,开伞绳随鱼雷运动被拉直,打开伞舱并拉出降落伞。拉绳强制开伞特点是动作可靠,结构简单,体积小,成本低,也可用于直升机投雷。

2. 拉绳释放开伞

拉绳释放开伞与拉绳强制开伞相似,开伞一端连接在运载体上,不同之处是开伞绳另一端不直接连降落伞,只连到伞舱约束机构的开关上。运载体释放鱼雷后,开伞绳被拉直,从而触发开关,伞舱盖在气动力和辅助弹簧的作用下向后运动,同时拉出降落伞。这种开伞方式结构简单,体积小,开伞过程对鱼雷的扰动小,开伞充气速度主要取决于投放速度,触发开关后可通过延时开伞机构精准确定开伞时机。

3. 自动开伞

自动开伞机构在鱼雷与运载体分离瞬间,使仪表或电路处于工作状态,延迟一定时间后,抛掉伞舱盖,打开降落伞。该开伞方式成本较高,常在大速度开伞工况时使用。

4. 爆炸螺栓开伞

鱼雷在空中与运载体分离后,开伞绳使装在伞舱上的延时继电器开始工作,经过预定时间延迟后,电源接通,爆炸螺栓点火动作,抛掉伞舱盖,拉出引导伞及降落伞。

以上四种开伞方式都有较高的可靠性,设计时根据助飞鱼雷不同的运载方式、结构布局及分离速度等条件选取合适的方式。

7.4.4 开伞过程动载控制

降落伞拉出伞舱、伞衣伞绳拉直、充气涨满过程中,雷体受到的阻力呈阶跃性变化,对雷体产生明显的冲击载荷,即降落伞开伞动载。对于引导伞从伞舱中将伞绳伞衣逐渐拉出的这种开伞方式,开伞动载一般有两个峰值点:一是伞绳伞衣全部拉出时,降落伞质量团的绝对速度低于雷体速度,此时雷体向前运动,带动降落伞并使其加速到两速度一致,降落伞瞬间加速过程会对雷体有很大的反作用力,产生冲击载荷;另一个峰值点是伞衣拉直后迎着气流运动充气涨满,瞬间阻力特征面积变化很大,产生冲击载荷。

根据载荷产生的原理,第一个峰值载荷与降落伞的质量、伞衣伞绳拉出方式,伞绳长度、伞绳材料的弹性及开伞速度等因素有关,在设计降落伞时应预先综合考虑。

第二个峰值载荷则与伞衣迎风阻力面积的阶跃变化有很大关系,对于"无限质量"情况(物伞系统质量比足够大时,近似认为充气过程中系统速度保持不变,则称为"无限质量"),可用式(7-5)来估算开伞动载:

$$F = \frac{1}{2}\rho V^2 C_{D_0} S_0 K_d \tag{7-5}$$

式中:K_d 为降落伞开伞动载系数。经验证明,对于确定类型的降落伞,K_d 为常值。在亚声速范围内,典型降落伞开伞动载系数见表7-2。

表 7-2　典型降落伞开伞动载系数

降落伞类型	开伞动载系数
密织物平面圆形伞	≥1.8
密织物底边延伸伞	≥1.8
有肋导向面伞	≥1.1
无肋导向面伞	≥1.4
平面带条伞	≥1.05
环缝伞	≥1.05

显然，对于已经确定的伞型，阻力系数、开伞动载系数都已确定，要想减小开伞动载，就要控制降落伞阻力特征面积在开伞过程中的阶跃变化量。

控制降落伞阻力特征面积常用方法有两种：一种是采用伞衣底边收口的方法，控制降落伞不完全涨满，经过一段时间延迟后，收口约束解除，降落伞完全涨满，这种控制开伞的方式结构简单，体积小，动作可靠；另一种是采用串联降落伞系统，先打开一具阻力特征面积较小的引导伞，经过一段时间延迟后，再打开一具阻力特征面积较大的主伞，这种方法无须收口设计，但应设计引导伞，降落伞的设计及包伞较为复杂，降落伞的体积较大。

7.5　雷伞连接与分离技术

脱伞机构的功能是实现雷伞连接与分离。

脱伞机构一端连接降落伞，对于高空高速投放，由于雷伞空中飞行时间较长，降落伞可能会在飞行过程中旋转，为避免旋转缠绕，脱伞机构与降落伞之间会连接一个释放扭矩的机构。脱伞机构另一端连接鱼雷尾端，一般与鱼雷尾部球形结构连接，由于入水要快速解脱，该处连接一般为"卡抓"式快速连接。实现这种连接的具体结构形式很多，图 7-6 为其中一种连接方式，受解脱滑块约束，卡扣从环向卡住雷尾接头的"细脖子"，实现连接；解脱时，解脱滑块移动，卡扣弹出，释放对雷尾接头的约束，从而实现降落伞与雷体脱离。

脱伞机构通过开关装置敏感响应瞬变条件来实现雷伞分离功能，比如，利用惯性开关敏感入水碰撞、利用电容开关敏感雷体沾湿、利用入水开关敏感海水侵入等。

目前国内外雷伞用脱伞机构方案较多，常见的有机械型惯性脱伞机构、电路型过载脱伞机构、电传感器脱伞机构等。

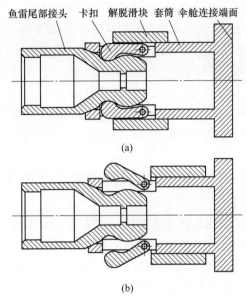

图 7-6 脱伞机构动作示意

1. 机械型惯性脱伞机构

机械型惯性脱伞机构为一种带有机械待发系统的球形卡紧结构,卡紧结构卡住雷尾球形接头实现连接,并由惯性重块限位。入水冲击时,在惯性力的作用下,惯性重块移动,释放对卡紧结构的约束,脱伞机构释放雷尾球形接头,雷伞分离。这种脱伞机构可通过给惯性重块增加减震弹簧来调节控制所敏感的入水冲击;还可作为保险装置,防止空中飞行时误动,从而提高其安全性及可靠性。美国的 MK24-2 型稳定减速装置即采用这种惯性脱伞机构。

2. 电路型过载脱伞机构

电路型过载脱伞机构是一种有电路待发系统的球形卡紧结构,卡紧结构卡住雷尾球形接头实现连接,并由滑块限位。在降落伞打开瞬间,触发延时继电器开始工作,降落伞完全打开并稳定后,过载开关待发,雷头撞水时,入水冲击过载激活过载开关,使电路导通,点爆火工品并推动滑块释放对卡紧结构的约束,脱伞机构释放雷尾球形接头,雷伞分离。

电路型过载脱伞机构通过过载开关敏感入水冲击,通过火工品强制解脱,受入水姿态及入水速度影响较小,工作可靠,但要求有一定的留空时间,使雷伞系统入水前过载趋于稳定,以确保过载开关敏感入水过载而不在空中误动。

3. 电传感器脱伞机构

电传感器脱伞机构是一种电-火工品装置,投雷后,在鱼雷下落过程中拔出保险销,微动开关闭合,电路接通,电池开始给储能器充电,经过预定时间储能器电压达到一定值,电路处于待发状态。当鱼雷头部接触到水表面后,鱼雷壳体和伞舱壳体之间的电容及它们与大地之间的电容发生变化,当电容变化量及变化率达到一定值时,电路中执行装置动作,向电爆管供电,电爆管点爆,分离结构部件动作,雷伞分离。

电传感器脱伞机构适于在各种投放条件下投雷,工作可靠性高;缺点是机构复杂,对电子元器件、电池可靠性及高低温性能要求较严格。

7.6 雷伞系统稳定性设计技术

雷伞系统稳定性设计在助飞鱼雷稳定减速装置的研制中至关重要,直接关系到鱼雷的入水参数是否满足战斗载荷要求,战斗载荷能否安全入水。下面从雷伞系统稳定性分析、降落伞拉直充气段稳定性设计及降落伞充满气后的雷伞段稳定性设计三个方面进行介绍,给出影响雷伞系统稳定性设计的相关因素。

7.6.1 雷伞系统稳定性分析

雷伞系统稳定性分为静稳定性和动稳定性两类。静稳定性是指雷伞系统受到扰动而偏离平衡位置时产生稳定恢复力矩的能力;动稳定性是指运动的雷伞系统产生阻尼不稳定运动的力矩的能力。雷伞系统的静稳定性取决于系统攻角变化时气动力矩变化的方向,静稳定度正比于力矩和攻角曲线的斜率。静稳定性是获得动稳定的必要条件,但静稳定性不能保证动稳定性。当恢复力矩使得振幅逐渐减少直至趋向于零或成为较小的稳定的振幅,则雷伞系统是动稳定的。

降落伞受力分析如图 7-7 所示。

雷伞系统气动力矩系数为

$$C_M = M/DqS \tag{7-6}$$

式中:M 为气动力矩;D 为相对于特征面积 S 的伞衣直径;q 为动压头,$q = \rho v^2/2$。

当气动力矢量偏离雷伞系统质心时就产生气动力矩,进而发生不稳定运动。伞衣的静稳定性用 $-dC_M/d\alpha$(α 为攻角)来表示。一般情况下,当 $\alpha = 0$ 时,雷伞系统是静不稳定的,会出现小振幅摆动,振幅大小主要取决于伞衣的总空隙率。平衡下降过程中出现的稳定攻角大致与摆动的平均振幅相对应。

伞衣在空气中运动会产生一系列涡流,该涡流周期性不间断地形成和流散,引起气动矢量方向不断改变。形成涡流的大小与伞衣直径和充气剖面形式有关,以及伞衣的总孔隙率和空隙的分布有关。由于大的孔隙率在涡流流散以前

第 7 章 稳定减速技术

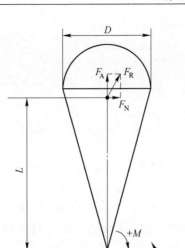

图 7-7 降落伞受力分析

减小了涡流的增长,因而改善了静稳定性,这就减小了气动侧向力分量。但各种不同的伞型对所用织物的透气量有实际的上限要求,以单靠增加伞衣空隙率所得到的静稳定性是有限的。

雷箭分离条件对雷伞系统空中运动稳定性的影响也较大:在小扰动时,当雷伞系统稳定性较高时,扰动很快会被抑制;在大扰动时,受雷伞系统稳定性限制,扰动会对雷伞弹道及稳定性造成较大影响。所以,在雷伞系统稳定性设计时一定要考虑对雷箭分离条件的约束,使得雷箭分离时的攻角、侧滑角、俯仰角速度、偏航角速度、横滚角速度等在一个小的量值范围内设定。

7.6.2 降落伞拉直充气段稳定性设计

对降落伞拉直充气段的稳定性设计,主要从以下几个方面考虑。

1. 拉直过程

在分离舱张开过程中,当开伞拉绳拉直时,拔出开伞拔销,延时开伞机构开始计时,达到设定的开伞时间时,延时开伞机构动作,伞舱盖弹出,在伞舱盖气动力作用下,相继拉出导引伞、伞衣、伞绳,直到伞绳拉直。降落伞拉直过程示意如图 7-8 所示。

当降落伞伞衣从伞衣套(或伞舱)中被拉出后,在伞衣向雷后方漂移至终点运动过程中,对鱼雷有相对速度,当向后漂移的距离等于未绷紧的伞绳长度 L_s 时,鱼雷和伞衣之间相对速度最大,当达到 L_s 后,伞绳被绷紧并拉长至 L_{max},此

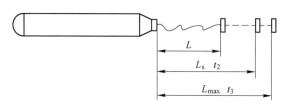

图 7-8　降落伞拉直过程示意

时伞衣同雷体速度一样,相对速度为零,因加速而引起的惯性力称为拉直力,拉直力等于伞包动能变化产生的力和未充气的伞衣的气动阻力之和。在这一过程中,由于分离速度很大,稳定性设计主要考虑降落伞与鱼雷尾部连接强度,要求降落伞的拉直方向尽可能与雷体纵轴线一致,雷体攻角变化应尽量小,否则会造成二者在连接处断裂分离。

2. 充气时间

当降落伞拉直后,伞衣开始充气涨满,由于降落伞的柔软性和结构特性,如伞型、伞衣收口方式、透气量及其分布等,降落伞的充气是很复杂的物理过程,难以用理论公式准确描述。伞衣的充气时间与流入伞衣的空气质量以及通过伞衣缝隙而流出的空气质量有关,而流入的空气量与瞬时相对速度有关,空气的逃逸量与伞衣两面的压力差有关,一般根据降落伞充气过程质量平衡原理来确定伞衣充气时间。为此,做如下假设:

(1) 充气过程中,伞衣的投影面积随时间线性增大,伞衣涨满时呈半球形(或由球缺和一倒截圆台两部分组成);

(2) 伞衣充气时,流入伞衣的气流速度与自由流速度的比随时间线性减小;

(3) 充气过程中,流入伞衣的气流攻角为零,空气不可压缩。

基于上述假设,伞衣充气时间可由下面公式近似计算:

$$t_f = \frac{V_{\max}}{\pi D_{\max}^2 v \left[k_e^2 \left(\frac{b-2a}{4b^3} \ln \frac{a-b}{a} - \frac{1}{2b^2} \right) - \frac{c}{12} \right]} \tag{7-7}$$

式中:$V_{\max}$ 为伞衣涨满时最大容积;$D_{\max}$ 为降落伞涨满时投影直径;v 为充气速度;c 为伞衣有效透气量;a、b、k_e 为与降落伞结构有关的参数,对于一定的伞衣结构,b 为常数,a 与伞绳长度有关。

3. 开伞冲击载荷

开伞冲击载荷是指降落伞开伞瞬间对鱼雷的作用力。开伞冲击载荷不但影响降落伞脱伞机构设计,而且影响入水缓冲头帽能否抵抗这一冲击并稳定地附着在雷头上。

由式(7-5)宏观上看,开伞冲击载荷是降落伞打开充满瞬间在空气中运动产生的气动阻力。微观上分析,开伞冲击载荷和降落伞的充气时间 t_f 有密切关系,实际上与鱼雷质量、充气速度和充气时间有关,可用下面函数形式表示:

$$F_{pmax} = f(m_T, V, t_f) \tag{7-8}$$

式中:m_T 为鱼雷质量。

由于雷箭分离初期鱼雷速度很高,雷伞系统设计时要特别注意快速充气与伞衣承载能力的均衡,考虑最大冲击载荷是否影响降落伞的解脱,只有良好平稳的充气过程和合适的充气时间,才能为伞衣涨满后的雷伞系统减速和稳定提供良好的初始条件。

7.6.3 降落伞充满气后的雷伞段稳定性设计

降落伞充满气后的雷伞段的稳定性与降落伞设计密切相关。对于助飞鱼雷,由于雷箭分离时的速度和高度较大,降落伞一般采用两级开伞,一是为了雷箭分离安全性,二是为了减轻开伞时的过载压力。无论是一级开伞还是两级开伞,降落伞的充气过程相同,充满气后对鱼雷的运动稳定性起着决定性作用。

影响雷伞系统稳定性的因素如下:

（1）伞衣透气量。伞衣透气量对于雷伞系统的稳定性影响很大,透气量增加使伞衣内外压力差减小,不稳定的侧向力也减小,从而增加伞衣的稳定性。

（2）伞顶孔大小。伞顶孔大小对雷伞系统静稳定性的影响与透气量一样,增大伞顶孔的尺寸使不稳定侧向力减小,从而提高了雷伞系统的稳定性。

（3）伞绳长度。伞绳越长,气动压力中心与雷伞系统中心之间的距离越大,阻尼力矩也越大,可提高稳定性。

（4）伞衣结构形状。伞衣结构形状多种多样,助飞鱼雷的雷伞系统设计一般选择平面圆形带条伞,它具有结构透气量大、充气缓慢、开伞动载小、稳定性好的优点。

上述影响因素综合效果表现在降落伞伞衣的阻力特征面积上,阻力特征面积是满足雷伞空中弹道稳定性需求和鱼雷入水参数要求的主要技术指标,在雷伞弹道设计阶段,需要根据鱼雷入水参数的指标要求对降落伞阻力特征面积进行估算。

7.6.4 雷伞系统稳定性影响因素综合分析

影响雷伞系统稳定性的主要因素有雷箭分离参数、降落伞伞衣结构形状、伞衣透气量、伞绳长度、伞衣直径等,在雷伞系统稳定性设计时,要充分予以考虑。适当选取这些参量,可提高雷伞系统的稳定性。在实际工程应用中可通过风洞试验或数值模拟方法得到雷伞系统的阻力和稳定特性,雷伞系统稳定性设计时可以根据风洞试验和数值模拟结果对这些影响雷伞系统稳定性参量进行迭代优化,寻求使得雷伞系统达到稳定的最优解,从而提高雷伞系统稳定性。

7.7 稳定减速装置试验技术

稳定减速装置试验包括各组成部分功能性试验和整体时序及功能试验。各组成部分功能性试验包括降落伞材料特性、阻力特性、稳定性试验,以及脱伞机构承载能力、解脱能力试验等。整体时序及功能试验主要是对稳定减速装置的工作时序进行验证,以及对雷伞系统的气动特性进行验证。

7.7.1 各组成部分功能性试验

1. 降落伞性能试验

1) 伞绳伞衣强度试验

根据降落伞产生的最大载荷,结合伞绳数量、伞衣经纬尺寸参数等,计算出伞绳伞衣的强度需求,在地面拉力机上进行强度测试,以确认伞绳伞衣强度满足要求。

2) 伞绳承载长度恢复测试

伞绳一般为锦丝(尼龙)、聚乙烯等材料,当承载力超过材料弹性变形范围时会产生一定的塑性变形,力卸载后会有一定的残余变形。空中开伞时,降落伞速度方向与雷体轴线可能有一定的夹角,导致开伞瞬间伞绳受力不均匀,造成卸载后各伞绳长度有一定差异,如果差异过大,会影响降落伞的稳定性。在地面对伞绳加载后恢复情况进行测试,在设计载荷下将残余变形控制在允许范围内,是保证降落伞稳定性的重要环节。

3) 降落伞风洞试验

风洞试验的试验条件可以严格控制,可以进行较精确的测量,短时间内能获得较多的数据。降落伞风洞试验内容相当丰富,可以测定伞衣的阻力系数、稳定性、开伞动载、内外压力分布等气动特性,可以研究伞衣织物透气量、伞衣结构形式、伞衣结构参数等对伞衣气动特性的影响。图7-9为某型降落伞进行风洞试验。降落伞风洞试验可独立进行,也可随鱼雷一起进行。

4) 降落伞高空投放试验

由于风洞试验费用高,试验复杂,有时也用高空投放试验来进行降落伞基本性能测试。降落伞高空投放试验,一般以质量块代替鱼雷,从轻型固定翼飞机舱

第7章 稳定减速技术

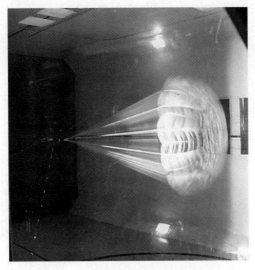

图7-9 某型降落伞进行风洞试验

内投放,可用来观测降落伞充气涨满过程、下落稳定性,测试降落伞的开伞动载、稳降速度等基本参数,进而对阻力特征面积进行测算。图7-10为某轻型运输机进行降落伞高空投放试验。

图7-10 某轻型运输机进行降落伞高空投放试验

2. 雷伞连接强度试验

脱伞机构连接雷体与降落伞,承载着降落伞开伞时的冲击载荷和稳定飞行时的阻力载荷,地面试验中,需对连接在雷尾的脱伞机构进行静态、动态加载试验,以验证其连接强度。

静态加载试验根据试验产品尺寸大小及试验工况的不同,有不同的试验方法。图 7-11 为脱伞机构静态加载试验示意,图中为带角度拉力状态,通过调整产品固定工装和拉力机之间的距离可以实现载荷角度的变化。

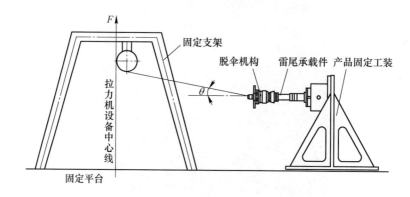

图 7-11　脱伞机构静态加载试验示意

动载试验是为了更真实地模拟空中开伞冲击载荷,更精确地校核雷尾连接强度。一般使用拖曳式加速平台(也称动载小车),能够以试验数据为支撑,精确地控制载荷随时间的快速变化情况,更加真实地模拟动态冲击载荷。图 7-12 为采用某型动载小车进行雷尾连接动态加载试验示意,通过平台的加速、刹车实现平台的加速度变化,配以合适质量的重块,可以模拟飞行试验中测得的雷体动载数据,以达到真实校核雷尾连接强度的目的。

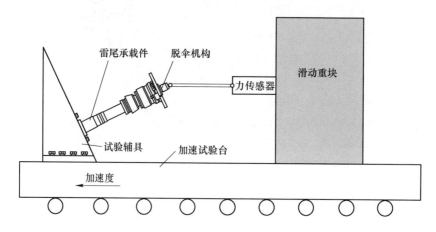

图 7-12　脱伞机构动态加载试验示意

7.7.2 稳定减速装置整体时序及功能性试验

稳定减速装置整体时序及功能性试验是对整个装置的工作时序、功能实现及性能指标进行验证的试验,主要包括雷伞系统风洞试验、台架投放试验和高空高速投放试验。

1. 雷伞系统风洞试验

与降落伞单独风洞试验不同,雷伞系统风洞试验将鱼雷(模拟件)与稳定减速装置连接为整体,并在风洞测试过程中进行触发、延时开伞、充气涨满等流程,以验证开伞过程的工作时序,并能够将雷体对降落伞流场的干扰引入,更加真实地测得降落伞的阻力参数以及雷伞系统的稳定性。雷伞系统在风洞中的试验示意如图7-13所示。

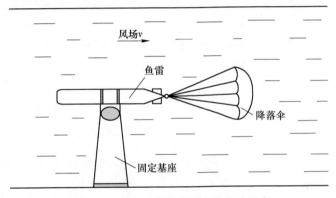

图 7-13 雷伞系统在风洞中的试验示意

2. 台架投放试验

台架投放试验包括静态投放试验和前飞(带速)投放试验,分别模拟直升机悬停投放鱼雷和前飞投放鱼雷。由于台架推动载荷前飞速度一般为 20～50m/s,受此限制,模拟固定翼飞机投放、助飞鱼雷投放主要针对其开伞过程和入水分离等关键技术进行验证,对雷伞弹道、雷伞系统稳定性及入水姿态参数等有一定程度的验证作用。

获得前飞速度的方式较多,如采用压缩空气或火箭作为推动载荷前飞的动力,图 7-14 为舰载压缩空气动力源前飞投放台架示意,图 7-15 为火箭动力源前飞投放台架示意。

3. 高空高速投放试验

高空高速投放试验是稳定减速装置综合验证的重要试验,可通过固定翼飞

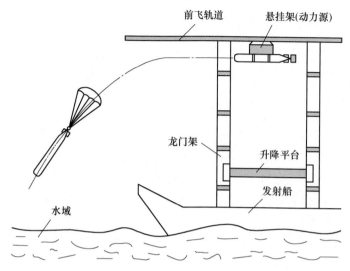

图 7-14　舰载压缩空气动力源前飞投放台架示意

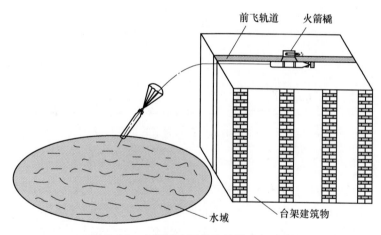

图 7-15　火箭动力源前飞投放台架示意

机投放实施,如图 7-16 所示。将稳定减速装置安装在(模拟)鱼雷上,通过固定翼飞机投放,观察降落伞开伞、充气涨满、稳定飞行直至入水(落地)全过程,观测飞行弹道、飞行稳定性、入水(落地)速度及姿态等参数,同时可对雷伞连接强度及降落伞结构强度进行验证。

第 7 章　稳定减速技术

图 7-16　固定翼飞机高空高速投放稳定减速装置试验

参 考 文 献

[1] 杨世兴,李乃晋,徐宣志. 空投鱼雷技术[M]. 昆明:云南科技出版社,2000.
[2] 降落伞技术导论编写组. 降落伞技术导论[M]. 北京:国防工业出版社,1977.
[3] 王利荣. 降落伞理论与应用[M]. 北京:中国宇航出版社,1997.
[4] Ewing E G,Knacke T W,Bixby H W. 回收系统设计指南[M]. 吴天爵,马宏林,吴剑萍,等译.北京:航空工业出版社,1988.
[5] 孙明太. 航空反潜概论[M]. 北京:国防工业出版社,1998.

第8章

入水缓冲技术

　　助飞鱼雷点火发射后要依次经历发射出箱、空中飞行、鱼雷入水及水下航行攻击等过程,雷箭分离后经过稳定减速,战斗载荷仍以 50m/s 左右的速度近乎垂直入水,头部与水面撞击产生的巨大冲击会对鱼雷自导装置及雷体结构带来破坏性影响。自 20 世纪初世界范围内开始助飞鱼雷技术研究以来,鱼雷完成飞行后的入水过程均面临着结构损坏、功能失效等诸多棘手问题,且入水冲击载荷作用下内部器件可靠性严重下降导致的问题是相当严重的。美国 MK13 型空投鱼雷 1930 年试制成功,但在第二次世界大战的使用中暴露出了很多问题,其中关键的一条就是入水载荷带来的问题。解决这一问题合理的技术途径就是在鱼雷入水时采取隔离冲击和降载/限载措施,将其限制在一定的程度之内,确保鱼雷能以最良好的状态入水、启控进入预定弹道,从而完成战斗使命。

　　本章主要介绍助飞鱼雷入水载荷分析、缓冲降载设计及相关试验技术。

8.1　入水载荷分析

8.1.1　入水过程分析

　　入水冲击问题可概括为"固液砰击作用",是一个高耦合、强非线性的复杂物理过程,"入水"载荷及入水过程的研究是水中兵器、水上飞机、舰船和海上溅落等工程器件等必然面临和解决的主要问题。有关入水问题的研究可追溯到 19 世纪后期,有记载 1883 年法国海军试图利用弹丸在海面弹跳的现象进行过增大射程的研究,应该是有关入水工程研究的一项最早记录。第一次世界大战前问世的水上飞机研制中,就已经开始了飞机在水面的起飞、降落引起的运动和载荷预测。20 世纪,自各类水中兵器(鱼雷、深水炸弹和水雷等)问世乃至自各国掀起的空投、助飞以及潜射鱼雷和深弹热潮以来,各类武器均出现了入水过程的结构损坏、器件失灵、入水跳弹、沉底和失控多种武器损伤或弹道失效等问题,使入水问题研究成为各类水中兵器研制、开发的一个关键课题。以 von Karman 和 Watanabe 的理论与实验工作为代表,von Karman 于 1929 年在流-固两相耦合面上引入基于试验结果的附加水质量,分析研究了水上飞机降落过程中的冲击现象。1932 年,Wagner 对 von Karman 的方法做了修正,引入了水波影响因子,使研究结果更接近实际。

从 20 世纪 90 年代开始,国内外对入水问题的研究出现一个高潮,主要是对入水过程中涉及的冲击载荷、水弹性、飞溅射流等试验和数值模拟进行广泛的分析和研究,利用有限元对流体域、固体域单独建立数值模型,将流体模型和结构模型耦合为一个水弹性模型。Wagner 对钝体入水问题提出了平板理论,可以求解入水过程中结构体的整体受力,随后又和 Korobkin 提出了匹配渐进展开法,这些都是在平板理论基础上进行的改进和创新后求解钝体入水的理论基础。然而,由于入水问题的复杂性和瞬变性,无法事先确定或得出结构体入水时间自由面的边界条件,所有广泛的研究都是根据具体问题从"固""液""砰击作用"三个方向出发对研究的不同问题采用二维分析计算模型,由于涉及水弹性的数值计算工作量巨大,分析中对不同的限制条件均进行了简化,最终建立出能够求解的数学模型,可解决几何结构的入水载荷问题。

以鱼雷为代表的水中兵器"入水"过程有着其完整性与典型性的特征,从鱼雷头部开始接触水面瞬间到鱼雷完全沾湿为止的这个短暂变化激烈的时间段内,雷体会激起周围流体介质的运动,反过来,流体介质对鱼雷结构又施加各种反作用力,这个过程气、水、固三者之间发生强烈的相互作用,并伴随着许多物理现象的发生。国内外的研究均是基于工程研究的需求,根据鱼雷入水过程和鱼雷的受力、运动情况,一般将该过程分为撞水、侵水、带空泡航行、全浸湿后转入受控运动四个阶段。助飞鱼雷入水速度高、入水姿态大,首先要解决的问题就是缓冲和限制撞水及侵水阶段的入水载荷。

8.1.2 撞水载荷

撞水阶段,也就是入水的冲击波阶段,对钝头体垂直入水而言,在雷头接触到水面的一个极短的时间里(微秒级)雷体与水介质发生碰撞,在雷体结构和水介质中分别产生压缩波,水介质以波动运动形态传递和耗散能量,沾水面邻近处的水随即同雷体一起运动,开始形成流动,这个阶段雷体结构内同样形成压缩应力波。雷头沾水面上出现幅值很高的冲击压力脉冲,作用时间短,作用面积小,总的冲量相应较小,一般对鱼雷整体运动不会有大的影响,但它对鱼雷结构的局部作用是不可忽视的。

现代的声自导鱼雷一般为截卵平头形,撞水瞬间就是一种碰撞现象,可将其看作质量完全集中于鱼雷头部的一个平板。基于 von Karman 一元弹性碰撞理论,不考虑平板和平头鱼雷的质量区别,雷头端面撞击可压缩水面的冲击压力峰值按下式估算:

$$p_{\max} = \rho_w C_w v_0 \tag{8-1}$$

式中:ρ_w 为水的密度;C_w 为水中声速;v_0 为入水速度。

考虑到入水初始阶段,水介质和雷体结构均呈现弹性,二者介质内部分别会出现压缩波和压力波,在雷头沾水面上的冲击压力峰值变为

$$p_{\max} = \frac{h\rho_w C_w v_0}{H\dfrac{\rho_w C_w}{\rho_b C_b}} \tag{8-2}$$

式中:$\rho_b C_b$ 为雷头结构的声阻抗率,常用材料的声阻抗率数据见表 8-1,一般雷体材料为铝合金,声阻抗率取 $17\times10^6 \text{kg}/(\text{m}^2 \cdot \text{s})$;$H$ 为入水深度;h 为考虑到水面状况的修正因子,工程研究时一般取 0.85。

表 8-1 常用材料声阻抗率

序号	材料	声阻抗率/ ($10^6\times\text{kg}/(\text{m}^2\cdot\text{s})$)
1	空气	0.0004
2	水	1.48
3	聚乙烯	1.7
4	聚氨酯	1.9
5	丁基合成橡胶	2
6	橡胶	2.1
7	甘油	2.42
8	聚苯乙烯	2.5
9	尼龙 6-6	2.9
10	聚四氟乙烯	3
11	树脂玻璃	3.1
12	镁	10
13	石英	15.2
14	铝合金	17
15	玻璃	18.9

续表

序号	材料	声阻抗率/ ($10^6 \times kg/(m^2 \cdot s)$)
16	钛	27.3
17	铸铁	33.2
18	黄铜	36.7
19	不锈钢	45.4
20	钢	46

工程中,对于攻角为零、入水角为 θ 的斜入水状态,该估算方法变为

$$p_{max} = \rho_w C_w v_0 / (1 + \rho_w C_w / \rho_b C_b) \sin\theta \qquad (8-3)$$

式中:θ 为入水姿态。

(式 8-3)对于入水速度不大于 180m/s 时是有效的。

根据式(8-3),表 8-2 给出了不同速度、不同姿态平板入水撞击的压力峰值。这种估算是基于 von Karman 一元弹性碰撞理论进行的鱼雷入水载荷评估,由于没有考虑入水的气垫效应、水面波动等实际因素的影响,评估结果相比试验而言有一定的误差。

表 8-2 不同速度、不同姿态撞水压力峰值估算

入水速度 $v_0/(m/s)$	入水姿态 $\theta/(°)$	压力峰值 p_{max}/MPa	入水速度 $v_0/(m/s)$	入水姿态 $\theta/(°)$	压力峰值 p_{max}/MPa	入水速度 $v_0/(m/s)$	入水姿态 $\theta/(°)$	压力峰值 p_{max}/MPa
40	40	34.4	50	40	42.9	60	40	51.5
40	50	40.9	50	50	51.2	60	50	61.4
40	60	46.3	50	60	57.9	60	60	69.4
40	70	50.2	50	70	62.8	60	70	75.3
40	80	52.6	50	80	65.8	60	80	78.9
40	90	53.4	50	90	66.8	60	90	80.2

鱼雷撞水的物理过程:入水初始阶段压缩波在沾水相邻的区域内形成并扩展,当物水界面的扩展速度小于水中声速时,压缩波在水-气界面上反射形成稀疏波反向传播,不断蚕食沾水面附近的压缩波区域进行卸载,直到沾水面中心,水中压缩波区同撞水物脱离,此后沾水面附近的水介质不再呈现弹性,并开始流动。所以,撞水峰值压力的持续时间按水中压缩波从沾水面上产生、水中扩展直

至与撞水物脱开所经历的时间来估计。

对圆平板垂直撞水而言,持续时间可只考虑反向传播所经历的时间,即

$$T_{\mathrm{i}} = T_{\mathrm{i}2} = \frac{D}{2C_{\mathrm{w}}} = \frac{R}{C_{\mathrm{w}}} \tag{8-4}$$

式中:D、R 分别为圆平板的直径和半径。

对于球体撞水,峰值压力作用时的沾水面的最大半径为

$$r_{\mathrm{c}} = \frac{v_0}{C_{\mathrm{w}}} \frac{R}{\sqrt{1 + (v_0/C_{\mathrm{w}})^2}} \tag{8-5}$$

持续时间为

$$T_{\mathrm{i}} = T_{\mathrm{i}1} + T_{\mathrm{i}2} = \frac{R}{v_0} \left[1 - \frac{1 - (v_0/C_{\mathrm{w}})^2}{\sqrt{1 + (v_0/C_{\mathrm{w}})^2}} \right] \tag{8-6}$$

式中:R 为球体半径。

考虑入水时存在的气垫效应,现代学者通过试验研究普遍认为,撞水瞬间,介于物面和水面之间的空气因水面受气压作用凹陷变形,来不及流开而被挤压在物面和水面之间,形成气垫,结构体首先撞在这层气垫上,然后通过气垫撞击水面,气垫的存在增加了撞击压力脉冲的作用时间;撞水时,板面下的水面会下陷变形,且部分空气以小气泡的形式被压入表层水中,表层水的声阻抗会降低,从而减小了撞击作用的压力峰值;另外,由于风浪、碎波等气象作用,实际的水面不可能是一个理想的平静状态,整个板面不会在同一瞬间接触水面,且水面附近的一层水内,总是不同程度地含有小的空气泡,这些因素的综合作用降低了作用在整个板面上的撞击力。但是,对于垂直、高速入水的鱼雷,气垫效应相对很弱,撞击压力主要加载到鱼雷自导头上,由于鱼雷自导头端面一般为透声橡胶的硫化结构,内部布置有自导鱼雷的换能器等敏感组部件,用于实现对水下目标的搜索和定位,而撞水作用可能使鱼雷自导头端面受到的冲击压力远超过鱼雷自导换能器等组部件的承受能力,造成鱼雷自导头结构薄弱部位的损伤。

8.1.3 侵水载荷

侵水阶段,也就是入水后的流动形成阶段。鱼雷侵入水中时,必然在原先静止的水中建立起一个流场,与此同时,鱼雷会经受到最大的入水过载,这个过载最具有破坏性。该过程可以描述为撞水结束,雷头继续侵入水中,处于近似静止状态的水受雷头排挤开始形成表征着雷头特征的扰动流场,随着侵入水中深度的增加,雷体一部分动能传递给了周围的水,使水形成流动,雷头附近水面抬起,扩大了沾水面。同时,由于水的惯性作用,对雷头沾水表面产生反作用力,使雷

体沾水部位受到侵水载荷的作用。

侵水载荷不是一个单纯的力,而是分布在沾水面上不定常流动产生的压力,且随着时间和空间在急剧变化。这种作用在雷头沾水面上的载荷幅值比撞水压力峰值要低,但是作用的时间要长得多(毫秒量级),沾湿及作用面积也要大得多,相应产生的冲量和冲量矩要比撞水时大得多。工程研究中,侵水载荷就是将作用于沾水面上的压力在空间上积分形成合力,此合力可分解为轴向力和法向力。轴向力作用使雷体产生很大的轴向减加速度,引起鱼雷壳体内各部件的振动响应,可能导致雷体结构或内部器件损坏、失灵。法向力则使雷体产生横向角加速度,引起雷体姿态剧变。预测各种入水头型所受侵水载荷随时间和运动变化的规律是非常困难的,至今也没有十分可靠的定量分析方法,基本的理论分析都是基于 von karman 提出的基本思想,即侵水过程"固-水"系统动量守恒,入水结构体减速损失的动量,转移为侵水时形成的流场的动量增加量。其表达式为

$$mv_0 = (m + m_1)v \tag{8-7}$$

式中:v_0 为入水速度;v 为入水过程瞬时速度;m 为入水结构体质量;m_1 为流体附加质量。

鱼雷一般为轴对称体,但由于头部形状不一,垂直入水的特征和量值有很大的区别。基于 von karman 提出的动量守恒方法进行入水载荷分析,将鱼雷及入水后的流体当成一个总的体系,引入流体附加质量概念,用理论力学求解碰撞问题的方法处理入水冲击问题。

鱼雷在入水过程中所受到产生减加速度的力,除了由被动扰动的流体附加质量的变化引起的力以外,还存在稳态扰流产生的阻力、重力、浮力及表面摩擦力,不过在入水初期的冲击阶段,稳态阻力、浮力及表面摩擦力均为小量。因此,对于以质量为 m、半径为 R_0,并以一定的初速度 v_0 垂直入水的轴对称雷体,忽略表面摩擦力,则入水过程的动量守恒方程为

$$mv_0 - (m + m_1)v = \int_0^t B_0 \mathrm{d}t - mgt + \frac{\rho}{2}\int_0^t C_\mathrm{d}(s)A_0 v^2 \mathrm{d}t \tag{8-8}$$

动力学方程为

$$-(m + m_1)\frac{\mathrm{d}v}{\mathrm{d}t} - v\frac{\mathrm{d}m_1}{\mathrm{d}t} = B_0 - mg + \frac{\rho}{2}v^2 A_0 C_\mathrm{ds} \tag{8-9}$$

取过载定义,$n = 1 - \frac{\mathrm{d}v}{\mathrm{d}t}/g$,用 $v\frac{\mathrm{d}m_1}{\mathrm{d}s}$ 代替 $\frac{\mathrm{d}m_1}{\mathrm{d}t}$,则过载方程为

$$(m + m_1)ng = v^2 \frac{\mathrm{d}m_1}{\mathrm{d}s} + m_1 g + B_0 + \frac{\rho}{2}v^2 A_0 C_\mathrm{ds} \tag{8-10}$$

式中：t 为侵水开始后的计算时间；B_0 为浮力；g 为重力加速度；C_{ds} 为稳态阻力系数；s 为雷体侵水深度；R_0 为雷体半径；A_0 为雷体横截面积；

以上方程中存在 C_{ds} 和 m_1 两个未知量，在入水初期，这两个未知量都是时间 t 的函数，即入水深度 s 的函数。对阻力系数 C_{ds}，只有冲击过程结束，流动分离已经形成，阻力系数才趋于稳定。在工程分析和试验研究中，总阻力系数 $C_d(s)$ 为二者的总合：

$$C_d(s) = \frac{2}{\rho A_0} \cdot \frac{dm_1}{ds} + C_{ds} \qquad (8-11)$$

式(8-11)代入式(8-10)，可得

$$(m + m_1)ng = \frac{\rho}{2}v^2 A_0 C_d(s) + m_1 g + B_0 \qquad (8-12)$$

只要求出侵水过程相应的 $C_d(s)$，就可以根据各种初始入水参数得出过载值。这种方法能全过程反映入水载荷的流体动力变化趋势，包括冲击结束后的过程，但通常只有通过大量的试验后采用试验拟合方法才可求解。

另一种方法是根据入水冲击过程的雷体受力特性，只考虑冲击载荷部分，忽略稳态扰流的影响，也就是忽略相对小量的稳态阻力 C_{ds} 和浮力 B_0，式(8-10)中 $v^2 \frac{dm_1}{ds} + m_1 g$ 即为物体的入水冲击载荷。定义 n_1 为雷体的冲击过载，C_D 为侵水过程的冲击阻力系数，用物体的特征半径 $b = \frac{s}{R_0}$ 表示无因次侵深，设

$$(m + m_1)n_1 g = v^2 \frac{dm_1}{ds} + m_1 g = \frac{\rho}{2} v_0^2 A_0 C_D \qquad (8-13)$$

于是

$$n_1 = \frac{v^2}{(m + m_1)g} \cdot \frac{dm_1}{ds} + \frac{m_1}{m + m_1} \qquad (8-14)$$

根据式(8-7)获得 $v = mv_0/(m + m_1)$，定义雷体质量系数 $u = m/(\frac{3}{4}\rho v_0^2 \pi R_0^3)$，附加质量参数 $\lambda_1 = m_1/(\frac{1}{2}\rho \pi R_0^3)$，弗劳德数 $F_r = v_0^2/2R_0 g$，可获得无量纲过载方程和阻力系数的一般表达式，即

$$n_1 = \left[\frac{d\lambda_1/db}{(1 + 3\lambda_1/8u)^3} + \frac{\lambda_1}{2F_r(1 + 3\lambda_1/8u)}\right] \cdot \frac{3F_r}{4u} \qquad (8-15)$$

$$C_D = \frac{d\lambda_1/db}{(1 + 3\lambda_1/8u)^3} + \frac{\lambda_1}{2F_r(1 + 3\lambda_1/8u)} \qquad (8-16)$$

入水过程的瞬时速度可用式(8-14)与式(8-16)变换求得

$$v = v_0 \sqrt{\frac{1}{(1+3\lambda_1/8u)^3} + \frac{3\lambda_1^2}{16F_r u(1+3\lambda_1/8u)(\mathrm{d}\lambda_1/\mathrm{d}b)}} \quad (8\text{-}17)$$

在工程运用中,由于入水时弗劳德数比较大,一般的模型试验获得的 F_r 都不小于 10,所以式(8-15)及式(8-16)中的第二项为小量,在实际载荷计算中一般均略去,即入水过载及阻力系数简化为

$$n_1 = \frac{3C_D F_r}{4u} \quad (8\text{-}18)$$

$$C_D = \frac{\mathrm{d}\lambda_1/\mathrm{d}b}{(1+3\lambda_1/8u)^3} \quad (8\text{-}19)$$

根据以上方程推导过程可以看出,对载荷方程和载荷系数的求解实质上归结为对附加质量 m_1(或 λ_1)及其变化量 $\mathrm{d}\lambda_1/\mathrm{d}s$ 的求解。其方法是输入初始参数 m、v_0 及 R_0,并通过试验获得减加速度 $\mathrm{d}v/\mathrm{d}t$ 的时间函数,代入式(8-9)变换获得以下方程:

$$-(m+m_1)\frac{\mathrm{d}v}{\mathrm{d}t} - B_0 + mg = \frac{\rho}{2}C_d(s)A_0 v^2 \quad (8\text{-}20)$$

式中

$$C_d(s) = \frac{2}{\rho A_0}\frac{\mathrm{d}m_1}{\mathrm{d}s} + C_{ds} \quad (8\text{-}21)$$

对 $\mathrm{d}v/\mathrm{d}t$ 进行积分获得瞬时速度 v,再对速度积分可获得入水深度 S,浮力 B_0 可根据模型在初始水面之下所排开水的质量得到,代入式(8-20)可获得总的阻力系数 $C_d(s)$,如此反复迭代则可获得附加质量 m_1(或质量系数 λ_1)随入水深度 s 变化的拟合曲线,进而获得入水载荷。

基于 von karman 提出的用动量守恒方法进行入水载荷分析,国内外关于入水冲击动力学方面的理论和试验研究已经取得了较多的成果和发展。Baldwin 借助 von Karman 的思想,开创了"等效锥"法来预报尖拱体头型的入水阻力。国内顾懋祥、程贯一和张效慈等利用流场和结构响应相互迭代的计算方法进行了平头旋转壳体垂直入水弹性效应研究,陈九锡应用速势理论进行了任意轴对称结构体对自由液面垂直撞击的计算。随着计算机硬件和软件的高速发展,尤其是 ANSYS、DYTRAN、LS-DYNA 等一些商用工程软件的出现及发展,有限元分析软件在瞬时动力学分析中得到广泛应用。例如,采用非线性有限元 ANSYS/LS-DYNA 软件就可以较好地处理多种物质的流-固耦合问题,仿真研究能比较逼真地显示结构体高速入水时,结构体的结构形态变形及应力变化情况、流体内部压

力、冲击波、密度的变化和结构体在流体内运动的轨迹变化情况。

假设一助飞鱼雷头部为尖拱外形刚性体,经历发射及空中飞行后入水,其入水角度很大,按入水瞬时速度方向与雷体轴线重合的垂直入水状态进行建模,仅考虑雷体自重及流体施加的冲击作用,仿真可获得雷体入水过程的压力及过载情况。图 8-1 为浸水压力载荷随相对侵深的变化曲线,图 8-2 为侵水轴向过载曲线。由图可以看出入水角度相同、入水速度不同,冲击压力载荷及过载不同,

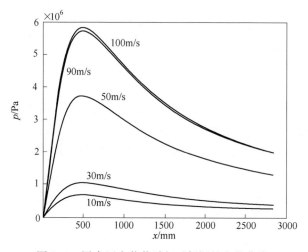

图 8-1　浸水压力载荷随相对侵深的变化曲线

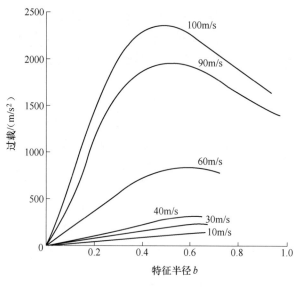

图 8-2　侵水轴向过载曲线

且随着入水速度的增加,入水压力急剧增加;侵水过载的最大值越大,且到达最大值的时间越短。说明入水速度的增加,对鱼雷头部装置是很不利的。

国内学者陈九锡等从事流体动力多年研究,获得并推荐平头体垂直入水冲击刚性载荷的估算公式,即

$$n = 8.16 \times 10^3 \frac{v_0 d^2}{m} \tag{8-22}$$

式中:v_0 为入水速度(m/s);d 为雷体直径(m);m 为雷体质量(kg)。

通过对入水速度在 22m/s 以下的试验平均值比较,该近似公式误差相对较小,不大于 15%。

另外,不同的雷体头部线型在相同入水条件下受到的冲击载荷的差异很大,如图 8-3 所示,在同样的雷体参数及入水条件下,分别采用平头形、半圆头形和尖拱形雷体进行垂直入水过程的载荷比较,截卵平头形载荷最大,尖拱形和半圆头形较小。由此可见,采用不同的鱼雷头型在一定程度上可有效降低入水载荷,减小鱼雷与水的接触面积会明显减小入水载荷峰值。但对于助飞鱼雷而言,鱼雷入水时的冲击环境明显比一般状态下严峻,在鱼雷流体外形设计中,为避免出现入水过程中过大的入水忽扑或弹跳,头部截平头线型是入水兵器的标准设计,这就更有必要采取机械或物理手段缓冲入水冲击。

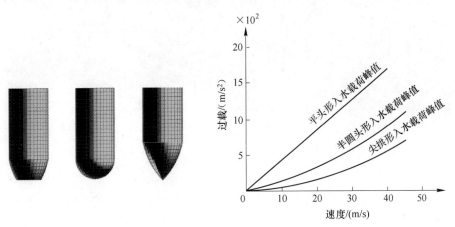

图 8-3 不同头形雷体入水过载峰值比较

8.2 入水缓冲及限载机理

助飞鱼雷在入水时遇到很高的瞬时冲击压力及过载,为确保鱼雷能安全可

靠入水,助飞鱼雷一般需在战斗载荷头部加装入水降载缓冲装置,即缓冲头帽。助飞鱼雷缓冲头帽的功能可概括为将鱼雷安全送入水中,缓冲鱼雷入水载荷,入水时与鱼雷可靠分离,且不损伤鱼雷,为鱼雷的水下稳定航行创造初始航行条件。

一般而言,对于高速运动的结构体入水来说,在发生碰撞或特定的冲击事件时能够吸收冲击能量并保护内部器件安全的能力称为"耐撞性"。即能够在突发或特定的碰撞事件中,依靠自身结构或附加装置的屈曲、破裂等破坏形式来减缓碰撞时的冲击载荷,消耗冲击能量,如图8-4所示。助飞鱼雷或相关高速入水的水中兵器缓冲头帽通常采用罩壳和缓冲器组合的复合结构。罩壳除承担空中飞行气动整流和空中承载功能外,一个重要的贡献就是与入水破碎解体的需求相匹配,依靠罩壳破裂解体的破坏形式来减缓入水碰撞时的冲击载荷,耗散冲击能量,随后缓冲器入水,压实或破裂解体进一步缓冲入水,直至结构体恢复为原来的雷头线型。

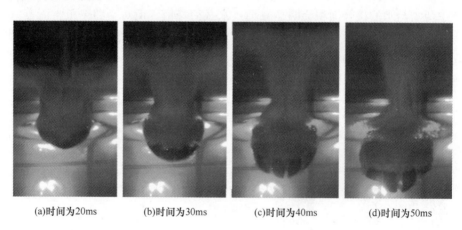

(a)时间为20ms　　(b)时间为30ms　　(c)时间为40ms　　(d)时间为50ms

图8-4　缓冲头帽典型破裂过程

鱼雷缓冲头帽主要的缓冲构件是在鱼雷头部与罩壳之间的缓冲器,如常用的泡沫塑料填充构件。由于硬质聚氨酯泡沫成型性能好、质地轻,受压后呈现较大的塑性变形,以及良好的耐湿、耐温、隔热等特性,所以一般作为缓冲构件的理想和首选材料。鱼雷入水时,夹在鱼雷头部和水面之间的缓冲器受压变形,吸收一定能量,可将入水时鱼雷头部受到的压力限制在泡沫塑料的屈服压力之下,大幅降低撞水压力峰值和侵水载荷水平,实现良好的缓冲效果。典型的硬质聚氨酯泡沫塑料压缩特性及压力应变关系如图8-5所示,逐段可描述为"弹性—理想塑性—与应变率有关—压实"模式。

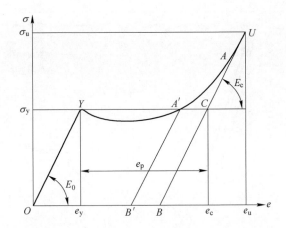

图 8-5　典型的聚氨酯泡沫塑料动态压缩特性曲线

e_y—屈服应变;e_c—压实应变;e_u—破坏应变;E_c—压实后的刚度。

一定入水条件下,鱼雷加装填充聚氨酯泡沫塑料缓冲头帽后的缓冲效果对比如图 8-6 和图 8-7 所示。

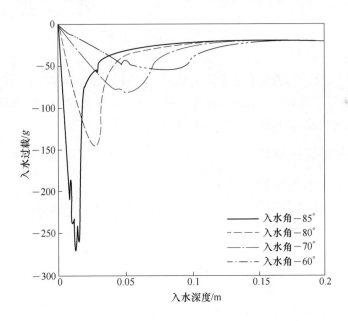

图 8-6　鱼雷(不带缓冲头帽入水时)轴向过载

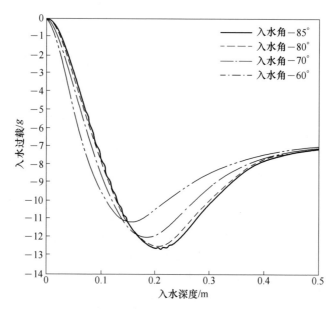

图 8-7　鱼雷(带缓冲头帽入水时)轴向过载

8.3　缓冲头帽设计

助飞鱼雷缓冲头帽安装于全雷的顶端,工作时间覆盖了助飞鱼雷从发射出箱、空中飞行及入水的整个过程,经历的高温、高压、振动、冲击、过载等工作条件非常恶劣、复杂,是助飞鱼雷设计的关键技术之一。

8.3.1　主要工作环境

1. 运输、贮存及装载

缓冲头帽必须适应运输、贮存及装载要求,具有耐温、抗湿、储存期长不易老化及性能稳定的特性。

2. 安全出筒

缓冲头帽安装于战斗载荷的顶端,必须经历发射时从助飞鱼雷点火到完全出箱的复杂、严酷的高温及压强冲击环境,受发动机、发射箱及燃气排导结构及全雷相关参数匹配性设计约束,缓冲头帽经历箱内及出箱后的环境温度最高达500℃以上,燃气流作用在发射箱构件后形成的扰动波到达发射箱前部时最大冲击压力可达 0.18MPa,缓冲头帽必须满足在发射出箱过程中保持结构和功能的完整性,为后续实现空中飞行减阻和入水的缓冲奠定基础。

3. 空中飞行

缓冲头帽在空中全程飞行过程中还应具备阻力小等良好的气动特性,能承受空中飞行过程和开伞过程产生的气动载荷,以及振动与冲击等力学环境。助飞鱼雷配装的战斗载荷一般为平头旋成体,如果这种适用于水下航行的头部线形在空气中裸露高速飞行,当飞行速度达到跨声速和超声速时,将使得飞行阻力急剧增大,损失有效射程,因此,缓冲头帽的设计必须有适于在空中高速飞行的特殊线形,使来流得到缓冲,降低阻力。另外,助飞鱼雷空中飞行过程中会产生较大的气动载荷,要经历发动机分离、雷箭分离及雷伞段等工作历程,对缓冲头帽的强度及安装稳定性提出了较高的要求。

4. 入水分离

助飞鱼雷在空中飞行末端必须把鱼雷安全送入水中,为保证水中稳定航行创造条件。由于助飞鱼雷在较高的高度和速度工况下实现雷箭分离,分离后的雷伞组合体实现减速入水后,要求缓冲头帽入水时既起缓冲作用,又要与鱼雷可靠分离,且分离残骸不得损伤鱼雷,确保鱼雷入水初始航行要求。

8.3.2 设计分析

1. 外形设计分析

在导弹等飞行器的涉及学科中,气动外形选择及设计是最基础且非常重要的环节,直接影响整个产品的飞行性能和飞行品质,对产品飞行安全、飞行效率与经济性等都具有决定性的影响,并直接影响产品相关设备的设计难度及工作安全性。缓冲头帽外形是助飞鱼雷全雷外形设计的重要环节,关系到全雷的总体性能,并直接与鱼雷的入水要求密切相关。

助飞鱼雷气动布局要求缓冲头帽在满足发射箱对全雷总长要求的前提下,长径比较大,有良好的气动外形以减少助飞鱼雷的飞行阻力,内部结构布局与战斗载荷自导头相匹配,起到良好的保护和隔热作用;同时,又要考虑助飞鱼雷入水时在撞击作用下能可靠碎裂,因此其顶端也不宜过尖,且与选用的材料性能相匹配。这就要求缓冲头帽外形必须具备如下优点:头部较钝,结构上比较合理,在同样长径比下具有较大的容积。国内外已经应用或正在研究的缓冲头帽外形有尖拱形、半球形、椭球形、钝球头截锥形等,如图 8-8 所示。半球形、椭球形内部容积较大,设计及制作简单,成本较低,但飞行效率相对较低,一般适用于弹径较大、外形尺寸受限、要求内部容积较大的头帽。钝球头截锥形外形相对比较复杂,锥体部分一般需要分段设计和制造。尖拱形外形由于内部容积较大,具有良好的气动外形,飞行阻力较小,是助飞鱼雷、深弹和导弹等武器常用的低入水载荷型流线外形。另外研究表明,尖拱形缓冲头帽还具有改善入水状态,避免出现大的忽扑,有利于鱼雷初期入水弹道的稳定。据资料分析,美国垂直发射"阿斯洛克"助飞鱼雷上加装的MK8-1型保护头帽外形为球头尖拱形。

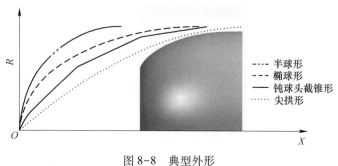

图 8-8　典型外形

缓冲头帽外形设计是基于全雷外形及结构布局设计进行的,并结合全雷弹道设计进行不同飞行工况下缓冲头帽的速度和压力分布分析及风洞试验验证。对于同一类型的外形,还需进行流动参数的多轮迭代和对比。图 8-9 为线形 1 和线形 2 的流动参数仿真示意,在满足缓冲头帽功能要求前提下,选择压力系数分布陡变小、压力梯度过渡光顺的最优飞行性能和品质外形线形 1。

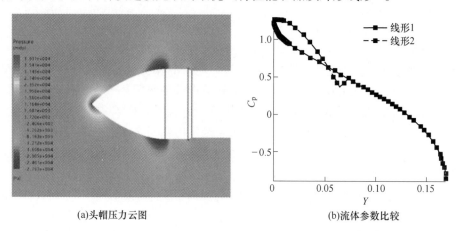

(a)头帽压力云图　　　　　　　(b)流体参数比较

图 8-9　典型缓冲头帽外形的压力分布仿真示意

2. 结构设计分析

入水缓冲头帽一般由壳体、缓冲构件、锁紧机构及适配机构等组成。一般采用壳体与战斗载荷自导头之间设计缓冲构件的夹层结构布局方式,并结合全寿命周期进行发射过程、空中飞行及入水阶段的强度和稳定性校核。助飞鱼雷缓冲头帽一般受发射过程高强度及入水分离的低强度要求,头帽的强度裕度严重受限。因此,缓冲头帽结构设计必须对这两种工作环境下强度进行重点校核(图8-10),并结合进行结构适应性布局调整,以满足入水分离前提下,头帽在发射及飞行过程都能正常工作。

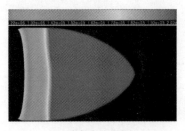  

(a)发射出箱阶段　　　　　　(b)空中飞行阶段　　　　　(c)入水分离阶段

图 8-10　典型缓冲头帽工作过程强度分析

缓冲头帽壳体是承受各种发射、飞行及入水等复杂力学和气候环境的主要部件和直接作用零件,壳体一般为整体薄壁件,壁厚可根据强度及稳定性设计采用等壁厚或变厚剖面结构。壳体材料的选择或设计是保证缓冲头帽全寿命周期内可靠工作和入水分离功能实现的前提与关键:首先应保证有一定的强度和脆性,满足发射箱及空中飞行的安全性及入水碎裂解体的要求;其次应具有耐温、抗湿、贮存期长、不易老化及性能稳定等特点,以满足作战及长期贮存的要求,可参考设计的有塑料类、玻璃类、酚醛塑料类和热固性复合材料类等多种材料。

缓冲头帽的安装及锁紧机构必须保证有足够的强度,确保在运输、装载、发射、空中飞行及入水过程中的自身安全和功能正常。如图8-11所示,缓冲头帽的锁紧结构一般设计成压块式、充气式和弹簧卡式等。助飞鱼雷的战斗载荷一般为轻型鱼雷,为减少战斗载荷的航行阻力和噪声,要求战斗载荷的自导头壳体外表面及透声橡胶膜曲线光顺、无拐点、表面光洁,不允许有任何划伤。由此可见,缓冲头帽与战斗载荷自导头的安装和锁紧不得涉及战斗载荷的任何结构改动,安装及入水分离均不得影响鱼雷入水后的自导功能。

关于鱼雷入水的缓冲原理及方法有多种渠道,缓冲头帽的缓冲及限载技术原理相对比较浅显,但要完成满足缓冲及限载要求的总体方案必须对缓冲材料的特性、缓冲构件的几何尺寸进一步地研究、分析和验证。

8.3.3　典型入水缓冲头帽

鱼雷入水缓冲装置从最早开始的加装弹性伸缩装置、空气捕获器、木质头帽

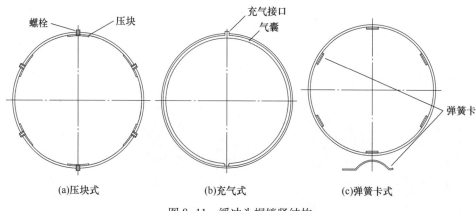

图 8-11 缓冲头帽锁紧结构

及气囊等,到比较广泛使用的缓冲材料为泡沫塑料的雷头保护帽,先后开发的 MK7-2、MK8-1 等缓冲头帽,均已装备于美国的"阿斯洛克"鱼雷,可有效降低鱼雷入水冲击和过载,实现高速条件下的鱼雷安全入水。

如图 8-12 所示,MK8-1 头帽安装于 MK12 发射器斜架发射的"阿斯洛克"

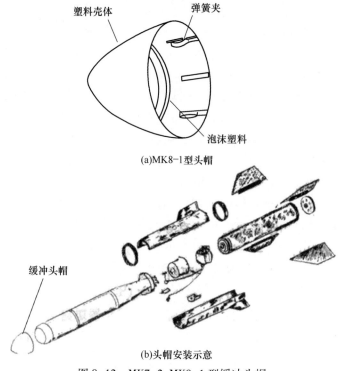

图 8-12 MK7-2、MK8-1 型缓冲头帽

反潜导弹头部,该缓冲头帽的主体为塑料材质,内部用泡沫塑料局部填充,依靠内表面的肋和弹簧夹把头帽套接于鱼雷上,改善全雷飞行气动外形,在入水时缓冲鱼雷入水,并从鱼雷头部碎裂脱落。

以上缓冲头帽结构简单、体积和质量较小,一般适用于战斗载荷为轻型鱼雷的助飞鱼雷,依靠缓冲头帽的罩体撞水碎裂及内部填充的泡沫塑料降低鱼雷入水的冲击载荷;但存在鱼雷发射出箱、空中飞行高强度要求与入水撞击碎裂低强度要求设计矛盾限制,导致使用中存在缓冲头帽入水不分离的风险。针对该问题,有资料显示,工程上提出了一种靠气体做功实现分离的鱼雷缓冲头帽(图8-13),缓冲头帽入水时,头部敏感巨大的冲击力击发气体发生器,产生的气体使气囊充气膨胀,从雷头上拔下缓冲头帽,实现雷帽分离。该原理分离可靠,但结构复杂,涉及气体发生器、敏感部件等多个部件和环节,体积和质量都较大。

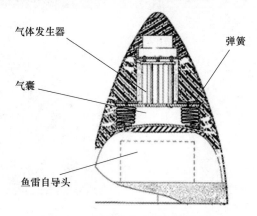

图8-13 气囊式入水分离缓冲装置

纵观不同的入水缓冲工程实践,在实现入水缓冲功能的前提下均面临着入水保护和可靠分离相矛盾的技术难题。基于助飞鱼雷入水的特殊环境,缓冲装置普遍为被动式撞水分离结构,但是受入水缓冲的需求设计,其分离已经不是单纯的撞击破坏。缓冲头帽的缓冲及分离机理:如图8-14所示,缓冲头帽轴向安装于战斗载荷的自导头上,通过其内部的适配机构实现装配的轴向限位,并在飞行和入水过程传递受力。当鱼雷带缓冲头帽高速入水时,撞水瞬间的入水冲击力使缓冲装置与战斗载荷在适配机构的作用位置产生运动,鱼雷自导头向缓冲头帽内轴向移动"撑进",鱼雷自导头在缓冲构件的作用下实现入水缓冲;同时,缓冲头帽的壳体在适配机构的集中受力部位首先产生损伤裂纹,裂纹瞬间扩展,头帽壳体完全裂透、碎裂解体,进而与鱼雷自导头分离,这样便实现了对鱼雷的入水缓冲和可靠分离功能。由此可见,缓冲头帽的技术研究就是基于入水分离的机理,对用于缓冲头帽的壳体、缓冲单元材料和入水分离结构进行分析。

鱼雷入水缓冲头帽的壳体一般可选择陶瓷、酚醛塑料、玻璃钢及碳纤维等材料,结合与分离功能相匹配的适配机构实现缓冲装置在各种工况下的安全承载,并确保入水时受撞击作用分离,与缓冲单元共同作用实现鱼雷入水缓冲。

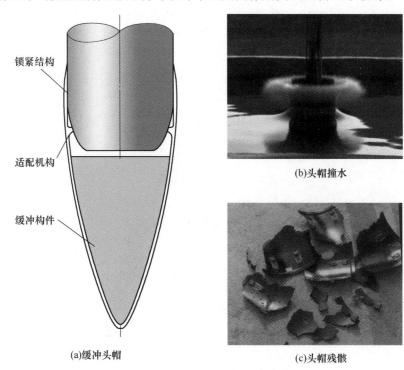

图 8-14 典型的缓冲头帽及分离试验

8.4 缓冲头帽试验技术

鱼雷缓冲头帽的工作环境覆盖了从发射出箱、空中飞行到入水分离的全工作过程,作为助飞鱼雷的关键组件,需在研制中开展系列地面或台架验证试验,根据缓冲头帽的设计特点及关键技术分析。一般需进行如下专项试验。

1. 模拟压力试验

鱼雷缓冲头帽安装于助飞鱼雷的前端,发动机点火后,发射箱未打开时,在缓冲头帽与发射箱前盖部位有扰动冲击波及燃气急剧聚集,积聚过程会产生较大的冲击载荷,可能导致头帽在发射过程损坏脱落,需对发射过程头帽适应箱内环境的能力进行试验验证。

如图 8-15 所示,试验时将缓冲头帽安装好,并对头帽与战斗载荷的安装间隙进行密封,测试加压过程头帽内外压强,试验获取的头帽内外压差即是头帽的承载压力,该压力大于助飞鱼雷发射过程头帽附近的最大冲击波压强,则头帽发射过程安全。

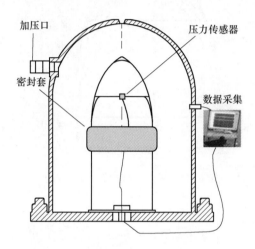

图 8-15　模拟压力试验原理图

2. 承载能力试验

缓冲头帽研制中必须进行必要的承载能力验证。

1) 轴压承载能力试验

鱼雷缓冲头帽轴压承载能力试验的目的是验证头帽能否满足头帽承受飞行轴向气动载荷及入水时头帽碎裂解体的性能要求。

如图 8-16 所示,试验时通过试验机轴向压缩加载,记录缓冲头帽轴向承载及至破坏的过程,获得头帽的轴压承载能力,并验证头帽的入水分离机理。

2) 法向承载试验

鱼雷缓冲头帽法向力学试验的目的是对头帽满足全射程范围内法向承载能力进行验证。如图 8-17 所示,试验时通过试验机法向压缩加载,记录头帽在要求的法向承载作用下的偏斜程度,并观察头帽的结构完整性。

3) 抗解脱能力试验

头帽在自导头上的安装方式为非固连结构,发射时冲击波会引起头帽从自导头上向外拔脱;另外,头帽在开伞过程会产生较大的负过载,如果抗解脱能力偏小,势必导致头帽出箱时或在空中飞行过程脱落。头帽的抗解脱能力

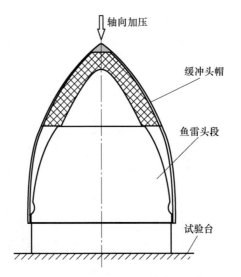

图 8-16 轴压承载能力试验原理图

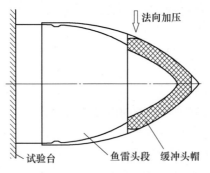

图 8-17 法向承载能力试验原理图

试验目的是对头帽出箱过程及空中飞行阶段抵抗解脱的能力进行验证。如图 8-18 所示，试验时通过试验机轴向拉伸头帽，记录头帽拔脱过程的最大拉力及位移。

3. 雷帽入水分离试验

雷帽入水分离试验是对不同入水条件下头帽的分离功能及缓冲效果进行验证。如图 8-19 所示，试验时，将缓冲头帽按真实的安装状态安装于模型雷上，在模拟投放试验设施上按要求的速度和姿态发射入水。雷帽分离也可用直升机投放方式进行。

第 8 章　入水缓冲技术

图 8-18　抗解脱能力试验

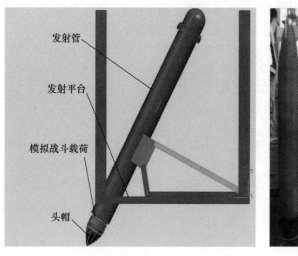

(a)试验装置　　　　(b)头帽入水分离

图 8-19　雷帽入水分离试验示意图

参 考 文 献

[1] 杨世兴,李乃晋,徐宣志. 等空投鱼雷技术[M].昆明:云南科技出版社,2001.
[2] 傅德彬,姜毅. 某导弹易碎盖的开启过程[J].固体火箭技术,2007,30(4):275-277.
[3] 陈乐生,王以伦.多刚体动力学基础[M].哈尔滨:哈尔滨工程大学出版社,1995.
[4] 洪嘉振.计算多体系统动力学[M].北京:高等教育出版社,1999.
[5] 万晓峰,刘岚.LMS Virtual. Lab Motion 入门与提高[M].西安:西北工业大学出版社,2010.
[6] 胡爱闽.基于 ADAMS 的柴油机曲轴系统多体动力学仿真[J].煤矿机械,2010,31(2):62-65.
[7] 陈欢龙.三轴气浮台多体动力学建模与仿真[J].西北工业大学学报,2010,28(6):332-337.
[8] 缪炳荣.基于多体动力学和有限元法的机车车体结构疲劳仿真研究[D].成都:西南交通大学,2006.
[9] 乐挺.Z 型翼变体飞机的纵向多体动力学特性[J].航空学报,2010,31(4):679-686.
[10] 豪格 E J.机械系统的计算机辅助运动学和动力学[M]. 刘兴祥,李吉蓉,林梅,等译.北京:高等教育出版社,1995.
[11] 黄文虎,邵成勋.多体系统动力学[M]. 北京:中国铁道出版社,1996.
[12] 休斯敦,刘又午.多体系统动力学[M]. 天津:天津大学出版社,1991.
[13] 黄景泉,张宇文. 鱼雷流体力学[M]. 西安:西北工业大学出版社,1989.
[14] 丁佩然,钱纯. 非线性瞬态动力学分析[M]. 北京:科学出版社,2006.
[15] 张宇文. 鱼雷弹道与弹道设计[M]. 西安:西北工业大学出版社,1999.
[16] 魏照宇,石秀华.回转体高速垂直入水冲击特性研究[J].鱼雷技术,2010,18(5):341-342.
[17] 钱立新,刘飞,屈明,胡艳辉,等. 鱼雷头罩入水破坏模式研究[J].鱼雷技术,2015,23(4):257-261.
[18] 李强,石秀华,曹银萍. 鱼雷头部形状对入水影响的数值模拟研究[J]. 弹箭与制导学报,2009,29(4).

第9章

内遥测技术

内遥测技术是随着我国助飞鱼雷系列化产品的研制和电子信息行业技术发展逐步建立的具备跨介质测量能力的测量技术。在研制阶段,内遥测技术是获取助飞鱼雷飞行试验中各系统的工作参数、全雷弹道和环境参数的主要手段,这些数据是鱼雷研制过程中进行故障分析、性能评定、状态确定和改进设计的重要依据。在助飞鱼雷的批产交验及交付后的使用中,内遥测所获取的数据也是检验部队训练成绩及实战效果的重要参考。

内遥测技术涵盖了传感器技术、接口及信号调理技术、信号采集与存储技术、自主式弹道测量技术、遥测数据传输技术等诸多技术门类,每一单项技术均自成体系,且有专门的论著。本章对每一单项技术均有论述,但不深入展开,着重结合助飞鱼雷试验测试的特点对内遥测技术进行功能性、原理性的介绍,以及在助飞鱼雷上的应用。

9.1 内遥测的概念及组成

内遥测技术是传统鱼雷内测技术和航天遥测技术在助飞鱼雷上的有机融合。从数据的层面,内测技术和遥测技术均可定义为数据获取、编码、传输和存储的过程,不同之处在于数据传输的方法,这与测试对象的工作环境密切相关。火箭助飞鱼雷是结合了运载火箭和传统鱼雷的新型鱼雷,既有空中飞行又有水下航行,其跨介质的工作环境促进了内测技术和遥测技术的统一。内测功能完成助飞鱼雷在预设定、空中飞行与分离,以及鱼雷入水、启动、航行和停车过程的参数测量与记录,内容涵盖各种控制信息、航行姿态参数及雷上各系统工作状态参数、环境参数等。遥测功能可以实现空中飞行阶段助飞鱼雷工况、环境参数、雷箭分离参数(姿态、图像等)的测试与实时传输。

在传统鱼雷的范畴,内测技术是一个在鱼雷行业经常使用的专业名词,它是指通过装在鱼雷内部的设备实现对鱼雷工况、环境等参数的测量和记录,是相对采用光测、雷达测量、高速摄影等外测技术而言的,它与其他领域(如常规箭弹)中所用的存储测试技术类似,可应用于所有可回收条件下的测试需求。

内测技术的实现即内测系统,通常要完成对鱼雷工作过程的环境参数(如压力、温度、深度、冲击、振动)和工况参数(如控制系统、自导系统、动力系统工作参数)的测量与记录,以及弹道参数的测试。弹道参数的测试是指不依赖控制系统提供的弹道数据,而独立自主测试并记录鱼雷实航过程的弹道参数(姿态角、三维坐标、速度等)。内测技术是多项专业理论和技术的综合应用,它主要涉及的理论和技术有传感器技术、数据采集理论、信息存储技术、捷联惯性测量技术、GPS/BD 全球定位技术。

内测技术的实现包括三个过程:

(1) 将需要测量的参量(或参数)转换成适于采集的规范化的信号,完成这一过程主要依靠各种传感器,它们将各种非电的物理量转换成电量;

(2) 将所有模拟量信号转换成数字量,并将这些数字量和其他一些需要记录的数字量、开关量进行统一编码;

(3) 所有测试数据按一定规律存储,并能在鱼雷回收后对数据进行转存和处理。

内测系统通常由雷上对应设备和地面设备两部分组成。雷上设备负责测试、记录鱼雷工作的各种参量。地面设备负责完成对雷上设备的记录数据进行回放和地面存储,并对所记录的各种参数进行分析,以便于对鱼雷航行状态进行评估。雷上设备包括雷上电源模块(一/二次电源)、传感器单元、弹道参数测量单元(如 GPS 接收机、惯性测量单元(IMU))、接口及信号调理单元、控制中心机(含存储器)等。其功能是通过相关传感器对各种参量进行测试,并经 A/D 转换、采集编码,将数据按一定规律存入存储器。图 9-1 是内测系统组成框图。

遥测是将一定距离外被测对象的参数,经过感受、采集,通过无线传输,由接收设备进行接收、解调、解码、分析处理和记录的技术。在火箭助飞鱼雷的空中运载过程中,运载器和战斗载荷工作状态参数、环境参数、雷箭分离参数(姿态、图像等)等必须在战斗载荷入水前可靠获得,而能实现这一功能的目前只有遥测技术。遥测系统弹上设备完成对所有被测参数的测试、编码,形成数据码流,再通过遥测发射机经无线通道将数据传输到遥测地面站,地面站由天线系统、基带、数据接收解码、计算机系统等组成,它将数据流解码后由硬盘进行多通道并行记录,进行分析处理。

第9章 内遥测技术

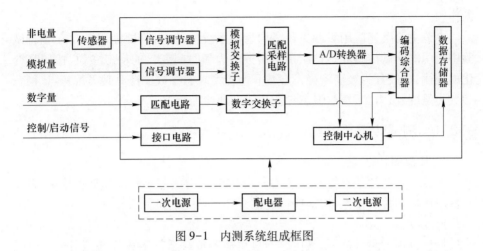

图 9-1 内测系统组成框图

遥测的基本实现包括信息采集与编码、无线传输、数据接收与处理。图 9-2 是遥测系统的基本组成框图。

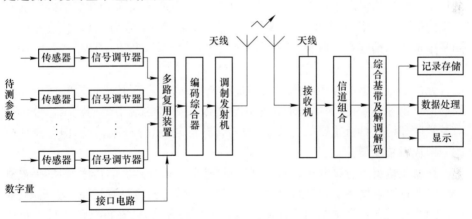

图 9-2 遥测系统的基本组成框图

9.2 传 感 技 术

在助飞鱼雷的研制过程中，不仅地面的常规试验需要通过传感器将试验结果量化（如刚度与强度试验中的应变和位移测量，发动机地面试车实验中的力、压力和温度测量等），在飞行试验中，由于助飞鱼雷的技术特点，通过传感器将环境参数，以及各级分离条件下的结构响应量化对设计修正及优化有不可替代

239

的作用。

本节主要阐述应用于助飞鱼雷内遥测系统的传感器,即助飞鱼雷在飞行试验中使用的测试传感器。其测量的参数均为随时间变化的动态参数,按照其变化的规律,一般分为缓变型稳态参数和速变型瞬态参数。针对其飞行特点,稳态参数为温度、压力和过载,瞬态参数为振动和冲击。

9.2.1 测试传感器分类

1. 传感器特性

测试传感器的基本特性为输入—输出特性,分为静态特性和动态特性,以及与使用环境相关的特性等,这些特性往往又相互关联和制约。

1) 量程

量程也称为测量范围,是传感器量程从零负载至额定负载的绝对值。对于交变载荷测量用传感器,其量程特征值往往包括最小测量值,正向或负向最大测量值。一般量程是指传感器线性范围内所能测量的最大范围。超出测量范围的测量值在传感器特性中也有指明,其线性度相比测量范围内的真值准确度会有一定的降低。使用中,如果不能够准确预估被测物理量的大小,那么应在初始的测量中量程和精度有所取舍。

2) 分辨率

分辨率是传感器能检测到的最小量值或频率,一方面是指传感器所能检测到的最小物理量变化,另一方面是指传感器所能分辨的最小频率范围。分辨率对灵敏度和精度具有重要的意义,一般而言精度越高,分辨率越高,但分辨率高不一定代表精度高。

在助飞鱼雷飞行试验中,应综合效费比选取合适分辨率的传感器:如果被测物理量严重影响助飞鱼雷某部件的性能特性,其传感器应具有较高的分辨率,如果被测物理量在较大范围内变化而又需要较高的分辨率,在可行的条件下可以选取多个测量范围连续的高分辨率传感器进行接力测量。

3) 灵敏度

测试传感器静态特性主要考量的技术指标是在其线性测量范围内的输入—输出曲线,一般为线性曲线,其斜率即为通常所说的灵敏度:

$$k = \frac{dy}{dx} \tag{9-1}$$

式中:dx、dy 分别为输入物理量与输出电压量的变化值。

理论上讲,灵敏度是随输入与输出范围变化的量,当输入—输出呈现线性变化时,即在传感器测量范围内,k 为常数时,称为满量程灵敏度。在工程实践上,根据对测量参数精确性要求的不同,将 k 值限定在一定公差范围内时,其测量范围即为该传感器量程。

4）精度

精度是衡量传感器性能优劣的决定性指标,其值由多项因素决定,但指标主要有传感器的非线性和横向灵敏度比。传感器的非线性表示校准曲线与拟合曲线的不一致程度,理论零负载至额定负载的输出曲线的连线应为直线;但实际上每个传感器输出特性都不是绝对线性,实际输出曲线与拟合直线的偏差即为传感器的非线性。横向灵敏度比适用于压阻式加速度传感器,为垂直于传感器敏感方向输出与传感器敏感方向灵敏度的比值,一般在传感器生产完成后就已经成为一个确定的数值。由于传感器的非线性与横向灵敏度比是不相关的,因此综合精度的值应为非线性度与横向灵敏度的几何叠加。其方法如下：

$$A = \sqrt{a^2 + b^2} \tag{9-2}$$

式中: A 为综合精度; a 为非线性; b 为横向灵敏度比。

此外,影响综合精度还有零点漂移、温度误差（热零点漂移、热灵敏度漂移）等,首先这种误差远小于两项主要误差;其次若被测产品同时装有温度传感器,在进行数据处理中都可以通过软件方法消除该误差。

2. 温度传感器

在型号研制的方案阶段往往需要对温度进行测试,对助飞鱼雷发射和飞行中环境温度进行测量,在工程中应用最多的是温差热电偶和热敏电阻。

温差热电偶具有结构简单、测量范围大、热惯性小,以及便于远端传送或信号转换等特点。由于其属于自源式传感器,一般需要变送器对型号进行冷端温度补偿和信号放大处理。

热电阻传感器主要用于较低温度范围的测量,其优点是精度高,不需要冷端补偿,但与其连接的导线电阻会对测量结果造成影响。热电阻传感器原理相对简单,即通过导体或半导体电阻随温度变化的特性来计算被测产品的温度。

3. 压力传感器

压力传感器主要用于助飞鱼雷发射、飞行至入水过程的压力测试,主要是通过压力敏感部件在感受到压力变化时产生的电阻变化进行压力测量。按照压力随时间变化快慢分为静态压力传感器和动态压力传感器,按照测试压力与外界压力的关系分为绝对压力传感器和相对压力传感器,按照被测压力的温度变化分为常温压力传感器和高温压力传感器。

在工程中使用较多的是膜片式压力传感器,当压力传递到膜片时,周边刚性固支的膜片表面积变化导致电阻变化来测量压力。为对动态压力进行测试,一般要保持膜片外露状态。由于膜片为敏感易损元件,往往需要将其保护在罩体内,但保护罩的存在往往又会导致频率响应的下降。因此,高动态压力传感器的实现重点往往集中于保护罩开孔的大小、分布、数量和厚度等进行的设计。

使用绝对压力传感器时,其输出不需要与当地大气压进行换算;但使用相对压力传感器进行测试时,需要记录当地大气压值,并对常压输出以100kPa为参考点按下式进行修正:

$$Y_1 = Y_0 + b(X_0 - X_1) \tag{9-3}$$

式中:Y_1 为修正到100kPa时的常压输出值(V);Y_0 为试验场所大气条件下的传感器输出值(V);b 为传感器的常温灵敏度(V/kPa);X_1 为试验场所大气压力(kPa);X_0 为100kPa参考点大气压力,$X_0 = 100$ kPa。

4. 加速度传感器

目前使用最广泛的加速度传感器是压电式加速度传感器,其特点是量程大、频带宽、体积小、质量小、安装简便,以及环境适应性好。作为自源式传感器,加速度传感器主要是利用外力作用引起晶体或陶瓷等压电材料中电荷发生变化导致输出电压变化进行加速度测量。实施方式是利用压电元件上固定的质量块,当被测物发生运动状态变化时,质量块的惯性力作用于压电元件产生电荷,此电荷与加速度大小成正比,将电荷输入前置放大器中,就可以测出加速度大小。

按照加速度传感器敏感频率范围,还可以分为过载传感器和振动传感器。

1) 过载传感器

过载传感器用于测量被测产品恒加速度,也就是物体的零赫兹响应,获取的过载加速度能够计算产品受到的外力。其一般采用梁式结构,质量块固定在梁式结构的中间,质量块受重力作用压迫或拉伸梁,梁的变形导致电荷输出的变化,能够获取产品在重力作用下的过载。当传感器敏感方向与竖直方向一致时,其输出为正或负的一个重力加速度,因此,零点输出是将传感器敏感轴按与水平方向平行的方向放置,测量传感器的输出值。然后将传感器翻转180°后测量传感器的输出值。传感器的零点输出为

$$E_0 = \frac{E_2 + E_1}{2g} \tag{9-4}$$

式中:E_1 为传感器的输出值;E_2 为传感器翻转180°后的输出值;g 为当地重力加速度。

在工程上,完全意义上的零赫兹响应是不存在的,在实现指标上往往指定低于20Hz或更高频率值作为其线性区间,以零赫兹作为参考点来计算频率范围内非线性是否满足要求,一般限定在±3dB范围内。

2) 振动传感器

振动传感器按照其频率响应范围又可以分为振动传感器和冲击传感器,这种划分无严格的界限,这是针对在不同行业对产品的要求不同而划分。对于大型构件,低频的响应往往会对结构造成影响,因此其振动频率范围往往确定在较低的范围内,如 20~50Hz;对于精密仪器或高速运动构件,较高的振动频率也会造成晶阵、电子元件焊脚的损坏,或对其他部件造成影响,因此其振动频率范围往往较高,如 20Hz~2kHz。

冲击传感器不同于振动传感器,其主要用于瞬态测试,如碰撞或爆炸响应,由于这两种结构响应往往具有较高的幅值和宽泛的频率,因此,冲击传感器往往体积更小,以确保其固有频率远大于振动产品的振动频率,避免测量误差过大。

一般要求振动传感器的线性频率响应带内不平度小于±3dB,带外衰减不小于 20dB/oct。

9.2.2 测试传感器选择

1. 选择

基于内测系统特征,用于飞行试验使用的传感器多为电阻应变式传感器,其主要原理是通过应变膜片表面变化引起电阻变化,即在给定的输入电流下,输出的电压特性发生变化,从而获取需要测试的物理量。同时,测试系统供电,信号调理,输出都存在系统误差和随机误差,而传感器本身的调节电路也存在测量误差,因此,传感器精度应与测试系统相匹配,过高追求传感器测试精度并不符合实际工程需求。在助飞鱼雷的飞行试验中,由于试验的不可重复性,以及传感器为一次使用型,选择合适量程和精度的传感器不仅能够提高测试结果的准确性,还能够降低研制成本。

由于助飞鱼雷多采用箱式热发射,因此在型号的方案研制阶段必须进行雷体外部和内部的温度测量,以校核各组部件耐温度环境能力。雷外温度传感器的高温阈值取决于箱内燃气流的温度,低温阈值取决于其能够飞行的最大高度;另外,由于助飞鱼雷出箱为瞬态过程,要想得到出箱全程的温度变化,雷外温度传感器还需要具有较高的响应频率。而雷内温度由于壳体的隔离,燃气流以及飞行气动热主要依靠壳体传导,内部温度变化缓慢。可以根据助飞鱼雷环境条件要求的温度范围,并考虑最大飞行时间壳体热导率基础上,选择合适量程的静态或准静态温度传感器。助飞鱼雷的动态压力过程主要是出箱和鱼雷入水过程的冲击压力,以及飞行过程中的静态压力,在选择原则上基本与温度传感器相同。

在加速度传感器的选择上,助飞鱼雷全程飞行过程中,应仔细分析助飞鱼雷能够产生过载的环节,以及各环节中过载的基本范围,如发射阶段能够根据发动机的推力换算出基本的过载加速度,根据主动分离的作动筒或弹簧作用推算出分离过载,根据雷箭分离速度至入水速度推算出雷伞系统最大过载。在以上过程中,选取最大过载并在一定的安全系数基础上确定过载传感器量程以及频率响应范围。

对于振动和冲击传感器的选择一般可以分步进行,在方案初始阶段,通过地面试验测试结果,初步确定传感器的量程和频率响应。但是,地面约束状态的试验结果往往与空中自由状态测试结果不同,此时,应对其量程和频率响应进行调节,以适应飞行试验测试精度要求。

此外,在上述传感器的选择上,各传感器附加指标应该在技术要求中指明,如压力传感器应满足温度范围使用要求,振动传感器应满足抗最大冲击使用要求等。

2. 校准

传感器必须进行定期校准,对于重要的试验,每次试验前都对传感器进行校准。

温度传感器的校准方法有固定点校准和比较法。固定点校准是在纯物质的熔点、沸点等固定温度点上进行,校准精度高。比较法是通过和标准温度计在加热或降温设备中的输出相比较获得,校准简便、经济。

压力传感器的校准方法分为静态和动态两种。动态压力传感器需要同时进行静态和动态校准。静态校准一般使用标准活塞压力计作为标准压力源,在传感器满量程范围内分为若干校准级(一般不少于6级),逐级对传感器施加标准压力值,记录传感器加载和卸载输出,从而计算出传感器的静态特性方程。动态校准包括输出值的校准和频率响应校准,将传感器牢固地安装在激波管上,通过激波管产生阶跃压力,采集压力信号波形,测量波形固有频率f_0,计算压力传感器频率响应应满足要求。具体如下:

$$f = 0.3 f_0 \qquad (9-5)$$

式中:f为频率响应(Hz);f_0为固有频率(Hz)。

加速度传感器采用比较法校准,使用一个标准加速度传感器来校准被校加速度传感器,通过一次两个或多个被校传感器与标准加速度传感器一起安装在振动台上,对被校传感器灵敏度、非线性度、横向灵敏度和频率特性等主要指标进行校准。

灵敏度校准是在某一恒定频率下,传感器规定的测量范围内调整校准台所产生的加速度值,记录标准加速度传感器和被测传感器的输出电压或电压比,获得被校传感器灵敏度。其可表示为

$$S_Z = \frac{U_Z}{U_S} \times S_S \tag{9-6}$$

式中：S_S 为一次标准加速度传感器的校准系数(mV/(m/s^2))；U_S 为一次标准加速度传感器的输出(mV)；U_Z 为被测传感器的输出(mV)。

考虑传感器的耐受性，在灵敏度测量中由于使用满量程校准存在损坏的风险，因此往往使用80%满量程作为校准的最大输入。

非线性度是将输入信号频率固定在某一值，在传感器规定的测量范围内（含最大值）选择 $n(n \geqslant 6)$ 个点测试传感器在各点的灵敏度，然后按下面的方法计算非线性误差：

首先计算第 $i(i=1,2,\cdots,n, n \geqslant 6)$ 个测试点灵敏度 S_{Zi} 的平均值：

$$S = \sum S_{Zi}/n \tag{9-7}$$

然后计算各测试点的非线性误差：

$$\delta_i = |(S - S_{Zi})/S| \times 100\% \tag{9-8}$$

找出 δ_i 中的最大值，即为被校传感器的非线性。

横向灵敏度比是将加速度传感器垂直安装在振动台上，振动台在水平方向以一定的频率和加速度振动，同时加速度传感器的安装平台缓慢水平转动，测量传感器的输出，以确定一周范围内传感器的最大横向灵敏度比。

加速度传感器的频率校准包括幅频特性和相频特性，幅频特性表示加速度传感器灵敏度随频率的变化特性，相频特性表示加速度传感器输出信号与输入信号之间的相位差随频率的变化。一般仅进行幅频特性校准，方法是将信号发生器输出幅值恒定、不同频率的交流电压信号，记录被校加速度传感器输出信号，得到其输出和频率的对应关系。

9.3　接口及信号调理技术

当被测参数通过传感器进行获取后转换成电信号，或其他系统的数字量信息通过总线接口传输过来后，内遥测系统首先需要进行信号调理或电平转换，将信号进行隔离、变换成系统可接收的数字信号，然后进行存储或形成脉冲编码调制(PCM)数据流由遥测无线通道进行远距离传输。

内遥测系统需要测试、记录和传输的信号既有缓变(如温度)信号，也有高频速变(如爆炸冲击)信号，还有从其他系统通过总线传输的姿态、位置、控制信息等数字信号，在所有被测参数记录、传输之前，均需进行调理、变换，这由信号调理和采集模块完成。

9.3.1 模拟量调理

模拟量是指通过传感器采集的温度、压力、振动、冲击、过载等非电量,以及其他系统的电压、频率、电流等电量信号。这些模拟量需通过零位调整、放大、整形、滤波、隔离等处理后,再经过 A/D 变换,形成数字量供计算机进行编码、存储等处理。

模拟量信号调理电路原理框图如图 9-3 所示。

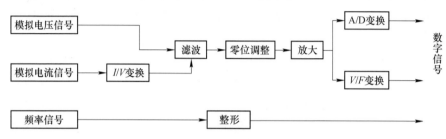

图 9-3 模拟量信号调理电路原理框图

模拟信号调理电路是被采样信号的输入通道,在保证被测信号不失真的前提下,对输入信号进行低噪声放大、滤波等预处理。高速数据采集系统的输入信号通常为高频信号,需要进行阻抗匹配和前置放大,可以选用高速低噪声信号前置放大器和信号变压器。信号前置放大器的优势是放大系数可变,信号输入的动态范围大,还可以配置成有源滤波器;但是放大器的最高工作频率和工作带宽必须满足系统设计的需要,避免信号失真,同时应该考虑放大器引入的噪声损失,为避免对模数转换器(ADC)性能的不利影响,前置信号放大器的信噪比应远大于模数转换器的信噪比。

模拟信号调理电路的另一重要功能是对传感器输出(或其他模拟信号)的幅值范围进行调整。按照有关规定的要求,一般调理电路最大输出为+5V,最小输出为 0V,在过载时能自动限幅,正向幅值不超过+6.5V,负向幅值不超过-1V,其输出阻抗不大于 3kΩ;对速变参数和需要反映变化方向的参数(如压差、过载)还需设置零电平,其值为最大输出值的一半(+2.5V)。

9.3.2 数字信号接口技术

在助飞火箭的内遥测系统中有大量数据来自总线,如 GPS 数据、IMU 数据、控制数据等,通过总线传输数据,在数据吞吐能力、传输距离和抗干扰能力上有明显优势,总线形式有控制局域网(CAN)、RS-422、RS-232、以太网或

1553B 等。

1. CAN 总线接口技术

CAN 是一种国际标准的、高性价比的现场总线,是一种开放式、数字化、可多点通信的数据总线,具有通信速率高、传输时间短、传输距离远、纠错能力强、控制简单、扩展能力强以及性价比高等特点。CAN 总线规范定义了 OSI 模型的数据链路层和物理层。在工程上,这两层通常由 CAN 总线控制器和 CAN 总线收发器实现。CAN 总线网络如图 9-4 所示。

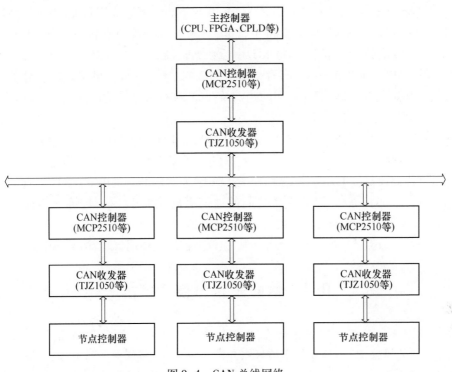

图 9-4　CAN 总线网络

2. RS-422 接口技术

RS-422 采用平衡的差分数据传输方式进行数据传输,具有抗干扰能力强、通信速率高、通信距离远、可以与多台从机通信的特点。它的最大数据传输速率可以达到 10Mb/s,最大传送距离为 300m,如果降低传送速率,传送距离可以达到 1200m。所以,该总线在数据采集、监控管理及集散控制系统的通信系统中得到普遍应用。

图 9-5 是 RS-422 接口转换电路的基本原理框图。整个接口电路可以分为

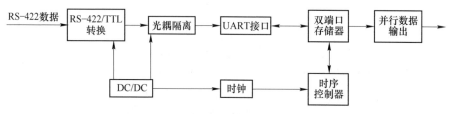

图 9-5 RS-422 接口转换电路原理框图

三个部分：第一部分为隔离电路，包括 DC/DC 电源和高速光耦隔离，用于提高接口电路在长距离数据传输时的抗干扰能力；第二部分为数据转换，首先将 RS-422 电平转换成 TTL 电平，再将 TTL 串行数据转换成并行数据输出；第三部分为由 CPU（CPLD、FPGA）、双端口存储器所构成的主控制电路，可实现对 UART 收发器的初始化及控制、有效数据的判别及存储、并行数据的输出。

3. RS-232 接口技术

RS-232 标准是美国电子工业协会（EIA）公布的一种的串行总线标准。它适合于数据传输率在 $0\sim 2000 \text{b/s}$ 范围内的通信。RS-232 标准最初是为远程通信连接数据终端设备（DTE）与数据通信设备（DCE）而制定的。采用 RS-232 串行接口总线进行单向数据传输时，设备之间的通信距离不大于 15m，传输速率最大为 20KB/s，这两个指标具有相关性，适当降低通信速度，可以提高通信距离，反之亦然。虽然其数据传输率、通信距离有限，但依然被广泛使用，如 GPS 设备等。

9.4 信号采集与存储技术

如图 9-6 所示，模拟量信号经过滤波、放大、调理后，再经过 A/D 转换成数字信号，信号采集，与其他数字信号一起混合编码，形成两路并行分支，一路传给遥测通道，通过无线传输到地面接收设备，实时显示和存储；另一路传给存储器，进行本地存储，待产品回收后，进行数据回放与处理。

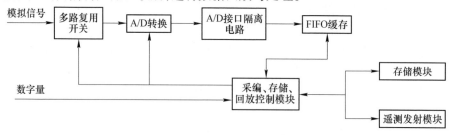

图 9-6 模拟量信号采集原理框图

9.4.1 信号采集技术

在一个系统中,模拟量可能多达几十至上百路,在采样通道设计时会使用一个 ADC 对多个模拟量信号进行采集,信号在进入 ADC 前需由多路复用开关进行通道切换。多路开关可以是独立器件,也可以采用集成了多路开关的 A/D 器件。在多路开关的选择上,要考虑开关通路电阻、断开电阻、开关转换时间等指标,一般要求通路电阻小、断开电阻大、转换时间短。

ADC 负责将模拟信号转换成计算机可以识别处理的数字信号。ADC 的性能指标将直接决定信号采集模块的性能,目前 ADC 主要有逐次逼近型(SAR)ADC 和 $\Sigma-\Delta$ 型 ADC 等。逐次逼近型 ADC 转换速度快、精度中等,可满足大部分使用需求,典型芯片如 AD574A、AD7492 等;$\Sigma-\Delta$ 型 ADC 转换精度高、线性度好,可达到 16 位以上的分辨率,但其转换速度较低,典型芯片如 AD7705、AD7714 等。在使用中要根据被测参数的重要性、特征频率等选取不同的 ADC。

为降低模拟开关、放大器和 ADC 上数字信号的模拟信号干扰,可采取在模拟开关、放大器和 ADC 输出端加上磁隔离器件进行隔离,经磁隔离器件输出的数字信号再连接到后端的数字电路上,这样就可以降低模拟信号和数字信号之间的相互干扰。如 AD 公司生产的 ADuM2400,该磁隔离器件具有高数据传输速率、低脉宽失真和瞬态共模抑制能力,输入与输出接口均为 TTL 电平,最高数据传输速率达到 150Mb/s。

在信号采样系统中,对信号的还原度不可能实现 100% 的真实还原,存在误差主要有以下两个方面:

(1)采样率引起的误差。为有效地恢复原来的信号,采样频率必须大于信号最高频率的 2 倍。如果不满足奈奎斯特采样定理,将产生混叠误差。为避免输入信号中杂散频率分量的影响,在采样预处理之前,可通过提高采样频率的方法消除混叠误差。在工程实现中采用 5~10 倍的信号特征频率进行采样,可以较好地保证信号真实度。

(2)多路开关与 A/D 转换速率引起的采样误差。多路数据采集系统在工作过程中需要不断地切换模拟开关,因此交替地工作在采样和保持状态下,采样是动态过程。多路开关的接通时间 t_{on} 和断开时间 t_{off},ADC 的转换时间 t_c 和数据输出时间 t_{out},构成了整个系统的一次采样的周期 T_H,为了保证系统正常工作,需要考虑系统在转换过程的动态误差。

9.4.2 编码技术

模拟信号数字化编码传输的方式有很多种,最常用的是 PCM 系统,PCM 系统是一种有效成熟的数字化的编码系统,广泛应用于航空、航天、水中兵器的内测、遥测系统中。PCM 编码可分为基本 PCM 方式和编码 PCM 方式。基本 PCM 方式是在发送端将多路被测信号按时分制采样、量化为二进制码组,并插入码组作为同步码,形成串行 PCM 数据流。编码 PCM 方式是将基本 PCM 数据流经过变化或再编码(以实现保密、纠错或压缩功能),形成串行数据流。

PCM 时分制数据传输必须严格收、发同步,各数据源全部采集一遍获得群路数据,加上同步信息形成一个数据帧,帧同步码是数据正常传送的首要条件。PCM 码流的基本帧格式如图 9-7 所示。这一个全帧含 $N×Z$ 个字,N 是子帧数,Z 是副帧数。按相关标准规定,PCM 二进制数据流的码型有 NRZ-L、NRZ-M、NRZ-S、BIΦ-L、BIΦ-M、BIΦ-S,可根据数据量大小、被测量特点进行选择。

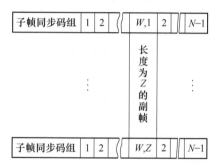

图 9-7 PCM 码流的基本帧格式

PCM 数据帧格式的形成可通过 ROM 固定,也可由 CPU、复杂可编程逻辑器件(CPLD)或现场可编程门阵列(FPGA)形成。随着微电子技术的发展,大规模可编程逻辑器件 FPGA 和 CPLD 器件在集成度、功能、速度和功耗上已大大提高,使用 FPGA 或 CPLD 器件,利用硬件描述语言(VHDL)进行设计,已是数据采编的主流实现方式。图 9-8 是采用 FPGA 或 CPLD 实现数据采编原理框图。

FPGA 或 CPLD 内部功能包括帧格式控制器、时钟码率分频器、帧同步码发生器、PCM 编码器等,用于控制将 ADC 的输出数据和数据总线上的数据先送入 FIFO 暂存,再将数据与帧同步码按 PCM 编码器形成的码型数据由帧格式控制器组合成 PCM 并行数据,经过并串转换后形成 PCM 串行数据流。时钟发生器决定系统数据采样率和 PCM 输出速率,以保证系统数据采集率和 PCM 码率在时间上的统一性。PCM 编码控制器包括 NRZ-L 编码或其他码型的编码。其具体工作过程:时钟发生器分别产生系统信号总线的数据读时钟和 PCM 输出时钟,在读时钟到来前,帧格式处理器控制数据采集,将所要编码的数据提前释放在系统信号总线上;当读时钟到来时,并行读入总线数据,采用软件编程将数据

第9章 内遥测技术

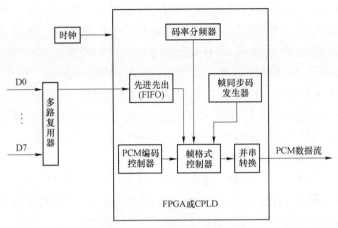

图 9-8 数据采编原理框图

转换成 NRZ-L 码或规定码型所对应的并行数据。

9.4.3 数据存储与回放技术

数据经编码成 PCM 串行数据流后,一路通过遥测发射机无线传输至地面接收站,另一路由本地存储,产品回收后将数据回放。数据存储与回放原理框图如图 9-9 所示。

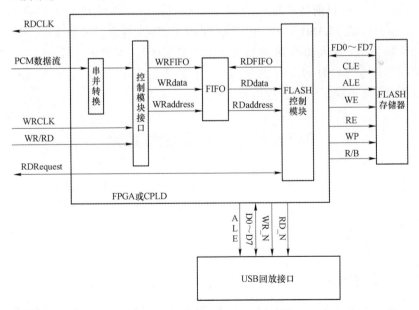

图 9-9 数据存储与回放原理框图

该电路由 FPGA 或 CPLD 构成存储和回放的核心控制模块，FLASH 存储器存放数据，USB 接口实现数据回放。FPGA 核心控制模块内部主要包括串并转换接口、控制模块接口、内部 FIFO 模块、FLASH 控制模块。控制模块接口主要负责将 PCM 码流经串并转后存入内部 FIFO 中，内部 FIFO 模块通过 FPGA 内部的双口 RAM 缓存数据；FLASH 控制模块的控制 FLASH 的读出、写入、擦除，将内部 FIFO 中的数据写入 FLASH 或者回放数据时，将 FLASH 中所存的数据读出，经 USB 接口将数据回放至上位机进行异地存储。

FLASH 存储器的选择主要考虑其写入速度和容量。写入速度的大小是控制数据采集速率瓶颈之一，ADC 速度够快，如 Flash 存储器写入速度不能跟上，不能及时将数据写入 Flash 存储器，就会造成数据丢失，无法实现高速采集数据的目的。容量也是限制采集速度和采集时间的关键之一，大速率采样，意味着数据量的大幅增加。在存储芯片的选择上，有 NAND 型 FLASH、NOR 型 FLASH 和 ORAND 型 FLASH 闪存。NOR FLASH 是高可靠性存储芯片，它不存在坏块的问题，但其写入速度较慢、单片容量小、成本较高，不适于高码速率的应用场合，在高可靠性需求下可考虑使用。NAND FLASH 具有写入、读出速度快，单片容量大，成本低等优点，在 SD 卡、CF 卡等上大量使用，是使用最多的一种 FLASH；但其先天存在有坏块，在芯片的生产和使用过程中均可产生坏块，一旦访问该坏块，将导致不可知的后果，因此使用 NAND FLASH 需要有一套复杂的坏块判别、侦测和处理程序，目前坏块甄别、处理方法也日渐成熟与稳定。ORAND FLASH 是近年来开发的 FLASH 芯片，它兼顾 NOR FLASH 可靠性高的特点和 NAND FLASH 容量大、写入速度快的特点；但其成本较高，采购周期较长。ORAND FLASH 芯片或 NAND FLASH 芯片的擦除次数不低于 10 万次，记录数据保存时间大于 10 年，可满足大部分应用要求。

9.5 自主式弹道测量技术

自主式弹道参数测量是内遥测系统的重要功能之一，完备、精确的弹道参数是火箭助飞鱼雷在研制飞行试验、批产校验和实航训练中进行性能评定、状态确定、故障分析和改进设计的重要分析参考。自主式弹道测量技术主要涉及的理论和技术有惯性测量技术、全球卫星导航定位技术及组合导航定位技术等。

9.5.1 惯性测量技术

对助飞鱼雷运动弹道参数进行测量的主要手段是惯性测量技术，该技术是以牛顿力学理论为基础,依靠在载体上安装惯性敏感器件(包括陀螺仪和加速度计)和相应配套装置建立参考基准坐标系,将加速度信息导入在该坐标系中,通过对参考坐标系内加速度信息的积分和推算得到载体连续的速度和位置参数。

根据构建测量参考坐标系方法的不同,可将惯性测量系统分为平台惯性测量系统和捷联惯性测量系统两大类。相较于采用机电式物理平台模拟测量坐标系的平台惯性测量系统,捷联惯性测量系统采用了数学算法来确定测量坐标系,用陀螺仪输出解算载体相对测量坐标系的姿态变化矩阵,即建立"数学平台"来替代物理平台。捷联惯性测量系统的优点如下:

(1)系统整体结构简单,体积和质量小,可靠性高;
(2)易于采用多个敏感元件实现冗余设计;
(3)初始对准的过程相对较短,一般不会超过10min;
(4)故障率较低,维护较简便,使用和维护的费用较低。

捷联惯性测量系统中陀螺和加速度计要承受载体角运动的影响,因此要求陀螺和加速度计必须动态范围大、频带宽,具有良好的环境适应性。由于采用数学平台使得运算量大幅增加,相应对导航计算机的速度与容量要求较高。捷联惯性测量系统中陀螺和加速度计的工作环境较恶劣,为了提高系统的使用精度,需要研究解决的关键技术有陀螺仪与加速度计的精确建模和误差补偿技术、快速准确的初始对准技术、姿态矩阵更新改进算法等。

捷联惯性测量系统具有结构紧凑、可靠性高、体积小、成本低、维护方便等优点,便于与其他导航系统或设备进行一体化集成设计,已成为现代惯性系统技术发展的主流,得到了越来越广泛的应用。目前,助飞鱼雷运动弹道参数测量中采用了捷联惯性测量技术,系统主要配置有惯性敏感器件、导航计算机和本体结构等,其中陀螺仪、加速度计等敏感元件安装固定于惯性测量本体上,三个正交安装的加速度计敏感输出沿载体三个轴向的加速度,三个正交安装的速率陀螺仪敏感输出沿载体三个轴向的转动角速度信号。根据捷联惯性系统原理,利用陀螺仪输出角速度信号不断更新构建的测量参考坐标系,并提取载体实时的姿态和方位角;将载体系轴向加速度转换到测量参考坐标系中,经过捷联运算分别获得载体实时的速度和位置参数。捷联惯性测量系统工作原理如图9-10所示。

9.5.2　陀螺仪技术

在工程应用中,敏感测量载体角运动的元件主要是陀螺仪,目前应用较多的有气浮陀螺、液浮陀螺、磁悬浮陀螺、静电陀螺、动力调谐陀螺、振动陀螺、激光陀螺、光纤陀螺、微机电陀螺等。另有更新类型的陀螺技术研究也在相继开展,如

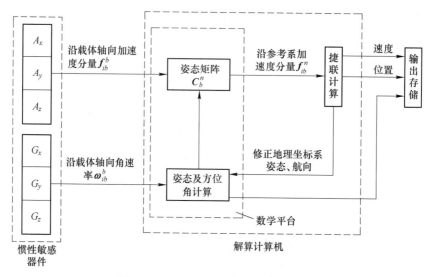

图 9-10　捷联惯性测量系统工作原理

超导体陀螺、粒子陀螺、流体转子陀螺、原子干涉陀螺等，但与实际的工程应用差距较大。

光学陀螺仪（包括激光陀螺仪和光纤陀螺仪）是捷联惯性系统的理想器件，其工作原理是基于萨格纳克（Sagnac）效应。光纤陀螺仪是继激光陀螺仪之后发展起来的新型器件，通过将光分成两束后分别从两端耦合进入光纤线圈沿正反向传播，从光纤线圈两端出来的两束光再次相遇时叠加产生干涉，通过检测干涉条纹来推算旋转速率的大小，实现对载体运动角速率的测量。光纤陀螺仪应用在捷联惯性系统中具有以下特点：

（1）对重力加速度不敏感，这对捷联系统应用尤为重要；
（2）全固体化，结构简单，无运动、磨损部件，安装牢固，工作稳定；
（3）启动时间短，功耗低，体积和质量小，寿命长；
（4）耐冲击，抗震动；
（5）动态范围宽，理论上角速率的测量范围没有上限；
（6）可靠性高，平均故障间隔时间能达到数千小时；
（7）直接数字输出，便于计算机处理；
（8）外形设计灵活，光纤环绕制增长激光束检测光路，提高了检测灵敏度和分辨率。

光纤陀螺仪具有成本低、可靠性高、维护方便等优点，已逐步成为捷联惯性技术领域应用的主导陀螺仪表之一，法国、美国、意大利、德国等国家在各类战术武器装备上采用了光纤陀螺惯性系统,获得了良好的应用效果。综合助飞鱼雷的实际使用情况,在弹道参数测量中选用了干涉式全数字闭环光纤陀螺仪,发挥其测量范围大、频带宽等优点,结合陀螺仪的建模和误差补偿技术,有效地保障了敏感测量的精度。

9.5.3 加速度计技术

在工程应用中,敏感测量载体加速度的元件主要是加速度计,目前应用较多的有挠性加速度计、液浮摆式加速度计、振弦式加速度计、振梁式加速度计、摆式积分陀螺加速度计和静电加速度计等。液浮摆式加速度计主要应用在量程小、测量精度要求高领域,在舰船等长航时导航系统上应用较多。静电加速度计是测量精度最高的敏感器件,能敏感 $10^{-8}g$ 甚至更小的加速度,且功耗低、寿命长,非常适合空间探测等领域应用。摆式积分陀螺加速度计主要特点是动态范围宽、精度高,但结构复杂、质量和体积较大,主要用于运载火箭和弹道导弹的制导等领域。体积小巧的中低精度石英振梁加速度计利用谐振器的力—频率特性来测量载体的加速度,在国外应用较多。

石英挠性加速度计具有质量和体积小、功耗和价格低等特点,是机械摆式加速度计的主流产品,技术成熟可靠,目前在工程中应用最为广泛。综合助飞鱼雷的实际使用情况,在弹道参数测量中选用了石英挠性加速度计,发挥其可靠性高、频带宽等优点,结合石英挠性加速度计的建模和误差补偿技术,有效地保障了对载体运动加速度敏感测量的精度。

9.5.4 微型敏感器件

微型惯性器件是目前研究的一个热点,有微电子机械系统(MEMS)、微型光机电系统(MOEMS)等不同技术方案,其加工需利用集成电路、微机械加工、微弱信号检测等关键工艺和技术,国外中低精度硅 MEMS 惯性器件日益成熟,并大量应用于战术武器及民用领域。MEMS 惯性器件是集精密仪表、精密机械、微电子学、半导体集成电路工艺等技术于一身的新型敏感器件技术,产品具有体积和质量小、功耗小、成本低、易集成、抗过载能力强和可批量生产等特点。目前主要问题是其精度和可靠性亟待提高,未来具有广阔的发展和应用前景。

9.5.5 惯性器件误差补偿模型

捷联惯性系统中陀螺仪与加速度计直接与载体固连,载体的角运动会直接影响惯性仪表工作,引起惯性仪表的动态误差,从而严重影响捷联惯性系统的精度。为保障系统的使用精度要求,一种方法是提高惯性器件本身精度,但该方法投入成本太高,制造加工很困难,而且短期内不易实现;另一种方法是对惯性器件进行精确的误差建模和软件补偿,该方法具有良好的效果,在工程中得到了广泛应用。

惯性器件的数学模型是表现误差源对其测量输出影响的一种数学关系,建立惯性器件的数学模型常用的方法有两种:一是解析方法,即依据惯性器件的实际结构和力学原理,用解析的方法建立惯性器件在线、角运动环境下的静、动态数学关系。该方法物理概念清晰,是研究和应用数学模型的重要理论基础。但由于解析法存在一些简化条件,因此会有某种程度的近似。二是试验研究方法,假设惯性器件的静、动态数学模型的形式而暂不考虑其物理概念,然后设计试验方案,选择能激励模型中各项误差的静、动态输入,通过处理试验数据的方法辨识出假设的模型。目前,工程应用中基本都采用第二种方法来标定惯性器件的模型参数,然后在系统中用软件的方法予以补偿。

目前使用最为广泛的光纤陀螺仪惯性测量组合,其工程应用中简化的误差模型为

$$
\begin{aligned}
N_{gx} &= D_{fx} + K_{gx2} \cdot \omega_y + K_{gx3} \cdot \omega_z + S_{gx} \cdot \omega_{bx} \\
N_{gy} &= D_{fy} + K_{gy2} \cdot \omega_x + K_{gy3} \cdot \omega_z + S_{gy} \cdot \omega_{by} \\
N_{gz} &= D_{fz} + K_{gz2} \cdot \omega_x + K_{gz3} \cdot \omega_y + S_{gz} \cdot \omega_{bz} \\
N_{ax} &= K_{ax0} + K_{ax1} \cdot a_{by} + K_{ax2} \cdot a_{bz} + S_{ax} \cdot a_{bx} \\
N_{ay} &= K_{ay0} + K_{ay1} \cdot a_{bx} + K_{ay2} \cdot a_{bz} + S_{ay} \cdot a_{by} \\
N_{az} &= K_{az0} + K_{az1} \cdot a_{bx} + K_{az2} \cdot a_{by} + S_{az} \cdot a_{bz}
\end{aligned}
\tag{9-9}
$$

式中:N_{gi} 为补偿后的角速度输出;D_{fi} 为陀螺仪的常值漂移;K_{gi2}、K_{gi3} 为陀螺仪的安装误差;S_{gi} 为陀螺仪的标度因数;ω_i 为陀螺输出;N_{aj} 为补偿后的加速度输出;K_{ai0} 为加速度计的偏值;S_{ai} 为加速度计标度因数;K_{ai1}、K_{ai2} 为加速度计安装误差;a_i 为加速度计输出采样;i 为三个正交轴 x、y、z。

惯性器件的输出易受环境温度变化的影响,工程应用中需要建立光纤陀螺仪和加速度计的温度模型并予以补偿。光纤陀螺仪输出与环境温度的关系可表示为

$$N_g = N_{gT} - N_{gT}(AT^3 + BT^2 + CT + D) \tag{9-10}$$

式中:N_g 为温度特性补偿后的光纤陀螺输出;N_{gT} 为温度为 T 时光纤陀螺的输出;A、B、C、D 分别为光纤陀螺仪的三阶温度误差补偿系数。

加速度计零偏/标度因数的温度补偿模型可表示为

$$B_a = B_T(1 + \Delta B \cdot \Delta T) \tag{9-11}$$

式中:B_a 为温度特性补偿后加速度计的偏置/标度因数;ΔB 为加速度计的偏

置/标度因数的温度系数；B_T 为常温 T 时加速度计的偏置/标度因数；ΔT 为当前采样温度与常温 T 的差值。

9.5.6 惯性测量装置标定技术

标定的目的是获取外部运动激励与惯性测量装置输出信号之间解析关系的各项模型参数，惯性测量装置只有同其模型参数配套使用才能表现出其应用的特性，因此，惯性测量装置在使用前都需要通过标定试验获得其模型参数，且在交付使用后还需要对模型参数定期进行标检，以保证其使用精度。模型参数化的精度决定惯性测量装置的性能，高精度惯性测量装置的标定需要昂贵的高精度转台提供角位置、角速率、调平以及指北输入。基于 9.5.5 节的误差模型，惯性测量装置的标定标定试验需分别进行温度特性、位置和速率标定试验。

1. 试验场所要求

标定试验用转台应安装在独立隔离的地基上，试验场所具有精确的地理纬度测量值及地理北向基准，并将北向基准引到试验转台上。温度特性标定需要温度控制箱或带温箱的速率转台。

2. 温度特性标定

温度特性标定时，温度测试点的选择先应包括被试品工作温度范围的最高点和最低点，总的测试点数不少于 5 个。调节温度控制箱内温度稳定在测试点温度后按要求进行保温，保温完成后开始标定测试，依次完成所有温度点的标定测试。

3. 位置标定

位置标定试验常采用的设备有光学分度头、位置转台，也可用特制翻转支架在平板上进行。惯性测量装置的位置标定有多种位置选取方法，目前常采用的是六位置标定法，六位置分别为东天南、东北天、地北东、西北地、天北西和北地西，在标定试验中将惯性测量装置的 x、y、z 轴依次指向这六个位置，记录陀螺仪和加速度计在每一位置的输出，每一位置数据采集时间不小于 1min。

4. 速率标定

速率标定试验采用的设备为速率转台，将惯性测量装置安装固定在测试转台上，使被测轴与转台的旋转轴平行且铅垂向上。速率标定中的速率一般选取 10~15 个，且应覆盖陀螺仪的最大测量范围。试验中按选定的速率挡依次设定转台进行正、反向转动，当转台转速达到设定值后采集记录陀螺仪输出，各速率点的采样时间至少保证转台转动一周的输出。参照上述方法依次完成 x、y、z 轴的速率标定测试。

5. 标定试验数据处理

对惯性测量装置在每个测试点陀螺仪和加速度计各个通道输出的采集数据求取均值,用于各项模型参数计算。具体的数据处理方法不再详述,感兴趣的读者可参考相关资料。

9.5.7 初始对准

初始对准是确定惯性测量系统初始的水平姿态、方位、速度和位置等参数的过程。初始对准的精度和所需时间是惯性测量系统的重要性能指标,初始对准精度直接关系到惯性测量系统的精度,精确的初始对准技术是捷联惯性系统工程应用中的关键技术之一。

惯性系统的对准方式主要有自主对准、传递对准和光学瞄准对准三种方式。早期工程应用中多采用以经典控制理论为基础的自主校正系统,该方法较适宜于平台式惯性系统;其不足是对准时间较长,且忽略了随机干扰的影响。光学瞄准法主要用于方位精度要求很高的系统;其不足是所需的光电瞄准装置较为复杂,且使用中对载体的运动有较多限制,如低速稳速运动、摇摆幅度要尽量小等。传递对准法采用基于现代控制理论的卡尔曼滤波器技术,可较好地适应存在较大随机干扰的动基座条件,对准精度高且所需的时间也较短,目前在实际工程中得到了广泛应用。

传递对准是利用平台主导航系统(已经提前对准)传递导航信息对子惯性系统进行初始对准的一种方法。由于主导航系统的精度一般比子惯性系统的精度高几个数量级,采用该方案可有效地提高子惯性系统的对准精度,并且能缩短对准时间。传递对准前子惯性系统捷联矩阵的误差相当于平台误差角,会对子惯性系统的性能产生影响,因此主、子惯性系统间各性能参数之差都反映了失准角的大小,利用这些差值就能进行传递对准。根据所选匹配参数的不同,传递对准分为计算参数匹配法和测量参数匹配法两大类,实际工程应用中这两种方法可单独使用,也可结合使用。

计算参数匹配法利用主、子惯性系统各自计算的速度或位置参数之差作为测量值进行对准。由于速度或位置信息不是从敏感测量元件直接得到,不能在测量方程中直接反映相对失准角与这些差值的关系,因此必须将相对失准角和速度误差都列为状态变量。它们之间的关系在状态方程中描述,加上状态间的关系又与载体的航行条件(速度、加速度和纬度)有关,所以使估值的计算量较大,估计过程所需时间较长。当载体机动运动时,方位失准角可通过比力的水平分量直接反映到速度误差的水平分量中,这就大幅增强了方位失准角的可观测度,使其能较快地从速度误差的水平分量中估计出来,且不受东向陀螺仪漂移的影响。速度误差受杆臂效应影响较大,应通过杆臂补偿的方法减小其影响。载体挠性变形主要影响惯性系统基座的基准,与测量坐标系无关,因此计算参数匹配法受载体挠性变形的影响较小,对准的精度较高。由于被估计的相对失准角是动态变化的,且系统时变,噪声随机变化,故计算参数匹配法宜用卡尔曼滤波器来实现状态的估计。

测量参数匹配法利用主、子惯性系统测量载体的加速度、角速率或航姿角之差进行对准。由于测量值直接与平台的相对失准角相关,所以对准所需时间一般较短,且系统定常,因此计算方便。测量参数匹配法的对准精度受载体挠性变形的影响较大,如何对这种变形的随机过程进行适当描述和建模是一个待解决的复杂问题。测量参数匹配法主要用于主、子系统均为捷联惯性系统的传递对准,使用时要求载体须有小量加速度或机动角速度条件且尽量做小幅度机动,一般应考虑载体挠性变形的影响。加速度匹配和速度匹配时应考虑杆臂效应的补偿。

惯性系统的初始对准是一个复杂的系统过程,需要对所需时间、对准精度、系统鲁棒性和抗干扰能力、陀螺仪与加速度计的精度和稳定性等一系列问题综合考虑。传递对准工程应用中卡尔曼滤波技术的结果较仿真结果相差甚远,其原因是实际情况不满足卡尔曼滤波的条件,包括滤波模型误差、统计数据不准确等。近年来初始对准的研究多集中在以下三个方面。

1. 系统误差模型及算法

研究目的是建立更合理、准确的惯性系统误差模型,从而提高初始对准的精度,缩短对准时间。描述惯性系统误差特性的微分方程分为平动误差方程和姿态误差方程,平动误差方程包括位置误差方程和速度误差方程。

2. 状态估值方法

加速度计误差和陀螺漂移均为随机误差,故惯性系统为随机系统,初始对准过程中采用状态反馈控制就必须对状态进行估计,常用的状态估计器是卡尔曼滤波器。进行卡尔曼滤波器设计时,所用数学模型和噪声误差模型不准确易造成滤波器发散。对此问题可采用自适应卡尔曼滤波,或对滤波器估计误差验前协方差进行加权处理。自适应卡尔曼滤波不仅估计状态矢量,而且估计系统及量测噪声的统计特性。对滤波器估计误差验前协方差进行加权处理可以增强量测信息的修正作用,以抑制滤波器的发散。卡尔曼滤波器的运算时间与系统阶次的三次方成正比,当系统阶次较高时,卡尔曼滤波器易失去实时性。对该问题研究,目前利用神经网络技术,通过学习能力使神经网络的输出逼近系统所需的状态估计,然后利用"分离定理"实现系统反馈控制,以补偿初始对准系统的误差,实时性优于卡尔曼滤波器。

3. 可观测性分析

设计卡尔曼滤波器前先进行系统的可观测性分析,以确定卡尔曼滤波器的滤波效果。系统的可观测性分析包括两方面内容:一是确定系统是否完全可观测;二是确定哪些状态变量可观测和哪些状态变量不可观测。用行列式方法分析惯性系统的可观测性,可确定可控、可观测状态的维数,确定不可观测状态与可观测状态的线性关系。利用卡尔曼滤波器估计误差协方差阵的特征值和特征向量来指示系统的可观测度,估计误差协方差阵的特征值越小,系统的可观测度越高,特征值越大,系统的可观测度越低。

9.5.8 姿态更新算法

姿态更新算法是捷联惯性系统算法的核心,它涉及载体姿态的实时解算,关系到"数学平台"——姿态矩阵的即时修正,其性能的优劣将直接影响捷联惯性系统的航姿和解算精度,因此选择合理的姿态更新算法至关重要。捷联惯性系统中基本的姿态更新算法见表 9-1。

表 9-1 捷联惯性系统中基本的姿态更新算法

序号	姿态更新算法	算法特性说明
1	欧拉角法 (三参数法)	计算量大,当载体纵摇角为 90°时出现奇点,不能进行全姿态解算
2	方向余弦法 (九参数法)	用矢量的方向余弦表示姿态矩阵,避免欧拉角法遇到奇点问题,可全姿态工作。 方向余弦矩阵有 9 元素,需要解 9 个微分方程,计算量较大
3	四元数法	只求解 4 个未知量的线性微分方程,算法简单,应用较广。其实质是旋转矢量法中单子样算法,对有限转动引起的不可交换误差的补偿不够,一般适用低动态载体的姿态解算。高动态载体姿态解算时算法漂移较严重
4	罗德里格斯法	简洁直观,描述姿态唯一,微分方程结构简单,无多余约束,计算效率优于四元数法。算法存在旋转角有奇异值缺陷,有算法改进方面的研究
5	等效旋转矢量法	在用角增量计算等效旋转矢量时对不可交换误差做了适当补偿,在姿态更新周期内包含的角增量子样越多,补偿就越精确,更适用于动态环境

捷联惯性系统中用四元数法求解姿态微分方程,具有无奇异性、精度较高及可以写出利于计算机计算的递推表达式等优点,目前在工程应用中较为广泛。由于载体角速度变化较复杂,在姿态更新周期内用某种曲线来拟合角速度的方

法本身是近似的。载体角速度运动越剧烈,用于拟合的曲线的阶次就越高,这样才能更真实地反映载体的角运动,因此高子样算法的精度优于低子样算法,但其计算量也大。随着光纤陀螺输出频率的大幅提升和计算机技术的快速发展,高子样算法已成为可能。工程应用中可采用"等效转动矢量法"对载体的姿态四元数进行实时更新,以抑制不可交换误差,提高姿态角的计算精度。

9.5.9 卫星定位测量技术

全球卫星导航系统是一类导航系统的总称,它通过对在轨卫星发射的无线电信号进行被动测量来确定用户的位置,相当于把无线电导航台放在人造地球卫星上的天文导航。由于全球卫星导航系统具有全球性、全天候、高精度、三维定位等优点,在导航、精密定位、测速和授时等方面有着广泛的用途。

全球卫星导航系统由空间段、控制段或地面段、用户端三部分组成。空间段包含众多的导航卫星(星座),主要负责将信号广播给控制段和用户设备。卫星广播的信号包含测距码和导航电文,用户设备使用测距码来确定所接收信号的发射时刻,而导航电文包含时间信息和卫星轨道信息。空间段或地面段负责测量和预报卫星轨道,并对卫星上的设备工作情况进行监控。用户设备包含天线和接收机,完成卫星信号接收,由信息传播时间计算与该卫星的相对位置。用户设备同时接收3颗卫星信号,用距离三角形测量原理计算出用户设备位置的三维位置。根据线速度与多普勒频率的关系可测量出卫星的多普勒频率,进而计算用户设备的运动速度。为了确定用户设备的位置并对其时钟误差进行校准,必须至少要同时跟踪接收4颗卫星的信号。

目前世界上已投入应用的卫星导航系统有美国的全球定位系统(GPS)、俄罗斯的全球导航卫星系统(GLONASS)和中国的北斗卫星导航系统(BDS),另外还有许多增强和补充的区域卫星导航系统。多种卫星导航系统的同时共存对用户设备带来许多好处,卫星信号越多,就可通过对更多的测量值进行平均以滤除噪声和误差源,获得的定位精度就越高,用户设备完好性检测的性能就越好,复杂环境下用户设备同时收到少于4颗卫星的可能性越大。多系统兼容的用户设备比较复杂,对多频点和大量信号的相关处理需要更多的资源,同时处理不同类型的信号和导航电文要求更复杂的软件。另一个互操作性的问题是坐标系和时间基准,各个卫星导航系统使用了不同的坐标系和时间基准,多系统使用中需要进行坐标系转换和时间换算。

1. 卫星信号几何分布

卫星导航的精度不仅与测距精度有关,还与卫星信号的几何分布有关。当可见卫星的仰角较低,且用户至卫星的视线矢量在水平面均匀分布时,卫星导航的水平定位精度就高；当可见卫星仰角较高时，垂直定位精度就高。虽然导航卫星信号在方位角平面内的分布随时间基本均匀，但是俯仰角上的分布则偏向低仰角，在高纬度地区尤为明显，因此卫星导航的水平定位精度一般高于垂直定位精度。峡谷或高山地区低仰角的卫星信号受到阻隔，此时水平定位精度就会变差。卫星信号几何分布对导航解算精度的影响用精度因子（DOP）表示，对于标称24颗卫星GPS星座，其不同纬度上的平均DOP值见表9-2。

表9-2 不同纬度上的平均DOP值

纬度/(°)	0	30	60	90
GDOP	1.78	1.92	1.84	2.09
PDOP	1.61	1.71	1.65	1.88
HDOP	0.80	0.93	0.88	0.75
VDOP	1.40	1.43	1.40	1.73
TDOP	0.76	0.88	0.80	0.90

2. 差分技术

卫星导航系统影响使用精度的许多误差源对于同一区域内的所有用户是公共的，星历预报误差以及卫星时钟、电离层、对流层误差的残差导致的相关测距误差随时间和用户位置缓慢变化，因此可以用公共误差对同一区域内的用户进行补偿。这种技术称为差分技术。差分技术可将定位精度提高一个数量级。差分方式下工作要先建立一个基准站，将基准设备安装在已知精确坐标点上的基准站上，将基准设备的定位参数与精确测定参数进行比较，从而确定误差并给出准确修正量。将这些修正量通过数据链传输给所覆盖区域的用户来修正其定位解，从而达到改善使用精度的目的。

根据基准站发送的信息可分为位置差分、伪距差分、相位平滑伪距差分、载波相位差分等。位置差分采用的修正信息是坐标修正数，方法简单，但必须严格保持基准站与用户设备观测同一组卫星。伪距差分采用的修正信息是对卫星的测距误差，这是目前最广泛采用的一种技术。相位平滑伪距差分利用载波多普勒测量来获得高精度的伪距测量后，达到提高使用精度的目的。载波相位差分技术是建立在实时处理两个测站载波相位基础上的，用户设备对卫星载波相位和与基准站载波相位差分观测值进行处理后能给出厘米级的定位结果。不同类型差分模式的定位精度见表9-3。

表 9-3 不同类型差分模式的定位精度

单机定位精度	标准定位服务	100m
	精密定位服务	10m
差分定位精度	位置差分	10m
	伪距差分	10m
	相位平滑伪距差分	1m
	载波相位差分	10cm

3. 工程应用

在工程中应用卫星导航定位技术测量载体速度、位置参数时,需重点考虑用户设备的初始定位、热启动及重捕时间和接收天线设计等技术问题。

1）初始定位

载体发射前处于封闭发射箱内,一旦发射出箱后即处于高速运动状态,这种工况会影响卫星导航接收机的初始定位和发射出箱后正常工作。为避免发生这种情况,可采用同频信号转发设备将卫星导航信号转发至发射箱内,保障用户设备出箱前可接收和存储星历数据,完成初始定位,为发射后的正常定位奠定基础。

2）热启动及重捕时间

载体高速飞行过程中各种可能的干扰会影响卫星导航接收机的正常工作,导致其失锁。卫星导航接收机的重新定位时间与其热启动和重捕时间有关。为了保障测量的精度,在用户设备设计选用时应要求热启动和重捕的时间尽量短。

3）接收天线设计

载体的姿态持续剧烈变化会影响卫星导航接收机捕获卫星的能力,提高失锁的概率。针对火箭助飞鱼雷运动特性,宜采用多天线对称布置设计,或采用天线阵列设计,这样可以保障载体姿态变化过程中用户设备都能接收到导航卫星信号,从而保障卫星导航定位的可靠性和最终的测量精度。

9.6 遥测数据传输技术

遥测数据传输属于典型的无线单工通信,符合无线通信的基本模型。无线通信系统一般由发送端、接收端、传输信道组成。发送端主要由信源、信源编码、信道编码、调制等功能模块组成;接收端主要由解调、信道解码、信源解码、信宿等功能模块组成;传输信道则是指射频收发系统中信息的无线传输通道。本节将以遥测数据的传输过程为主线,对各环节的基本原理和设计实现作基本的介绍。

9.6.1 遥测数据编码

遥测数据编码可分为信源编码和信道编码两个过程。信源编码有两个目的：一是为完成模拟信号的采样、量化并综合其他数字量信号、帧同步信号形成PCM码流，这一过程在9.4节有详细描述；二是信息压缩和信息加密，以提高信息传输的有效性和安全性。信道编码又称为纠错编码，通过有效的方法增加信息的冗余度，达到提高通信系统可靠性的目的。

1. 信源编码

信源编码包含信息压缩和信息加密两个过程。信息压缩即是根据信源输出符号序列的统计特性找到某种方法，把信源输出符号序列变换为最短的码字序列，使各码元所载荷的平均信息量最大，同时又能保证无失真地恢复原来的符号序列。现代通信中，常见的信源编码方式有霍夫曼(Huffman)编码、算数编码、L-Z编码等无损编码方式。

信息加密即是通过密码算术对数据进行转化，使之成为没有正确密钥则无法解读的数据。加密前的信息成为明文，加密后的信息成为密文。遥测领域基本的信息加密技术有一次一密的加解密技术、流密码技术、分组密码技术和信息完整性认证技术。

2. 信道编码

信道编码是在发射信息中增加校验码元，校验码元与初始信息码元相关，原本单纯的信息码元序列具有了特定的规律。当数据传输出现误码时，可以根据接收到的错误码组和编码规律还原出正确的初始信息码元。通常加入的校验码元越多，编码的纠错能力越强，但是信息的传输效率会降低。纠错编码是以降低信息的传输效率来换取传输的可靠性的。

国际空间数据系统咨询委员会(CCSDS)标准中《空间数据和信息传输系统——遥测同步和信道编码》《空间数据和信息传输系统——遥测信道编码专用标准》规定了遥测信道编码的特性参数、编码器结构以及具体应用选择方法。标准规定了5种遥测信道编码方式，包括卷积码、RS码、级联码、Turbo码和LDPC码。此外，在Turbo码的基础上，发展出了TPC码(Turbo乘积码)，相比Turbo码，编码增益不会随着码率的提高而迅速下降，且编译码结构简单，码长灵活，是近年来高码率遥测数据传输广泛使用的信道编码方式。

9.6.2 调制解调体制

调制是指用基带信号去控制载波信号的某个或几个参量的变化，将信息荷载其上形成已调信号的过程；解调则是调制的反过程，是指从已调信号中恢复载波信号的过程。调制的目的是将需要传输的基带信号变换为适合无线传输的射频信号。

调制方式按照调制信号的性质可分为模拟调制和数字调制,按照载波的形式可分为连续波调制和脉冲调制。根据遥测标准,遥测调制体制见表9-4。在导弹和运载火箭发射任务中,应用最为普遍的遥测调制方式是 PCM-FM,随着飞行试验遥测任务的复杂度提高,遥测参数的增加,导致遥测传输码率的大幅度提高,需求的传输带宽也随之增加,频谱资源也日趋紧张。由于 PCM-FM 信号占用的频带较宽,频谱滚降较慢,容易对邻近信道的通信造成干扰。为了提高频带的利用效率,FQPSK、SOQPSK 和 GMSK 等新型的调制解调体制也得到越来越广泛的应用。

表 9-4 遥测调制体制

序号	缩略语	中文含义
1	PCM-FM	脉冲编码调制-调频
2	PCM-MFSK	脉冲编码调制-多元频移键控
3	PCM-BPSK-PM	脉冲编码调制-二相相移键控-调相
4	PPM-MFSK-PM	脉冲编码调制-多元频移键控-调相
5	PCM-CDMA-BPSK	脉冲编码调制-码分多址-二相相移键控
6	PCM-BPSK	脉冲编码调制-二相相移键控
7	PCM-QPSK	脉冲编码调制-四相相移键控
8	PCM-UQPSK	脉冲编码调制-非平衡四相相移键控
9	PCM-OQPSK	脉冲编码调制-偏移四相相移键控

1. PCM-FM 调制解调体制

PCM-FM 调制信号是经过脉冲编码的数字信号,PCM 的过程是将多路被测信号按时分制采样,量化为二进制码组并形成二进制脉冲编码序列的过程。PCM 的原理在 9.4 节已有详细表述,在此不再展开。编码后的信息需要调制在载波上,对于 FM 即是用低频基带信号控制高频载波信号的频率,使得载波的频率随基带信号的变化而变化。其一般表达式为

$$s(t) = A\cos\left[\omega_c t + 2\pi k_f \int_0^t f(\tau) \mathrm{d}\tau + \theta_0\right] \quad (9\text{-}12)$$

式中:ω_c 为载波角频率;θ_0 为初始相位;k_f 为调制系数;$f(\tau)$ 为调制信号。

目前,PCM-FM 调制通常采用数字正交调制的方式实现。式(9-12)可以展开简化为

$$s(t) = A\cos(\omega_c t)\cos\Phi - A\sin(\omega_c t)\sin\Phi \quad (9\text{-}13)$$

式中

$$\Phi = k_f \int_0^t f(\tau) d\tau + \theta$$

令 $I(t) = \cos\Phi$，$Q(t) = \sin\Phi$，调制信号的信息包含在 $I(t)$ 和 $Q(t)$ 内。由于 PCM 信号为数字信号，需要通过预调滤波器滤除高频分量；然后利用数字波形合成技术对数字基带信号进行正交分解，得到同相正交分量 $I(n)$ 和 $Q(n)$。为了实现基带信号的上变频，可以采用软件无线电的方式，通过内插滤波和数字上变频技术实现频谱搬移。数字正交调制原理框图如图9-11所示。

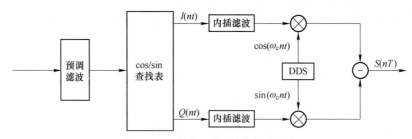

图 9-11　数字正交调制原理框图

PCM-FM 信号解调按照是否需要载波恢复分为相干解调和非相干解调。实现相干解调的关键是恢复出一个与调制载波同频同相的相干载波，非相干解调则不需要提取载波信息。相干解调由于需要提取相干载波，电路复杂，实现难度较大；但是其解调性能优于非相干解调。从信道增益的角度讲，非相干解调比相干解调损失 3dB 的增益。非相干解调方法简单，电路易于实现，且避免了本地载波不精确导致的解调信号失真，工程上较为常用限幅鉴频解调的方式对 PCM-FM 信号进行解调。

以下对基于限幅叉积鉴频进行解调的方法进行介绍。该方式先对接收到的信号进行限幅，保证鉴频后的包络等幅，然后利用叉积鉴频完成数字鉴频。限幅叉积鉴频原理框图如图 9-12 所示。

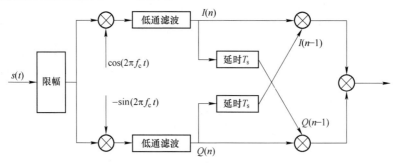

图 9-12　限幅叉积鉴频原理框图

PCM-FM 具有较强的抗火焰、抗极化和多径衰落、抗相位干扰能力,但是非相干鉴频解调的门限效应和功率利用率低等缺点限制了应用空间。近年来,应用多符号检测(MSD)技术使 PCM-FM 体制获得了与相干 PSK 体制相当的解调性能,并且保留了 PCM-FM 体制的优点,从根本上克服了门限效应,也为 Turbo 乘积码(TPC)等高效信道编译码技术在 PCM-FM 遥测系统中的应用提供了前提条件。TPC 技术能够在不增加系统带宽的条件下,获得显著的信道增益。理论研究表明,在 PCM-FM 遥测系统中应用 MSD 和 TPC 技术,在一定误码率的条件下,可以获得 9dB 的信道增益。

2. QPSK 调制解调体制

QPSK 是利用载波的四种不同相位来表征数字信息,每一种载波相位代表两个比特的信息,即两个比特的四种组合(00、01、10、11)与四种相位值($\frac{\pi}{4}$、$\frac{3\pi}{4}$、$\frac{5\pi}{4}$、$\frac{7\pi}{4}$)一一对应。常用的是将二进制码变为格雷码再与相位值对应。QPSK 调制原理框图如图 9-13 所示。输入的二进制 PCM 数据流经格雷编码和串并转换输出 $I(t)$、$Q(t)$ 两路数据分别与正交载波相乘,然后再相加输出 QPSK 已调信号。

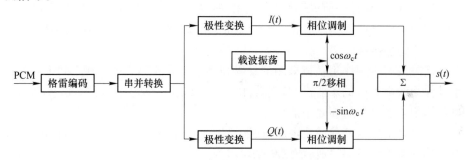

图 9-13 QPSK 调制原理框图

QPSK 信号解调可以用两个正交的载波信号进行相干解调,原理框图如图 9-14 所示。QPSK 信号经前置带通滤波器滤除带外噪声和相邻信道干扰后,一路送入载波恢复电路恢复出载波信号,载波恢复电路通常为平方律电路;另两路分别用同相和正交载波进行相干解调,解调输出经低通滤波以后产生 $I(t)$ 和 $Q(t)$ 两路信号。$I(t)$ 和 $Q(t)$ 信号分别经过判决电路后,产生同相和正交二进制码流,再通过串并转换还原成二进制数字信息。

在 QPSK 的基础上又衍生出了 FQPSK、OQPSK 和 UQPSK 等,主要目的是实现压缩传输频谱宽度、提高频谱利用率、降低带外功率、减少码间干扰、保持信号

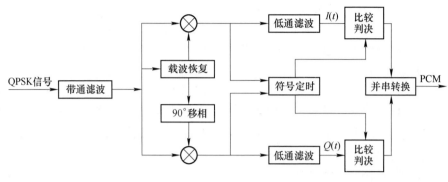

图 9-14 QPSK 解调原理框图

包络恒定。

9.6.3 遥测发射装置

遥测发射装置可以根据安装位置的不同分为雷上遥测装置和箭上遥测装置。雷上遥测装置安装于可回收模拟战斗载荷内部，主要用于可回收模拟战斗载荷环境数据、弹道数据和图像数据的采编传输；箭上遥测装置安装于运载器内部，主要用于运载器环境数据、弹道数据、控制指令数据的采编传输。无论是雷上遥测装置还是箭上遥测装置，一般均由遥测发射机和遥测发射天线组成。

1. 遥测发射机

遥测发射机的作用是将遥测信息以高频电磁波的形式辐射到空间中。相比于其他无线电系统的发射机，基本功能相同，但是由于载体的特殊性，还具有质量和体积小、高可靠、高效率的特点。

遥测发射机由调前滤波电路、载波调制电路、混频电路、本地振荡电路、滤波电路和功率放大电路组成，如图 9-15 所示。

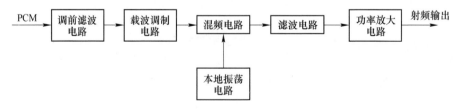

图 9-15 遥测发射机组成框图

遥测发射机的主要电气指标如下：

（1）工作频率：遥测发射机的工作频率须符合遥测标准规定，一般在 S 频段

(2200~2300MHz)内选取。

(2) 输出功率:输出功率的设计应在满足系统需要的前提下越小越好,需要综合考虑工作频率、接收机灵敏度、天线增益、通信距离、信道裕量等多项系统指标。标准规定 S 频段遥测发射机的发射功率不大于 20W。

(3) 频率稳定度:遥测发射机的频率稳定度分为时间稳定度和温度稳定度,时间稳定度又分为长期频率稳定度、短期频率稳定度和瞬时频率稳定度。

(4) 频率准确度:频率准确度一般用实测载波频率与标称载波频率相对偏差表示。在给定环境条件下,调频发射机的频率准确度应优于 $\pm 5 \times 10^{-5}$,其他调制体制的发射机应优于 $\pm 1 \times 10^{-5}$。

2. 遥测发射天线

遥测发射天线的作用是实现电磁信号至自由空间传播的电磁波的转换。天线的工作载体是助飞鱼雷,工作时间贯穿由发射至入水的整个飞行过程,因此天线的设计具有不同于地面天线技术特点。主要体现在三个方面:一是满足总体气动外形要求;二是能够适应发射及飞行过程的力学、温度环境;三是天线的布局及方向图设计要考虑飞行过程雷体姿态变化。

1) 天线主要特性指标

遥测发射天线的主要性能指标有阻抗特性、天线方向图、天线效率、天线增益、极化方向、频带宽度等。

(1) 阻抗特性。

天线的输入阻抗应与馈线匹配,这样才能将遥测发射机经馈线传送的高频振荡信号能量有效地输入给天线。通常以驻波比表示匹配性能的优劣。传输能量与驻波比之间的关系为

$$p = \frac{4s}{(1+s)^2} \tag{9-14}$$

式中:p 为传输能量;s 为驻波比。

一般情况下,遥测发射天线的驻波比应不大于 1.5。

(2) 天线方向图。

天线方向图是表征天线辐射特性(场强振幅、功率、相位、极化)与空间角度关系的图形。将天线置于球坐标系中,距离天线相位中心为 r(满足远场距离条件)的球面上各点的辐射特性是不同的,即是角坐标 (θ, φ) 的函数,可写为

$$E = Af(\theta, \varphi) \tag{9-15}$$

式中:A 为比例常数;$f(\theta, \varphi)$ 为天线的方向性函数。

为便于将各种天线的方向图进行比较和绘图,一般取方向性函数的最大值为 1,即可得到归一化方向性函数,表示为

$$F(\theta,\varphi) = \frac{f(\theta,\varphi)}{f_{\max}} \tag{9-16}$$

式中：$f_{\max}$ 为方向性函数 $f(\theta,\varphi)$ 的最大值。

一般而言，天线方向图是一个三维空间的曲面图形。工程上为了方便常采用两个相互正交的剖面来描述天线的方向性，通常取 E 平面（电场矢量与传播方向构成的平面）和 H 平面（磁场矢量和传播方向构成的平面）来绘制天线方向图。

（3）天线增益。

天线增益定义为在输入功率相等的条件下，实际天线与理想的辐射单元在空间同一点处所产生的辐射功率之比。增益 G 用分贝数表示为

$$G = 10\log \frac{P_1}{P_2} \tag{9-17}$$

式中：P_1 为实际天线在空间一点的辐射功率；P_2 为理想天线在空间一点的辐射功率。

（4）天线极化。

天线极化是指天线辐射电磁波的电场强度方向。电场强度方向在空间固定不变称为线极化。以地面为参考，电场强度方向垂直于地面称为垂直极化，电场强度方向平行于地面称为水平极化。电场强度方向随时间变化，其矢量端点在垂直于传播方向的平面内描绘的轨迹是一个圆，称为圆极化。在工程上规定，沿电磁波传播方向，电场强度方向随时间顺时针旋转称为右旋圆极化，逆时针旋转称为左旋圆极化。

遥测发射天线与地面接收天线极化方向应保持一致，否则会引起极化失配损失。由于载体姿态变化会造成天线极化的改变，遥测发射天线通常采用线极化形式，地面接收天线采用圆极化形式，以便减少或防止天线极化失配损失。

（5）频带宽度。

当偏离天线中心工作频率时，天线的某些电性能将会下降，电性能下降到容许值的频率范围，就称为天线的频带宽度。根据频带宽度的不同，可以把天线分为窄频带天线、宽频带天线和超宽频带天线。对于窄频带天线，通常用相对带宽来表示，即

$$天线相对宽度 = \frac{f_{\max} - f_{\min}}{f_0} \times 100\% \tag{9-18}$$

式中：f_0 为中心工作频率；$f_{\max}$ 为最高工作频率；$f_{\min}$ 为最低工作频率。

对于宽带天线,通常用绝对带宽表示,即最高工作频率 f_{max} 与最低工作频率 f_{min} 之差。

2) 微带天线

遥测发射天线按照结构形式可分为振子天线、微带天线、开槽天线和波导天线等。目前,弹载遥测天线主要采用微带天线、振子天线的形式。随着微波介质材料与微波集成技术的发展,微带天线逐步发展并广泛应用。微带天线是一种传输天线,以微带传输线理论为基础。微带天线最主要的技术特点是体积小、剖面低,易于实现与载体表面共形。微带天线可以分为微带贴片天线、微带行波天线和微带缝隙天线三种基本类型。弹载的微带遥测天线主要为微带贴片天线。微带贴片天线由介质基片、在基片一面上有任意平面几何形状的导电贴片和贴片另一面上的接地板构成。

助飞鱼雷姿态在飞行过程中存在大幅度的动态变化,特别是雷伞段,雷体会出现持续的滚转。为了使遥测信号不受雷体运动轨迹和姿态的影响,需要遥测天线形成对整个空间全向覆盖的宽波束。实现这一目标的途径是采用共形微带天线阵列。天线阵列由多单元矩形微带贴片天线沿雷体的赤道面等距排列组成,各单元采用等幅同相馈电,利用多个功率分配器将输入功率平均分配到各个单元。八单元双排共形阵列天线示意如图 9-16 所示。天线的方向图在雷体的赤道面为圆形,子午面为横"8"字形,赤道面的方向图如图 9-17(a)所示,子午面方向图如图 9-17(b)所示。

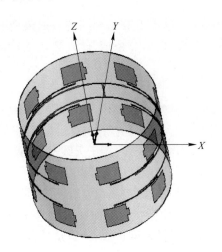

图 9-16　八单元双排共形阵列天线示意图

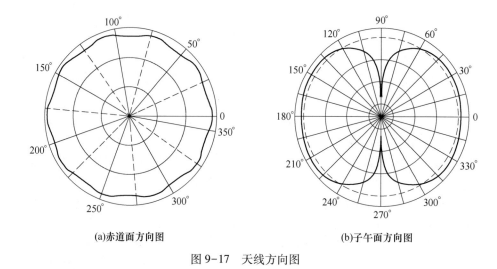

图 9-17 天线方向图

9.6.4 遥测接收装置

遥测接收装置是对用于遥测信号接收的全套设备的统称，通常称为遥测站。根据功能、载具的不同可分为不同类型，例如，以信号跟踪方式的不同可分为程控跟踪遥测站、自动跟踪遥测站，以载具的不同可分为车载遥测站、船载遥测站、机载遥测站等。

无论如何分类，遥测站的基本组成是相同的。以典型的 S 频段车载遥测站为例，通常包括天伺馈分系统、信道分系统，此外还包括软件、结构以及时统、标校、监控等辅助分系统。

1. 天伺馈分系统

天伺馈分系统主要由遥测接收天线和天线伺服系统组成。

遥测接收天线按照工作方式可分为等待式天线、程控跟踪天线、自动跟踪天线，按照天线结构形式可分为微带天线、振子天线、螺旋天线、背射式天线和抛物面天线等。车载遥测站通常采用抛物面自跟踪天线。

抛物面自跟踪天线是一种窄波束、高增益天线，通常波束宽度 $2\theta_{0.5} \leqslant 10°$，增益 $G \geqslant 20\mathrm{dB}$。抛物面天线主要由反射面和馈源两部分组成。反射面由形状为旋转抛物面的导体面或导线栅格网构成；馈源是具有弱方向性的初级照射器，可以是单个振子、单喇叭或多喇叭。

馈源的功能为控制天线阵中各单元天线电流的幅度和相位，使天线阵形成方位、俯仰差波束与和波束，即形成一个连续单脉冲天线，同时实现信号的左、右旋双圆极化。自跟踪抛物面天线常为双工馈源,并采用单通道单脉冲跟踪体制。

天线伺服系统也称为天控系统,是一种闭环反馈控制系统,其作用为接收天线输出的角误差电压控制天线的运动,使接收天线准确地对准飞行目标。天线伺服系统一般由天线控制单元和天线驱动单元组成。

2. 信道分系统

信道分系统由低噪声放大器(LNA)、射频分路模块、下变频器、数字基带组合组成。信道分系统组成如图 9-18 所示。信号流程:遥测天线接收的左、右旋射频信号经低噪声放大器输出,进入射频耦合网络,经射频耦合网络分路后,进入下变频器。下变频器将射频信号下变频为中频信号输出,中频信号输出至数字基带组合完成信号的解调和处理。

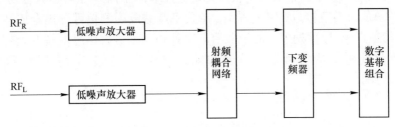

图 9-18　信道分系统组成

1) 低噪声放大器

低噪声放大器的功能是将接收天线接收到的微弱信号放大,一般位于射频接收系统的第一级。描述低噪声放大器的主要技术指标包括噪声系数、动态范围、增益和增益平坦度、输入与输出匹配。

遥测信道常用的低噪声放大器一般包括单管低噪声放大器和集成宽带低噪声放大器。单管低噪声放大器又包含晶体管低噪声放大器和场效应管低噪声放大器。常规的晶体管截止频率较低,噪声系数较大,一般用于噪声系数要求不高的场合。而场效应管相对于晶体管具有动态范围大和噪声系数低的优点,应用较为广泛。对于较高频段、较高带宽的应用场合,单管低噪声放大器不能满足设计要求,则需要采用集成宽带低噪声放大器。

2) 下变频器

下变频器的主要作用是变频与放大,即将射频信号变换为满足中频接收机要求的中频信号并对杂波和镜频等干扰信号进行抑制。下变频器组成如图 9-19所示。

下变频器的信号流程:输入的左、右旋射频信号滤波后经混频器与本振信号 1 混频后滤波放大,产生中频信号 1,中频信号 1 经混频器与本振信号 2 混频经

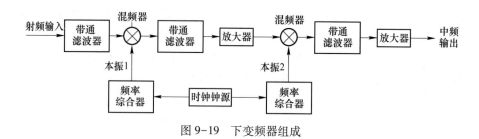

图 9-19 下变频器组成

滤波放大,产生中频信号 2 输出。

3) 数字基带组合

目前,遥测数字基带多采用软件无线电技术,遥测中频信号进行自动增益控制(AGC)放大后直接进行带通采样,在数字域完成遥测信号分集合成、解调与同步、信道译码、数据处理。由于采用数字处理技术进行信号的解调处理,可以通过软件配置适应多种遥测体制和编码方式。遥测数字基带原理框图如图 9-20 所示。

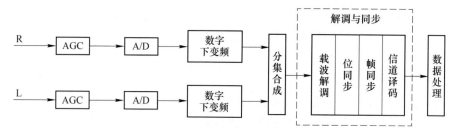

图 9-20 遥测数字基带原理框图

(1) 自动增益控制。

遥测接收装置与遥测发射装置之间的空间关系是动态变化的,这就导致接收信号强度会随着空间距离的远近、传播信道的环境因素变化而变化,继而影响中频信号的处理。为了保持中频信号的相对稳定,需要对信号的增益自动调整,即为自动增益控制。

自动增益控制电路控制原理框图如图 9-21 所示。输出信号幅度经检波器检波,再经直流放大,输出电压与参考电压 V_{ref} 比较。比较器的输出电压 u_G 为两输入信号的误差电压,也是可控增益放大器的控制电压,从而控制输出电压 u_o 在一定范围内维持稳定。

(2) 分集合成。

分集合成技术就是把来源于同一信源的不同衰落特性的几路信号接收下

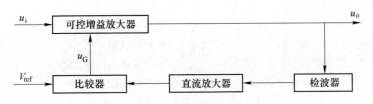

图 9-21　自动增益控制电路控制原理框图

来,按某种方式合成处理,恢复信源信息。分集合成技术是抗信号衰落,提高接收可靠性的有效措施,可以有效提高接收信号的信噪比。分集合成的方法一般有最大比合成、等增益合成和选择性合成三种类型。其中,最大比合成是分集合成技术中的最优选择,相对于等增益合成和选择性合成可以获得最好的性能。最大比合成的实现方式是通过给分集的 N 路不同信号乘以不同的权重系数,权重系数的大小和信号的信噪比成正比。

助飞鱼雷遥测信号的电波衰落为快衰落型,是由弹载的发射装置和遥测地面站之间的相对位置变化、姿态变化和传播媒介变化所产生的。为了有效对抗信号快速衰落时对接收解调的影响,一般采用 AGC/AM 加权最大比合成。

(3) 解调与同步。

基带信号的解调包含载波解调和 PCM 数据解调两个过程。载波解调是指从接收信号中提取载波,实现信号去调制的过程。载波解调的基本原理和实现方式在 9.6.2 节已有介绍,在此不再展开。PCM 数据解调包含了码同步、帧同步和信道译码的功能。当前,基于软件无线电技术,通用硬件平台(以 FPGA 为主流)可以通过软件的动态重构实现多种调制体制和编码方式遥测信号的解调。

参 考 文 献

[1] 李艳华,李凉海,谌明,等. 现代航天遥测技术[M]. 北京:中国宇航出版社,2018.
[2] 魏明山. 无线电测控技术基础[M]. 北京:国防工业出版社,2015.
[3] 杨廷梧. 航空飞行试验遥测理论与方法[M]. 北京:国防工业出版社,2017.
[4] 贾维敏,金伟,李义红. 遥测技术及应用[M]. 北京:国防工业出版社,2016.
[5] 张军. 无线电遥测系统及在兵器试验中的应用[M]. 北京:国防工业出版社,2011.
[6] 李邦复. 遥测系统[M]. 北京:中国宇航出版社,1987.
[7] 顾宝良. 通信电子线路[M]. 北京:电子工业出版社,2007.
[8] 李文海,李颖,王自胜. 现代通信技术[M]. 北京:人民邮电出版社,2007.

[9] 陆元九.陀螺及惯性导航原理[M].北京:科学出版社,1964.
[10] 崔中兴.惯性导航系统[M].北京:国防工业出版社,1982.
[11] 胡寿松.自动控制原理[M].北京:国防工业出版社,1984.
[12] 任思聪.实用惯性导航系统原理[M].北京:中国宇航出版社,1988.
[13] 陈哲.捷联惯性导航系统原理[M].北京:中国宇航出版社,1986.
[14] 秦永元,张洪钺,洪叔华.卡尔曼滤波与组合导航原理[M].西安:西北工业大学出版社,2012.
[15] 黄德鸣,程禄.惯性导航系统[M].北京:国防工业出版社,1972.
[16] 刘建业,曾庆化,赵伟,等.导航系统原理与应用[M].西安:西北工业大学出版社,1970.
[17] 王巍.光纤陀螺惯性系统[M].北京:中国宇航出版社,2010.
[18] Titterton D H,Weston J L.捷联惯性导航技术[M].张天光,王秀萍,王丽霞,等译.北京:国防工业出版社,2007.
[19] Grewa M S,Andrews A P,Bartone C G.GNSS惯性导航组合[M].陈军,余金峰,纪学军,等译.北京:电子工业出版社,2016.

第10章

试验技术

助飞鱼雷作为一型鱼雷和导弹的复合型武器,其试验和测试方法与传统的鱼雷、导弹存在较大的差异,需要有针对性的试验项目进行验证。且随着助飞鱼雷装载平台日益增多,平台状态相差较大,从而需要通过陆上或实航试验验证的项目增加了很多,相应地出现了新的试验内容和试验方法。

根据助飞鱼雷全雷功能系统的划分,以及与反潜武器系统等舰载设备电气连接关系、助飞鱼雷载舰平台环境特点,试验可分为系统级试验和全雷级试验。系统级试验主要完成助飞鱼雷各系统(包括空投附件、分离舱、运载系统、发射箱、专用保障设备、模拟战斗载荷、内遥测系统等)功能和性能摸底验证试验。全雷级试验是指全雷的、非单独系统的,或者说是跨系统的,涉及系统间配合、系统间接口的试验,所以这样的试验一般涉及雷上两个以上系统或者装载平台及被攻击目标共同参与进行。

10.1 试验类别

助飞鱼雷试验总体规划是一项极其重要的工作,它涉及项目研制经费、研制进度等,同时应充分借鉴鱼雷、导弹相关试验成果和试验方法,妥善处理不同研制阶段的试验项目和内容,合理设计、优化组合,充分利用先验信息,提高试验质量;加强仿真试验、地面验证试验和软件测试,为实航(飞行)试验和综合评估提供支撑;还要加大边界使用条件和贴近实战使用要求的试验力度。试验的类别主要包括陆上试验及实航试验两大类。

陆上试验应充分考虑试验保障、实施条件,试验实施方案对战术技术指标的覆盖性以及对继承型号试验的采信情况。表10-1列出了助飞鱼雷陆上常规试验。

表 10-1　助飞鱼雷陆上常规试验

序号	试验名称	试验目的
1	全雷风洞试验	模拟真实飞行条件,获得全雷状态气动参数
2	全雷与反潜武器系统匹配试验	在实验室,检验助飞鱼雷与反潜武器系统的接口协调性和工作流程的匹配性
3	全雷模态试验	测量全雷飞行状态的固有频率、振型、节点位置和阻尼比等振动特性参数,为结构固有特性分析、控制稳定性分析、颤振特性分析和动响应预报等提供数据;验证雷上关键敏感设备布局的合理性
4	全雷强刚度试验	检验全雷承受各种设计载荷作用的刚度和强度,并按照加大量级进行破坏强度检验
5	全雷功能振动试验	检验在规定的振动量级下(近似飞行状态的力学环境条件),全雷各设备的工作性能、各系统之间的工作协调性、雷内电缆网及接插件的连接情况及雷体结构和各设备的安装质量
6	全雷惯导初始对准试验	验证静、动基座初始对准流程的正确性。验证传递对准算法的正确性。确认对准算法的技术状态
7	全雷电气匹配试验	对鱼雷的电气、控制等相关设备的性能指标进行测试;对鱼雷所有设备的飞行时序和弹道情况进行测试,验证各设备间接口关系的正确性和工作的协调性
8	火工品点爆试验	检验全雷火工品点爆线路设计的正确性,检验全雷火工品点爆工作时序的正确性
9	运输试验	验证全雷在装箱状态运输情况下雷、箱承受运输环境的能力
10	全雷颠震试验	检验箱雷在舰船颠震环境条件下的结构完整性,检验箱雷电子设备在舰船颠震环境条件下的工作适应性
11	雷筒匹配发射试验	验证雷筒、筒架接口匹配性;验证发射筒前后盖功能的实现;测量筒内流场及温度、压力,验证其和设计值的一致性
12	全雷电磁兼容性试验	检验全雷电磁兼容性能和电磁环境参数,对电磁兼容设计进行验证
13	环境适应性试验	考核助飞鱼雷批次产品对气候环境和力学环境的适应性
14	战雷跌落试验	验证助飞鱼雷在装卸、运输等使用过程中发生意外跌落时满足不燃、不爆的安全性要求
15	软件测试及测评	验证全雷软件及专用保障设备软件是否满足软件设计要求
16	陆上飞行试验	检验全雷及各系统在发射、空中飞行、分离等阶段的功能、性能

实航试验主要验证和考核助飞鱼雷与载舰平台匹配性、边界条件性能以及作战使用性能。表 10-2 列出了助飞鱼雷常规实航试验。

表10-2 助飞鱼雷常规实航试验

序号	试验名称	试验目的
1	全雷动基座对准试验	对惯导系统接口的协调性、匹配性进行考核;验证海上动基座对准流程的正确性;验证对准算法的正确性
2	全雷与反潜武器系统系泊联调试验	在发射舰系泊状态下验证全雷与发射筒、反潜武器系统等之间接口的正确性和工作协调性;检验全雷发射流程的匹配性
3	海上实航试验	验证海态动基座发射的安全性和可靠性。检验全雷及各系统在空中飞行及入水、水下航行并攻击目标的性能
4	战雷实射检验试验	检验助飞鱼雷在实装平台上全武器系统作战使用性能;检验助飞鱼雷武器系统部队适用性

10.2 陆 上 试 验

助飞鱼雷作为一种在空中和水下跨介质工作的武器装备,如果单纯依靠实航试验完成性能验证,受天气、保障等试验条件的制约较大,周期长、成本高,不具备可实施性。随着陆上试验方法和保障设施的完善与提升,通过实验室台架试验和陆上飞行试验基本做到了对新技术、新研产品的试验验证,利用充分的陆上试验可大大提高实航试验的成功率。

陆上试验是助飞鱼雷研制过程中重要的内容,是验证总体技术方案正确性、设计参数的合理性和准确性、通用质量特性符合性以及与反潜武器系统匹配性的主要手段。特别是在研制初期,许多参数需要试验验证后确定,这时必须有相当数量的试验才能满足要求,这就要求进行陆上试验。陆上试验方法与试验手段的改进是科研能力进步和科研水平提高的重要体现,随着鱼雷及相关行业整体科研能力的提升,目前鱼雷各重要系统的陆上试验水平也有较大的提高,主要指标基本可在陆上完成摸底和验证。

10.2.1 全雷风洞试验

1. 试验目的

模拟真实飞行条件,获得鱼雷各个飞行状态下气动参数(升力、阻力、俯仰力矩、横滚力矩等)和部分结构件压力分布,验证助飞鱼雷气动布局设计的合理性。

2. 试验方法

参试产品应为全尺寸模型或缩比模型。模型主要几何外形应与真实助飞鱼雷或舱段理论外形相似，整体外形尺寸应按照 GJB 180A—2006《低速风洞飞机模型设计准则》的要求进行设计。

试验工况应模拟助飞鱼雷一级体（带固体火箭发动机状态）助飞飞行、助飞鱼雷二级体（固体火箭发动机分离后状态）滑翔或巡航飞行、战斗载荷带伞（雷箭分离后状态）飞行等工况。

测试的气动力参数主要应包括体轴系的轴向力系数 c_a、法向力系数 c_N、侧向力系数 c_{z1}、俯仰力矩系数 m_z、偏航力矩系数 m_y、横滚力矩系数 m_x 等。

具体鱼雷支撑方式及试验实施方法根据实验室流场品质和相关要求执行。

10.2.2 全雷与反潜武器系统匹配试验

1. 试验目的

在实验室环境检验助飞鱼雷与反潜武器系统的接口协调性和工作流程的匹配性。

2. 试验方法

在实验室环境下，反潜武器系统以散件配套状态对接助飞鱼雷，按照反潜武器系统工作流程（正常发射、应急发射）协调助飞鱼雷工作，验证全雷动作时序和流程，对雷上分系统之间、反潜武器系统与鱼雷之间的接口正确性和工作协调性进行验证。

10.2.3 全雷模态试验

1. 试验目的

测量全雷及其他飞行状态的固有频率、振型、节点位置和阻尼比等振动特性参数，为结构固有特性分析、控制稳定性分析、颤振特性分析和动响应预报等提供数据；验证雷上关键敏感设备布局的合理性。

2. 试验方法

采用悬挂法模拟飞行状态，测量助飞鱼雷一级体、助飞鱼雷二级体在空中各种状态下的模态数据。将鱼雷按各项试验项目要求装配为满载状态，在总装设备上安放的全雷前后吊点附近选取合适股数的橡胶绳进行边界条件支撑，使用两架行车起吊雷体，并确保自由-自由边界条件下的雷体基本水平，试验时鱼雷处于非工作状态。模态试验状态如图10-1所示。

试验采用力锤激励方式进行，利用模态传感器测得试验对象的频率响应函数，然后利用模态分析软件求得测试对象的固有频率、近似阻尼比和模态振型等参数。

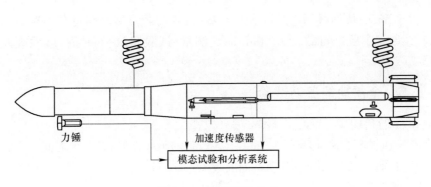

图 10-1 模态试验状态

10.2.4 全雷强刚度试验

1. 试验目的

获取助飞鱼雷的弯曲变形,对全雷结构刚度进行摸底。对助飞鱼雷在规定载荷作用下的结构强度进行摸底。检验全雷承受各种设计载荷作用的刚度和强度,并按照加大量级进行破坏强度检验。

2. 试验方法

若无特殊要求,试验设计载荷应为使用载荷的1.5倍,在不确定性因素较多时,试验设计载荷应不低于使用载荷的2倍或更高。对照全雷结构特征,按照上述要求对载荷进行简化、组合,以及分布载荷的集中加载,形成加载方案。加载点应考虑圣维南原理并采取过渡段用以缓和边界效应。

强度试验载荷按照全雷载荷分析中起吊、支撑、运输、舰载航行、舰上发射及飞行等使用条件下的雷体各截面的载荷,以及单独重要部件如弹翼、尾翼等的载荷分析结果,制作各工况下轴力、剪力、弯矩和扭矩分布图,遴选典型工况,形成强度试验设计载荷。

刚度试验设计载荷为强度试验载荷的1/3或更低量级,加载方向为沿助飞鱼雷Y向和Z向在雷头部分别加载。鱼雷固定于试验台上,水平放置时,应用工装消除试验件自身重力影响。

试验应按照先刚度试验后强度试验,先简单受载情况后综合受载情况的顺序进行。强度试验一般进行1次,刚度试验可重复进行2~3次。载荷从试验的零载起,以试验设计载荷的10%为一级,逐级均匀加载、逐级测量到试验设计载荷,再逐级卸载至零载;每级加载待读数稳定后进行测量,载荷保持时间应能确保读数时间:刚度试验设计载荷停留时间不少于30s,强度试验设计载荷停留时间不少于 5min；按加载的逆过程进行卸载，每级卸载停留时间可和加载时间不同，在读数稳定后进行载荷、位移和应变测量；试验卸载 1min 后，应检查残余变形。

10.2.5 全雷功能振动试验

1. 试验目的

考核在规定的振动环境下，鱼雷上各设备的工作性能；各系统之间工作的正确性和协调性，以及结构和各设备的安装质量。

2. 试验方法

进行功能振动试验的产品应为真实产品，其状态应符合空中飞行的满载状态。

当不能在上述条件下进行测量和试验时，应把实际大气条件记录在试验报告中，并说明大气条件对试验的影响情况。

试验时，要先进行调试、预试，经调整后方可进行正式试验。随机振动通过振动台台面将振动传递到试验夹具上，再由试验夹具传递到雷体上，通过在雷体内外布设传感器的方法测量振动情况。试验采用单点激振（图 10-2），雷体上传感器布设应按照雷体结构特点设计，所有传感器连接至振动参数记录设备，以便进行数据采集和记录。

试验一般采用随机振动，振动方向、频率、功率谱密度值、均方根加速度值、试验时间应根据鱼雷实际工作条件制定。

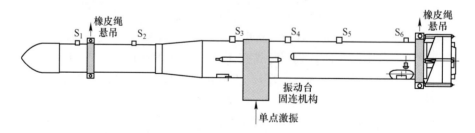

图 10-2 功能振动试验布局示意图

10.2.6 全雷惯导初始对准试验

1. 试验目的

验证助飞鱼雷惯导系统与载舰平台综合导航系统的导航参数接口的正确性。检验舰上杆臂参数、与舰艇夹角等装定信息的正确性；检验舰载条件下鱼雷动基座对准算法的正确性和导航精度。

2. 试验方法

在助飞鱼雷开展正式装舰海上实航试验前,应进行全雷惯导初始对准试验。试验产品一般为试验用雷,其惯导系统技术状态应与正式产品相同。

鱼雷按照装舰状态装填于发射装置,与反潜武器系统电缆连接。试验前,反潜武器系统、舰艇综合导航系统、网络交换机等设备应工作正常,具备参加试验的条件。

初始对准试验一般在舰艇系泊状态和航行状态进行。系泊状态类似静基座,鱼雷上电,按照正常工作流程,进行参数装定(舰艇杆臂参数、导航工作模式等)、初始对准;航行状态下鱼雷上电,按照正常工作流程,进行参数装定(舰艇杆臂参数、导航工作模式等)、初始对准,同时舰艇按照预定航速进行直航或机动。上述试验中,应同步监测综合导航系统输出数据的稳定性。

试验后通过分析试验数据,确定舰上杆臂参数、与舰艇夹角等装定信息正确性,对准校准精度以及对准时间满足使用要求。

10.2.7 全雷电气匹配试验

1. 试验目的

检验全雷各电子系统(包括控制、惯导、电气、战斗载荷等)接口设计的正确性、协调性;检验全雷各电子系统在模拟使用状态下硬件和软件设计的正确性、适应性;检验和考核全雷与地面发射控制设备、地面检测设备对接状态下,各系统工作适应性、稳定性以及电磁兼容性;检验全雷在对接状态下,测试参数的精度,以及测试流程的正确性。

2. 试验方法

试验方法一般按照以下步骤进行:

(1) 根据试验场地合理布置试验产品、地面设备;

(2) 地面设备自检;全雷各系统进行系统测试,使其处于正常工作状态;

(3) 开展分系统匹配试验,此试验可结合全雷系统间匹配试验,完成控制、惯导、遥测、电气、战斗载荷等之间匹配试验,确保各系统间匹配正确,确保遥测系统能够正常、准确传输、记录遥测信息;

(4) 在完成系统间匹配和主要接口检查后,按照模拟发射流程进行模飞检查,这期间应模拟正常发射、应急发射以及紧急断电等流程;

(5) 遥测系统和地面测试设备应全程记录试验结果,通过对遥测结果和各系统测试结果进行对比,以及对系统间指令信号的检查,对系统匹配性能和综合设计做出评价。

10.2.8 全雷火工品点爆试验

1. 试验目的

检验全雷火工品点爆电路设计的正确性以及点爆工作时序的正确性。

2. 试验方法

火工品点爆试验一般结合全雷电气匹配试验进行。火工品为不装药产品，可用点火桥丝电阻代替。

试验时，全雷在散态状态下通过段间连接电缆实现电气连接，地面发射控制设备连接鱼雷，按照正常发射控制流程进行发射准备（全雷上电、自检、对准等）、发射预备（诸元装定等）、发射等操作，全雷按照模拟飞行状态执行指令；按下发射按钮后全雷热电池激活、发动机模拟点火，进入空中飞行段后，模拟各级分离点火至航程终了。

通过对测试结果进行对比，以及对系统间指令信号的检查，对火工品点爆时序和点火电路做出评价。

10.2.9 全雷运输试验

助飞鱼雷运输试验分为公路运输试验和铁路运输试验。

1. 试验目的

公路运输试验目的是考核助飞鱼雷在箱雷状态下公路运输的环境适应性。

铁路运输试验目的是考核助飞鱼雷铁路运输的安全性；考核全雷包装箱包装、装卸、铁路运输性能；检验助飞鱼雷铁路运输环境适应性。

2. 试验方法

1）公路运输试验方法

公路运输试验，路面条件按实际使用情况合理规定。工况应包括起动、运行、制动。总里程一般由生产厂到装舰码头的距离来确定，通常取 1000 ~ 1100km，在各级路况中按相关的运输条件规定的里程、行驶速度进行跑车试验。

运输试验路面分配和车速要求一般按表 10-3 选取。

表 10-3 运输试验路面分配和车速要求

路面质量	运输距离/km	最大车速/(km/h)
土路、碎石路面、三级以下公路	100 ~ 150	10 ~ 30
良好路面的高速公路	500 ~ 600	70 ~ 100
普通柏油路、水泥路或二级公路	其余	30 ~ 70

试验前完成产品检查、装配和调试，并在全雷的重要部位、关键部位以及一

些重要的连接部位安装振动、冲击、过载用传感器。

箱雷放置在运输贮存架上固定,吊放至运输卡车上固定,雷头朝向车尾。布置一套温度、湿度测量设备用于测量发射箱外部环境参数。

进行装箱状态全雷公路运输试验,不同路况可交叉进行。每种路况进行起动、运行和刹车力学环境测试,在运行阶段,有条件时应分别对速度上限、平均速度、速度下限进行至少三次力学环境测试,每次测试记录时间应大于3min。

试验过程中定期停车检查箱雷紧固情况和装箱状态测试,检查发射箱箱体外表面能观察到的连接或固定情况;试验过程中记录路况、里程、车速、箱外温度与湿度等参数。每天运输完毕后,进行装箱状态测试。

全部路况试验完毕后,检查发射箱内温度、压力,检查雷、箱外观,完成装箱状态总调测试,进行退箱,再进行全雷总调及全雷火工品电阻值测试。之后,分解全雷,各组成部分再按照各自的要求进行检查。试验过程中进行全程摄像和照相,记录试验情况。

2) 铁路运输试验方法

包装箱吊放至火车通用敞车中,居中装载,装载前在敞车底部铺设一层橡胶垫,装载时首先应先将最下一层从左到右全部吊装到位,放置时相邻两个包装箱依靠两侧的防撞块贴定位,在两两之间用花栏左右连接并固定。其次吊装上层的包装箱,吊装时将上方包装箱底面销孔与下方包装箱的定位销对齐后落下叠放,用拴紧器将上下层包装箱外侧的上下连接点拴紧固定。

多个包装箱按双层装载吊装和固定到位后,在上层的两个全雷包装箱底部的加固环处用钢丝绳与敞车的支柱紧固,并确保全雷包装箱与敞车间用接地线可靠连接。全雷包装箱紧固放置后,用篷布遮盖进行铁路运输。

装载中,试验各方应共同对被试品装载状态进行检查,逐项落实安全措施,确保运输安全。装载中途停留时,要认真检查被试品包装、装载加固情况,发现问题及时采取有效措施予以排除,对问题严重的要积极协调,协商处理,同时要及时报告情况。装载过程中记录每天运输起始地点、里程、车速、箱外温度与湿度等参数。

全雷包装箱运至目的地后,进行不开箱检查和功能测试;开箱后对产品外观进行检查;之后分解到分系统,按要求进行各分系统外观检查及功能测试。

10.2.10 全雷颠震试验

1. 试验目的

验证助飞鱼雷全雷在舰船颠震环境条件下的结构完整性,以及电子设备在舰船颠震环境条件下的工作适应性。

2. 试验方法

颠震试验分为预试和正式试验。

预试主要用于颠震试验台满载情况下的试验能力摸底，鱼雷装雷上测试传感器，装入发射箱并测试合格。按照颠震试验条件进行鱼雷不通电状态预试，时间 2~3min，通过颠震试验台上的监测传感器判断颠震试验台满载情况下能满足试验要求，则达到预试目的，预试时间计入正式试验不通电状态试验时间。

正式试验分不通电状态试验（一般为 500 次）和通电状态试验（一般为 500 次），试验一次进行。先进行不通电状态颠震试验，进行 500 次后，不中断试验给产品加电，继续试验至结束。

颠震试验条件应模拟载舰高海况摇摆特性，箱雷采用与在舰船安装相同或相近的状态，通过箱雷颠震试验架紧固在试验台面上，用弹性绳吊挂。试验时，与箱雷连接的电缆及其他非试部分所形成的附加约束应和舰船安装状态相类似。图 10-3 为斜架发射助飞鱼雷颠震试验安装图，箱雷安装接口和倾斜角度与实际装舰状态一致。

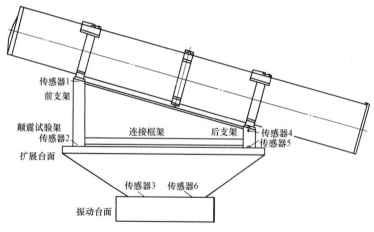

图 10-3　斜架发射助飞鱼雷颠震试验安装示意图

试验前应在颠震试验工装及发射箱和鱼雷表面安装过载传感器、冲击传感器，进行数据监测。试验过程中全雷通电，进行装箱状态检测。

10.2.11　雷筒匹配发射试验

1. 试验目的

验证助飞鱼雷与发射箱（筒）之间的发射协调性；验证发射箱锁紧机构、前后盖等功能正确性；测量发射过程中鱼雷的温度、压力、冲击、过载、振动等数据，以及发射箱(筒)的温度、压力等环境数据。

2. 试验方法

试验产品可依据试验验证要求进行简化设计。

助飞鱼雷装发射箱(筒)后,运送至发射阵地按垂直或倾斜发射要求起竖。试验实施时,各岗位就绪,地面发射控制设备启控,完成全雷检查、发射操作。

试验中高速摄影、发射箱有线测量设备应同步启动,进行发射过程测量。

10.2.12 全雷电磁兼容性试验

电磁兼容性试验一般分三个阶段进行(表10-4):一是方案设计阶段,确定电磁兼容性工作内容,进行部分新研产品的部分电磁兼容性摸底试验;二是工程研制阶段,进行全雷电磁兼容性摸底试验,对全雷电磁兼容性设计结果进行整改;三是状态鉴定阶段,进行全雷电磁兼容性鉴定试验。

表 10-4 电磁兼容性试验规划

序号	阶段	工作内容
1	方案阶段	对助飞鱼雷整个科研生产阶段的电磁兼容性工作进行总体规划;新研产品的部分电磁兼容性摸底试验
2	工程研制阶段	全雷电磁兼容性摸底试验;全雷及电子组件电磁兼容性整改
3	状态鉴定阶段	全雷电磁兼容性试验;对电磁兼容性试验进行总结

1. 试验目的

对助飞鱼雷全雷及箱雷(或筒雷)电磁兼容性进行考核。

2. 试验方法

试验分为全雷和箱雷两种状态,分别按照GJB151B—2013《军用设备和分系统电磁发射和敏感度要求与测量》规定的相关项目要求进行试验。具体试验项目按照海军装备属于"甲板上"或"甲板下"进行选择。试验内容一般包括25Hz~10kHz电源线传导发射(CE101)、10kHz~10MHz电源线传导发射(CE102)、25Hz~50kHz电源线传导敏感度(CS101)、电源线尖峰信号传导敏感度(CS106)、4kHz~400MHz电缆束注入传导敏感度(CS114)、10kHz~100MHz电缆和电源线阻尼正弦瞬态传导敏感度(CS116)、25Hz~100kHz磁场辐射发射(RE101)、10kHz~18GHz电场辐射发射(RE102)、25Hz~100kHz磁场辐射敏感度(RS101)、ESD静电敏感度(设备)等项目。具体试验方法不再赘述。

电磁兼容性试验应首先进行助飞鱼雷状态试验,然后进行箱雷状态试验。

对发射类测量,在流程运行至试验样品易产生最大发射的状态时开始电磁兼容项目测试,可保持此状态至项目测试完成。对敏感度测量,在流程运行至试验样品最敏感的状态时开始电磁兼容项目测试,可保持此状态至项目测试完成。对具有几种不同状态,应对发射和敏感度进行足够的多种状态测试。

电磁兼容项目测试结束后中止流程,试验样品断电。

在发射控制设备或鱼雷检测设备、遥测设备上观察并记录全雷通电测试中的工作参数。

10.2.13 环境适应性试验

环境适应性试验一般按四个阶段进行(表10-5):一是方案设计阶段,确定环境试验条件,进行部分新研产品的部分环境摸底试验;二是工程研制阶段,进行环境摸底试验,并对环境条件进一步调整和完善;三是状态鉴定阶段,进行环境鉴定试验;四是生产阶段,进行环境验收试验和环境例行试验。

表 10-5 环境试验总体规划

序号	阶段	工作内容
1	方案设计阶段	对助飞鱼雷整个科研生产阶段的环境试验工作进行总体规划;分析产品环境剖面,确定环境试验条件
2	工程研制阶段	分析研究各环境因素的响应,确定环境试验方法;确定进行环境摸底试验的产品清单、职责分工、试验条件;实施环境摸底试验;对环境摸底试验进行总结
3	状态鉴定阶段	确定进行环境鉴定试验的产品清单、职责分工、抽样原则、试验条件等;实施环境鉴定试验;对环境鉴定试验进行总结
4	生产阶段	实施环境验收试验;实施环境例行试验

方案设计阶段分析和确定产品预期全寿命周期内的环境条件,为工程研制阶段的环境适应性试验提供依据。根据每型助飞鱼雷战术技术指标及总体技术方案的要求,了解产品的作战使命、结构特性、装载对象、使用环境、维护保养、维修体制及寿命剖面等方面的信息,对鱼雷全寿命周期内可能遇到的环境因素进行分析。在此基础上,对比国内外相似产品的环境剖面,参照国军标等相关资料,研究助飞鱼雷预期全寿命周期内环境因素对产品的影响,确定必须采取设计措施的环境因素,形成助飞鱼雷环境条件。

工程研制阶段对组件或系统进行环境适应性摸底试验,通过试验—分析—改进的过程使产品环境适应性得到不断提高。在工程研制阶段初期,为寻找产品在结构设计、材料选择和工艺设计方面的各种缺陷,选择在结构、工艺、材料等方面具有代表性的组部件,针对可能存在的薄弱环节开展早期的环境摸底试验,验证初期产品的耐环境能力是否达到设计要求,以便尽早采取改正措施。到工程研制阶段的中后期,产品技术状态基本固定,此时应结合大型试验进一步开展环境实测工作,通过该型助飞鱼雷的任务环境剖面实航试验数据及试验中暴露的环境问题进行综合对比分析,按任务环境剖面内确定的使用环境的最高、最低预示值加设计裕量的原则,进一步确定环境试验条件,为最终确定鉴定试验的试验条件提供依据。

工程研制阶段环境试验工作主要包括以下四个步骤:

(1) 确定环境试验方法。在方案阶段和工程研制阶段形成的环境试验条件及与环境相关的试验数据基础上,借鉴以往相似产品的经验及相关标准,形成助飞鱼雷环境试验方法。

(2) 确定参加环境摸底试验的组件清单。根据方案阶段的设计、试验验证情况及对相关产品的环境应力分析,确定参加环境摸底试验的产品清单。

(3) 编制环境试验大纲。在进行环境摸底试验前,应编制工程研制阶段环境摸底试验大纲。大纲中应包括:参加环境摸底试验的组部件清单;参试产品所需进行的试验项目;试验的组织管理与分工;试验条件与方法;参试产品的抽样原则;参试产品试后的故障判别原则。

(4) 环境摸底试验实施与总结。各参试产品按环境摸底试验大纲的要求编制各自试验实施细则或实施工艺,并实施试验,对整个试验过程及结果进行总结、分析,形成研制阶段环境摸底试验总结报告。对于在环境摸底试验中出现问题的组部件,应及时提出改进措施并落实到产品上,并验证措施的有效性,以进一步减少状态鉴定阶段可能存在的环境问题。

状态鉴定阶段应进行环境鉴定试验,对每种组件进行全面的环境考核,且各试验项目按规定的顺序进行。环境鉴定试验必须严格进行,确保不遗留设计问题。在环境鉴定试验前,为了更有效地暴露加工工艺和制造质量引入的潜在缺陷,应先对每套参试产品进行环境应力筛选。参加环境鉴定试验产品应是合格的,并随机抽取。编制环境鉴定试验大纲,进行大纲评审、进行环境鉴定试验实施及结果评审,为产品的设计定型提供依据。

进入生产交付阶段,产品结构、功能上的设计已成熟并定型,将要交付使用方。此时,需要对产品进行环境验收试验和环境例行试验,检查批生产质量是否符合要求,试验的结果将作为批量产品能否交付使用的依据。

环境验收试验为产品出厂检验中的验收试验,要求产品每套必做。验收试验选用易激发工艺和制造过程中引起的缺陷的试验项目,其原理与环境应力筛选相同。因此,鱼雷产品可选择在交付前进行环境应力筛选作为生产阶段的验收试验。

环境例行试验的主要目的是检查生产过程中工艺操作和质量控制过程的稳

定性,验证该批生产的产品环境适应性是否仍然满足规定的要求。该试验要求产品抽样进行,且选用的应力强度和应力作用时间与环境鉴定试验相同。具体环境适应性试验方法见第 11 章。

10.2.14 战雷跌落试验

1. 试验目的

考核助飞鱼雷(战雷)箱雷在装卸、运输等使用过程中发生意外跌落时的安全性。

2. 试验方法

试验产品为战雷,技术状态良好。

以倾斜发射助飞鱼雷为例,跌落场地的地面要求按照 GJB 5309.35—2004《火工品试验方法第 35 部分:12m 跌落试验》的规定执行:跌落场地基座为混凝土,厚度不小于 610mm;基座上方固定合适强度钢板,厚度不小于 75mm,长不小于 10m,宽不小于 3m。垂直发射助飞鱼雷场地要求可参考以上要求。

跌落场地应选择空旷、无遮挡地带,附近无人居住,符合安全要求。

试验前助飞鱼雷战雷完成总装总调、装箱及装箱后测试,转运至跌落场地后,使用吊放钢缆将发射箱倾斜或垂直起吊至设定高度处,用固定在发射箱前后端的防摆绳将箱雷调整至合适位置并固定在地面。数据采集系统调试完成,相关人员撤离至安全区域后,远端控制吊车释放机构,自由下落撞击地面钢板。待箱雷跌落至钢板稳定后,相关人员进入现场进行检查,视情拆除发射箱前后盖并观察箱内雷体情况。检查完毕后,人员撤场,完成箱雷产品殉爆。

10.2.15 软件测试及测评

1. 试验目的

验证全雷软件及专用保障设备软件是否满足软件设计要求。

2. 试验方法

根据军用软件产品定型的相关要求,全雷软件及专用保障设备软件的测试级别为配置项测试和系统测试。

配置项测试内容包括文档审查、静态分析、代码审查、代码走查、功能测试、性能测试、接口测试、强度测试、余量测试、安全性测试、恢复性测试、人机交互界面测试、边界测试、安装性测试、逻辑测试和内存使用缺陷测试。

系统级测试的测试内容包括文档审查、功能测试、性能测试、接口测试、强度测试、余量测试、安全性测试、恢复性测试、人机交互界面测试、边界测试和安装性测试。

10.2.16 陆上飞行试验

1. 试验目的

主要验证产品设计的正确性,全雷动作时序的正确性,各系统之间工作的协调性以及主要战术技术指标的实现情况。

2. 试验方法

产品一般为不回收模拟战雷,技术状态良好。

试验项目应以验证主要战术技术指标为主,每条次设计上应综合射程、射面角等边界条件考核。

试验靶场应有满足助飞鱼雷技术准备的工房,可存放全部被试产品、备品备件和保障设备,并能开展全雷测试、总装总调等工作。

陆上飞行试验采用陆上静基座倾斜或垂直发射。试验前应进行技术阵地和发射阵地的吊装、供电、电气等方面技安检查;应进行技术阵地和发射阵地配套设施检查;对试验场地情况和需要的配套设施准备情况进行检查;提供发射点经纬度、高程。

试验时应制定试验方案和应急预案。

试验完成后,收集整理光测数据;进入试验场进行试验雷残骸回收;测量并记录试验雷落地情况和相对理论落地点位置等;将试验雷残骸运至技术阵地;在技术阵地对试验雷残骸进一步分析。

10.3 实航试验

10.3.1 试验目的

验证产品设计的正确性;考核主要战术技术指标的实现情况,以及箱雷和发射架之间的协调性、匹配性,与反潜武器系统之间的协调性、匹配性;考核助飞鱼雷与战斗载荷的匹配性、适应性。

10.3.2 试验方法

产品状态一般为助飞鱼雷操雷、战雷或模拟战雷。

试验项目应以验证主要战术技术指标(包括战斗载荷在助飞方式下水下工作)为主,试验内容应结合试验保障条件,综合射程、射面角以及指令修正距离等边界条件来设计。

海上实航试验采用载舰平台动基座倾斜或垂直发射。试验前应进行技术阵地技安检查;进行技术阵地配套设施检查:对试验场地情况和需要的配套设施准备情况进行检查;提供发射点经纬度、高程。

试验现场成立应急领导小组,当发射过程出现故障时,按陆上飞行试验风险分析及应急预案进行应急处理。

助飞鱼雷实航试验是一项复杂的系统工程,涉及试验兵力多,试验节点任务繁杂,参加试验的测试设备、鱼雷与试验靶场参试设备还未形成一个完整系统进行实际运行,为试验编制的技术文件还未经过实际使用检验,负责试验实操的技术人员、操作人员还未进行实际操作演练,试验用载舰对试验实施航路、发射检测流程、实施细则等尚不熟悉,载舰、地面测量、捞雷、警戒等岗位的工作协调性和人员操作的熟练性都可能存在一些问题。为确保实航试验的成功率,在助飞鱼雷进试验靶场后一般需进行靶场合练。合练试验一般由合练雷、地面测量设备、载舰、试验指挥、通信等系统参加,按照试验大纲规定的试验航路、试验节点进行或联合进行各项操作演练。

10.3.3 试验保障条件

实航试验受海域、天气等制约因素较多,一般由试验承试单位组织兵力协调,兵力应包括发射舰、捞雷船等,参试设备应包括专用保障设备及试验测量设备等,其中试验测量设备功能和性能应满足试验全过程弹道、遥测、环境以及视频测量要求。

10.4 试验结果分析及评定

10.4.1 试验结果分析

助飞鱼雷试验结果一般包括试验实测数据和试后处理数据。一般的地面试验如电磁兼容性试验、环境适应性试验等获得的试验数据均为试验实测数据,可以直接用于试验评定,而大型地面试验如雷筒匹配发射试验、飞行试验、实航试验等获得试验实测数据,通过数据处理方法得到试后处理数据,两者综合用于试验评定。

实航试验实测数据一般包括光测、遥测、战斗载荷内测、水文气象、摄(录)像及高速摄像等,主要测量助飞鱼雷空中飞行过程的各种弹道参数、环境参数、入水点参数、水下航行参数、反潜武器系统参数以及水文气象参数等。试后处理数据一般包括全雷工作时序状态数据、飞行弹道特征点数据、飞行数据(速度、姿态、位置等)、入水点数据(速度、姿态、位置等)、水下弹道特征点数据等。

试验结果分析类型一般有初步分析、综合分析等。

1. 初步分析

试验结果初步分析是在实航试验结束后,在试验靶场根据试验实测数据的初步判读或初步处理结果对助飞鱼雷发射、飞行以及水下工作情况进行初步分析,为试验结果初步评定提供依据。

初步分析主要侧重于对助飞鱼雷各系统的定性分析即功能分析,定量分析内容较少,主要内容包括:运载系统和战斗载荷发动机工作状态是否正常;控制系统工作状态以及时序指令信号是否正常;电气系统供电状态是否正常;各级分离工作是否正常,分离参数是否在设计范围内;包括空中飞行和水下航行的全弹道主要特征点弹道参数是否正常;鱼雷飞行的热环境和力学环境参数是否正常等。

2. 综合分析

试验结果综合分析是依据助飞鱼雷飞行中的遥测、光测以及战斗载荷内测等全部测量数据的事后处理结果,以及地面试验和测试结果对飞行试验进行的全面分析,为该条鱼雷飞行试验结果进行综合评定提供依据。

综合分析是在实航试验后对助飞鱼雷试验情况进行的全面分析,不仅进行定性分析,更侧重于定量分析。分析的试验资料应是经过事后处理的精确结果,包括遥测参数测量结果报告、光测和雷测测量结果报告、反潜武器系统试验结果报告、发射首区和落区气象测量报告、总装总调检查报告、海况和水文参数测量报告、战斗载荷内测参数处理报告、战斗载荷水下航行试验结果报告等。

综合分析包括以下内容:

(1)飞行环境分析,如热环境和力学环境分析,主要为鱼雷有关部位的温度、压强、振动、冲击、过载和噪声等。

(2)弹道特性,如空中飞行的速度、加速度、飞行弹道和姿态角等,以及水下航行的速度、航行弹道、深度变化等。

(3)控制参数,如飞行时序、舵控参数、卫导参数等。

(4)姿控参数,如飞行和水下航行姿态角、舵偏角等。

(5)电气参数,如各系统工作电压变化情况,指令信号转发情况,水下航行电源切换情况等。

(6)动力参数,如空中飞行发动机燃烧室压强、温度变化情况,推力终止或关机情况;水下发动机启动和燃烧室压强变化情况等。

(7)分离参数,如空中级间分离、雷箭分离时前后体速度、姿态、高度等。

(8)战斗载荷入水参数,如入水速度、姿态角等。

3. 综合统计分析

综合统计分析是在鉴定试验依据每条鱼雷试验结果综合分析结果，并结合性能验证试验中每条鱼雷试验的综合分析结果，对批次产品的性能及所能达到的战术技术指标进行的统计分析，目的是为战术技术指标评定提供依据。

对于批次鱼雷试验结果的综合统计分析，不必直接使用各种试验资料分析，可利用已有的综合分析结果以及有关鉴定资料等分析。

综合统计分析一般包括以下内容：

（1）落点精度的综合统计分析。如对载舰航行误差、运载系统惯导误差、飞行偏差以及雷伞段偏差等分析。

（2）动力系统性能综合统计分析，如对推力、比冲、秒耗量等主要性能参数的综合统计分析。

（3）射程的综合统计分析，如最大射程、最小射程和动力航程的统计分析，以及射程潜力的统计分析。

（4）通用质量特性指标的统计分析，如贮存、装载以及技术准备、实航等阶段的可靠性、维修性等试验综合统计分析。

10.4.2 试验结果评定

试验结果评定一般有初步评定、综合评定及综合统计评定三类。

1. 初步评定

初步评定是根据试验结果初步分析及试验大纲有关规定，由承试、承研单位和使用方做出初步评价。一般按试验测量结果衡量试验大纲规定的试验目的达到的程度，对试验相应做出圆满成功、成功、部分成功或失败结论。初步评定的目的是在试验结束前使承试、承研单位和使用方对本次试验取得共识，为初步协调和决策后续试验的有关问题及准备工作提供依据。

2. 综合评定

综合评定是依据试验综合分析的结果及试验大纲有关规定对鱼雷及各系统的功能和性能指标进行评价，为改进设计、确定后续试验安排及战术技术指标的综合统计分析评定提供依据。

3. 综合统计评定

综合统计评定是依据批次鱼雷的综合统计分析结果及研制总要求规定的战术技术指标要求，对定型批鱼雷的各项性能指标是否满足战术技术指标要求进行综合评价，目的是为鱼雷武器系统的鉴定结论提供依据。

参 考 文 献

[1] 尹韶平,刘瑞生.鱼雷总体技术[M].北京:国防工业出版社,2011.
[2] 侯世明.导弹总体设计与试验[M].北京:中国宇航出版社,1996.
[3] 龙乐豪.总体设计[M].北京:中国宇航出版社,1993.
[4] 国防科工委司令部.高速风洞和低速风洞流场品质规范:GJB 1179—1991[S].北京:总装备部军标出版发行部,1991.
[5] 中国空气动力研究与发展中心.低速风洞飞机模型设计准则:GJB 180A—2006[S].北京:总装备部军标出版发行部,2006.
[6] 中国人民解放军总装备部电子信息基础部.军用装备实验室环境试验方法 第1部分 通用要求:GJB 150.1A—2009[S].北京:总装备部军标出版发行部,2009.
[7] 中国人民解放军总装备部电子信息基础部.军用装备实验室环境试验方法第16部分振动试验:GJB 150.16A—2009[S].北京:总装备部军标出版发行部,2009.
[8] 航空航天工业部.故障报告、分析和纠正措施系统:GJB 841—1990[S].北京:总装备部军标出版发行部,1990.
[9] 中国人民解放军总装备部电子信息基础部.军用设备和分系统电磁发射和敏感度要求与测量:GJB 151B—2013[S].北京:总装备部军标出版发行部,2013.

第11章

环境适应性设计

助飞鱼雷是一种长期贮存、一次性使用的武器装备,其全寿命周期包括运输、贮存、装载、实航飞行等阶段,各阶段都要经历各种复杂而又严酷的环境,任何一种不利的环境都有可能引起助飞鱼雷的结构损坏、功能失效,导致助飞鱼雷性能下降,甚至任务失败。因此,确定助飞鱼雷任务环境剖面,研究各种环境因素的性质和特性,分析这些环境因素对助飞鱼雷的危害及损伤效应,有的放矢地进行环境控制、耐环境设计及验证工作,是极其必要而有意义的。

11.1 任务环境剖面

助飞鱼雷以固体火箭发动机或涡喷发动机为助飞动力,一般以轻型反潜鱼雷为战斗载荷,装备大中型水面舰船,由舰上武器系统控制点火、发射出箱、空中飞行,在助飞段航程结束时完成雷箭分离,释放战斗载荷,战斗载荷由降落伞减速后入水、搜索跟踪并攻击目标。其环境剖面如图11-1所示。

1. 运输阶段

助飞鱼雷经采购验收后,从生产厂运送至部队鱼雷仓库。

该阶段,助飞鱼雷将经受运输平台带来的颠簸环境(振动、冲击、加速度)及不同运输方式环境温度的影响。

2. 贮存及技术准备阶段

贮存期间,助飞鱼雷存放于部队鱼雷仓库,各系统处于非工作状态,仅在日常维护保养的状态监控检查时处于通电状态。产品技术准备在技术阵地进行,将完成全雷总装、调试工作。

该阶段助飞鱼雷将经受周围大气带来的高温、低温、潮湿以及潮湿引发的霉菌生长和沿海盐雾大气等自然环境的影响。

第11章 环境适应性设计

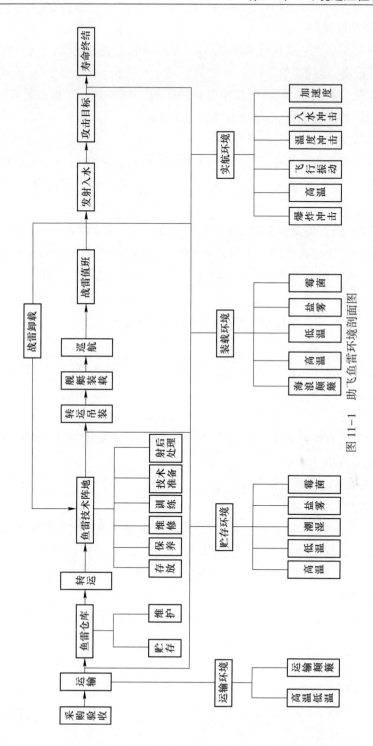

图 11-1 助飞鱼雷环境剖面图

3. 装载阶段

助飞鱼雷完成一级雷技术准备后经转运、吊装上舰,装填助飞鱼雷发射装置执行装载任务,随舰巡航。

该阶段,助飞鱼雷将经历海浪带来的颠震、太阳辐射(甲板面装载)、高温、低温、潮湿、微生物生长、盐雾大气等环境的影响。

4. 实航阶段

助飞鱼雷执行战斗任务或进行实航训练,进入发射程序,按下发射按钮后经历发射出箱、空中飞行、雷箭分离、雷伞分离、入水、搜索跟踪等过程,最终攻击目标或航行终结。

该阶段,助飞鱼雷将经历发射过程带来的高温、爆炸冲击,空中飞行带来的振动、加速度、飞行高度差引起的温度骤变,雷箭分离、降落伞开伞及入水时对产品的冲击,水下搜索跟踪目标带来的离心加速度等环境因素的影响。

11.2 环境因素及影响分析

从助飞鱼雷使用任务环境剖面可以看出,其所经受的环境因素有高温、低温、潮湿、盐雾、霉菌及振动、冲击、加速度等。其中,高温、低温、潮湿、盐雾、霉菌主要来自助飞鱼雷所处的自然环境,属于气候环境范畴;振动、冲击、加速度主要来自助飞鱼雷自身各种动力源(发动机、火工品)以及机动飞行,为诱发环境,属于力学环境范畴。

1. 气候环境影响分析

1)温度

温度是自然界最普遍的环境因素,这一因素往往也影响和决定了其他环境因素的性质,所有自然环境因素几乎都受温度的影响,大多数诱发环境因素与温度有关。据统计,温度影响引起的故障占各种环境因素引起故障的40%左右,因此研究温度对助飞鱼雷的影响很重要。

温度环境将导致助飞鱼雷出现各种形式的故障,使其各项性能受到暂时或永久性的损害:高温会引起热老化、氧化、结构变化、物理膨胀;低温易使材料脆化、发生物理收缩;温度的突然变化造成快速热胀冷缩,产生机械应力。温度对助飞鱼雷造成的影响见表11-1。

表 11-1　温度对助飞鱼雷造成的影响

温度类型	主要影响	典型失效
高温	热老化	绝缘失效,橡胶、塑料等非金属材料加速老化,延伸率下降
	氧化	接点接触电阻增大,金属材料表面电阻增大
	物理膨胀	零件间由于不同金属膨胀不一样,可能发生结构失效,增大机械应力,增大活动件的磨损,引起卡死或松动
	产品过热	机电组件过热、过载,元件损坏,低熔点焊锡缝开裂,焊点脱开。充填物、密封圈损坏,轴与轴承发生变形,造成机械故障
	结构变化	橡胶、塑料、固体药柱膨胀和出现裂纹
	温度梯度变化	导致电路性能改变,精度下降或损坏
低温	物理收缩	各种材料收缩不一和不同零件膨胀的差异使零件互相咬死或转动不灵;结构失效,增大活动件的磨损,衬垫、密封圈弹性消失,引起燃油或燃料等泄漏
	脆化	材料变硬、变脆,结构强度减弱,出现裂纹、断裂;减震架刚性增加,减震性能降低
	结冰	液体燃料结冰,燃烧率下降
温度变化（温度骤变）	快速凝水或结霜	产生电子或机械故障
	快速热胀冷缩	固体药柱产生裂纹; 电子零部件性能变化; 不同材料的收缩或膨胀不一,引起零部件变形或破裂,表面涂层开裂,密封件漏泄;运动部件黏结或运动减慢

2）潮湿

潮湿环境包括自然气候中的潮湿条件和诱发的潮湿条件。自然气候中的潮湿条件是由地理和气候条件所决定的,沿海地区相对湿度在75%以上。诱发的潮湿条件是指人类活动或工业生产过程造成的潮湿条件,如密闭的舱室内,若通风不良,局部潮湿不易散发,相对湿度可以达到95%~100%,其严酷程度往往会超过自然界中的潮湿条件。

潮湿作为一种自然环境因素在重要性方面仅次于温度,且会对别的环境因素及其作用产生重要的甚至决定性的影响,如温度、微生物等。在潮湿环境下,产品或材料会发生外观变化或物理、化学和电性能方面的裂化,从而导致产品功能失效。潮湿环境对助飞鱼雷的主要影响见表11-2。

表 11-2　潮湿环境对助飞鱼雷的主要影响

主要影响	典型失效
受潮	引起金属材料腐蚀、物理强度降低、弹性降低
吸入湿气	物理性能下降,电强度降低,绝缘电阻降低,电解常数增大,密封件硬化,塑料零件隆起变形,漆膜脱落,液体燃料水解
冷凝	绝缘电阻降低,出现漏电和飞弧
电化反应	机械强度下降,加速装药变质
锈蚀	影响功能,电气性能下降,增大绝缘体的导电性,金属表面腐蚀,活动部位被卡
循环温湿度	使产品内部产生凝露,造成电气短路

3）盐雾

盐雾是海洋性大气的显著特点之一。在沿海地区或海上,大气中经常含有微量悬浮的盐,进而形成盐雾。大气中盐雾的出现与分布与气候环境条件及地理位置有着密切的关系,离海洋越远的大气中含盐量越低;同时盐雾的浓度还受到物体阻隔的影响,阻隔越多雾量越少。

助飞鱼雷的贮存、使用都处于海洋环境中,因此无论是在陆上调试、转运还是在舰船装载、待命,都会受到海洋大气的影响。在盐雾的作用下,金属表面易产生电化学反应使钝化层遭到破坏,底金属受到腐蚀,对产品的外观造成破坏,导致机械件结构强度减弱,紧固件插卸困难,可动元件卡死;对电子产品还会腐蚀绝缘性材料使电气性能发生变化,线路板短路等,从而影响产品的正常工作。这些腐蚀现象对产品的外观、可维修性、电性能产生很大的影响,严重的可以使部件或整机产品失效。盐雾环境对助飞鱼雷的主要影响见表 11-3。

表 11-3　盐雾环境对助飞鱼雷的主要影响

主要影响	典型失效
腐蚀影响	电化学反应引起的腐蚀和加速应力腐蚀的破坏作用,使金属腐蚀和油漆起泡,盐在水中电离后形成的酸碱溶液,游离的酸或碱能和金属起化学反应。电解过程和化学反应可同时发生
电气影响	由于盐沉积产生导电覆盖层并引起或加速绝缘材料和金属材料的腐蚀而使电子设备损坏,产生导电层,绝缘材料和金属受腐蚀而影响其电性能
物理影响	使机械部件和组件活动部分阻塞或黏结,结晶的盐颗粒可以造成材料的保护层和涂镀层受到磨损而加速腐蚀过程,电解作用导致漆层起泡

4）霉菌

霉菌是一种细小的生物,属于微生物中的真菌类,在自然界中分布广泛,种类繁多,遍及世界各地。霉菌生长的三大要素为温度、湿度和营养物质,一般霉菌生长的最佳温度为22℃~30℃,最适宜的相对湿度为85%~100%。任何产品都是由一定的有机物质和无机物质组成的,霉菌的孢子飘浮在大气中,无处不在,当空气中的霉菌孢子落在产品表面上时,一旦有合适的温、湿度和营养基,孢子便会在这里生长,使产品发生霉变,从而影响使用。霉菌对助飞鱼雷的主要影响见表11-4。

表11-4 霉菌对助飞鱼雷的主要影响

主要影响	典型失效
对不抗霉的材料直接破坏	霉菌易对不抗霉的材料产生直接侵袭,在材料上或材料中生长,使材料分解,并将其作为食物,导致材料物理性能明显恶化
对抗霉材料的间接破坏	设备或材料表面上所黏附的灰尘、油脂、汗迹和其他污秽上生长霉菌后,会损坏表层并直接侵蚀底层材料。霉菌分泌的新陈代谢排泄物(有机酸)会引起金属腐蚀、塑料和其他材料的老化和剥蚀。生长在不抗霉材料上的霉菌,可以侵蚀与其接触的抗霉材料
对产品的物理影响	霉菌的直接或间接侵袭会损坏电子产品,降低绝缘材料表面的绝缘电阻,影响电气性能。霉菌菌丝生长会阻塞灵敏部件的活动

2. 力学环境因素影响分析

力学环境因素多为诱发环境因素,主要来自产品自身各种动力源(发动机、火工品)以及机动动作,对助飞鱼雷影响最大的有振动、冲击、加速度等环境因素。

1) 振动和冲击环境

助飞鱼雷从生产厂运至部队、从贮存库房运至装载舰船,在舰船装载和空中飞行过程中,都会遇到剧烈的振动和冲击环境。振动对产品的影响主要以疲劳破坏为主;而冲击是振动环境中的一种特例,它是瞬态性的,造成产品的破坏以峰值破坏为主。振动、冲击的主要影响见表11-5。

表11-5 振动、冲击对助飞鱼雷的主要影响

主要影响	典型失效
机械损伤	紧固件松动,金属构件疲劳损伤、出现裂纹或变形断裂,结构失效,密封失效
电气故障	导线相互摩擦;元器件焊点松动、脱落;电触点间断;电路瞬间短路、断路;电路噪声

2) 加速度环境

在助飞鱼雷的任务剖面中,运输吊装时运输工具的启动和刹车、装载舰船时海浪的颠簸、发射飞行、雷箭分离、开伞、战斗载荷入水,都会产生加速度。加速

度对助飞鱼雷的主要影响见表11-6。

表11-6 加速度对助飞鱼雷的主要影响

主要影响	典型失效
机械损伤	产品内部构件之间的相对位置发生变化,导致结构变形,甚至产生永久变形和断裂,使产品丧失工作能力;对没有紧固或紧固不牢的产品,会产生相对于基座、壳体的抛射,使产品从与加速度相反的方向抛出;表面涂层可能产生裂纹和爆皮。销子弯曲或剪断;销子或簧片倾斜;黏结缝可能分开
电气故障	电感或电容的量值发生变化,继电器误动作,线路板短路、电路断开;正常闭合的压力触点可能被打开;正常开启的压力触点可能闭合;间距小的两个元器件可能短路等

3. 组合环境因素的影响

在实际环境中,各种环境因素并非单独对产品产生影响,而是几种因素同时作用,一些环境自身特性和相互之间存在着各种耦合或依赖作用,往往导致危害的加剧或减弱。表11-7列出了高温、低温、湿度、盐雾、霉菌、振动、冲击等几种重要环境因素与相关环境因素之间的相互影响和对助飞鱼雷的影响。

表11-7 各种环境因素的相互作用和对助飞鱼雷的影响

环境因素		影响状况
高温	湿度	高温会增大潮气的浸透率,提高湿度的锈蚀作用
	盐雾	高温将增大盐雾对产品的腐蚀速率
	霉菌	霉菌生长需要一定的高温,温度超过71℃,霉菌将不再生长
	振动、冲击	高温、振动、冲击环境因素会互相强化对方的影响,共同影响材料的性能
低温	湿度	湿度随着温度的降低而降低,但低温会引起湿气冷凝,当温度足够低时,湿气就会变成霜或冰
	盐雾	低温能降低盐雾的腐蚀速度
	霉菌	低温影响霉菌的生长,在0℃以下,霉菌保持在假死状态
	振动、冲击	低温会增大冲击和振动的影响,但这个问题只在非常低的温度下才有必要予以考虑
湿度	盐雾	高湿度会减小盐雾的浓度,但这同盐雾的腐蚀作用无关
	霉菌	湿度有助于霉菌等微生物的生长,但不会增大它们的影响
	振动	湿度和振动相结合,会增大电工材料被击穿的可能性
	冲击和加速度	冲击和加速度的周期很短,不会受到湿度的影响
盐雾	振动	会增大电工材料被击穿的可能性

续表

环境因素		影响状况
振动	加速度	在高温和低气压下,这种组合会增大各种影响

11.3 环境适应性设计

11.3.1 环境适应性设计基本原则

助飞鱼雷环境适应性设计应遵循以下原则:

(1)环境适应性设计首先应综合考虑所设计产品可能经受的各种环境因素及其应力,再采用改善产品所处的局部环境或减缓环境应力的措施(如冷却措施、减振措施等),来增强产品自身耐环境的适应能力。

(2)环境适应性设计应按全雷、系统、组部件、模块、元器件到材料逐级明确防护对象和防护等级,按从大到小的顺序提出相应改善产品所处局部环境的措施。

(3)进行环境适应性设计时,应严格计算并确定使用应力,选用成熟的环境适应性设计技术、合理的结构设计、耐环境能力强的零部件、元器件和材料以及稳定的加工、装调工艺,使所设计的产品达到环境适应性要求。

(4)一种环境因素可能产生多种不良影响,一种不良影响往往是多种环境因素综合作用的结果,设计时应综合考虑环境因素的不良影响,留出适当的设计裕量(耐环境裕量),采取防止瞬态过应力作用的措施。

11.3.2 气候环境适应性设计

助飞鱼雷使用寿命周期内经历最频繁的是气候环境,气候环境适应性设计主要包括温度防护设计和"三防"(防霉、防潮、防腐蚀)设计。在进行这些防护设计时,应从结构设计、元器件和材料选择、表面处理和改善装载环境等方面考虑。

1. 温度防护设计

1)结构设计

助飞鱼雷的耐温度环境结构设计应从以下四个方面考虑:

(1)电子组件在结构设计时应对功率密度、总功耗、热源分布、热敏感性、热环境等因素进行分析,以此来确定电子组件最佳的冷却方法。

(2)单个电子部件(如集成器件、大功率器件等)应根据温升限值设置散热或独立的冷却装置;对关键器件、模块的冷却装置应采取冗余设计;互连用的导线、线缆器材等应考虑温度引起的膨胀、收缩造成的故障。

(3)根据雷内的热耗量和内部阻滞的情况,选择合适的通风系统,设计合理的空气流通通道,保证需要冷却的各个部位得到其所需的风量,冷却空气应首先流经对热敏感的器件,冷却空气的进口与出口位置应相互错开,不能形成气流短路或开路。

(4)在高温、低温及温度变化的环境下,机械组件内不同材料之间收缩膨胀的系数不同,将导致结构失效、机械应力增大、零件咬合、密封(密封垫)失效(永久变形)、机械强度降低等故障出现,因此在结构设计时应给活动件之间提供适当的间隙;壳体采用重质散热材料或喷涂防热涂层等。

2)材料选择

在对助飞鱼雷进行耐温度环境设计时,材料选择应从以下三个方面考虑:

(1)尽量选择对温度变化不敏感的材料,采用经优选、认证或经多年实践证明可靠的金属和非金属。

(2)选择的材料应在要求的温度变化范围内不发生机械故障或破坏完整性,如机械变形、破裂、强度降低等级、材料发硬变脆、局部尺寸改变等。

(3)选材时应尽量选取膨胀系数相近的材料;当选择膨胀系数不同的材料时,应确定其在要求的温度变化范围内不出现黏结或相互咬死。

3)改善助飞鱼雷装载的环境

在助飞鱼雷装载空间内加装调温设施,控制装载空间内的温度,以保护可靠性要求高的、耐环境设计不易得到保证的精密电子组部件,提高产品的环境适应性。

2. "三防"设计

1)防潮设计

(1)结构设计。在结构设计方面,采用密封壳体设计,内部充以干燥清洁的空气或惰性气体,减少湿气的进入,并尽量减小密封面积,选择合适的密封材料。

(2)表面处理。对元器件做防潮处理,包括:电子元器件的灌封、裹覆;非金属材料的表面进行绝缘、胶化处理、涂覆"三防"漆等;对某些防潮性差的材料表面进行防潮憎水处理。

(3)材料选择。选用防水、防霉、防锈材料;选用吸湿性小的材料和湿热环境中性能稳定的材料。

(4)改善装载环境。在助飞鱼雷装载空间安装空调及通风设施进行除湿、干燥,以保护可靠性要求高的、耐环境设计不易得到保证的精密电子组部件。

2) 防盐雾设计

(1) 结构设计。防盐雾结构设计采用密封壳体,使助飞鱼雷的元器件、组部件与盐雾环境隔离,或者对关键的元器件及对环境敏感的元器件加以密封和灌封等处理。

(2) 材料选择。盐雾往往与湿热环境相结合,既使金属材料腐蚀,又使非金属材料电性能下降。因此在选择材料时,要考虑其防腐防潮能力,关键的接触材料可选镍、银等。

(3) 表面处理。对金属材料进行防腐处理,包括发蓝、阳极化、涂漆、表面密封等;或采用退火或喷镀的办法强化。

3) 防霉设计

(1) 结构设计。采用密封结构,内部充以干燥清洁的空气或惰性气体,杜绝潮湿气体进入,预防霉菌生长。

(2) 选用耐霉性良好的材料。绝缘材料、涂料及其他有机材料的选择应最大限度地延缓霉菌的生长,尽量避免使用有助于霉菌生长的材料;进行材料改性,加入防霉剂或在材料表面喷杀菌剂。

(3) 改善装载环境。控制装载空间内的环境温度、湿度,减少灰尘聚集,用紫外线照射消毒等方法抑制霉菌生长繁殖。

另外,对产品和包装箱内进行抽真空和加惰性气体,也可起到防潮、防霉、防腐蚀的作用。

3. 力学环境适应性设计

力学环境是助飞鱼雷使用环境的重要组成部分。在助飞鱼雷的全寿命周期内,按照其力学载荷类型分为振动、冲击和加速度(过载)三种类型,这三种类型均可以纳入振动范畴,只是对应的频率范围不同。而按照其使用剖面来说,公路运输、舰上装载,以及发射、空中飞行、各级分离历程中均混合着振动、冲击和过载。因此,对于力学环境的适应性设计不应仅从单一环境入手,必须统筹考虑多种环境综合作用下的适应性。

1) 过载环境适应性设计

过载主要存在于助飞鱼雷运输、吊装过程中的启动和刹车,舰载装载过程中的舰船颠簸,以及发射、雷箭分离后开伞、战斗载荷入水等工作剖面中,其加速度特征为低频、单向,并且主要为助飞鱼雷轴向方向,对助飞鱼雷结构有很大影响。典型的过载时域曲线如图11-2所示。过载往往转化为静态载荷,并通过结构有限元分析或刚强度试验指导结构设计,相关内容详见第5章。

由于结构对于低频的激励信号传递衰减能力较差,全雷的过载可以近似为等同,因此,助飞鱼雷的试验实测中,往往将其作为质点考虑,在质心处布置过载

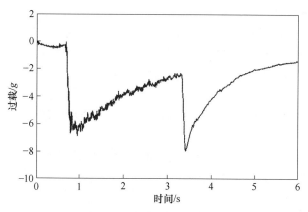

图 11-2　典型过载时域曲线

传感器,以此作为全雷过载环境条件。但对过载环境的适应性设计又与助飞鱼雷的结构力学设计有所区别,它主要针对鱼雷轴向的单一过程进行设计,且从信号特性看,往往需要将其中高频信号滤除,通过低通滤波方式得到的低频过载,以此作为结构适应性设计的输入条件。

另外,助飞鱼雷还存在有别于其他装备的长期交变过载作用,即舰船颠簸,由于舰船在高海情下系泊或航行时,海浪引起舰船低频往复无衰减振荡。因此,针对舰船颠震环境要求对发射箱和助飞鱼雷的结构接口,以及助飞鱼雷本体连接结构上受到剪切应力的结构,如发射箱和雷体的滑块导轨接触结构、锁紧结构,助飞鱼雷段间径向连接螺钉、垂直于雷体轴线的设备安装螺钉等需要重点关注。

对过载环境适应性设计,首先应确保雷体结构在单向或交变过载作用下的结构完整性,即从结构连接的薄弱环节出发,对其在转化为静态载荷下的抗剪切能力进行验证;其次对于雷体内部设备支架,以及在支架上安装的设备,安装方式应尽量采取平行于雷体轴向的螺钉与壳体或支架进行连接。此外,针对过载环境的结构适应性设计不具有唯一性,针对设计要求,通过材料、设计、工艺、制造等一体化技术,采用多目标优化设计平台等大型商用软件是今后设计发展的方向。

2) 振动环境适应性设计

振动是助飞鱼雷使用寿命周期中最为广泛存在的环境,不仅存在着外部激励(包括各种运输工具、装载舰船动力和路面振动传递,空中飞行的气流扰动等),还有其内部激励(包括飞行中发动机推力变化,运动部件的振动传递等)。由于其频谱的多样性,带来的影响也呈现多样,低频振动主要给结构和控制带来影响,高频振动主要给电路等精密器件带来影响。

第11章 环境适应性设计

助飞鱼雷在装载运输过程中处于非工作状态,引起雷体振动的激励源主要是运输工具的发动机工作、轮胎和地面摩擦振动,其中发动机运动频率为主要振源频率。振动传递到助飞鱼雷和发射箱支点并沿雷体传递,通过在助飞鱼雷运输试验时对雷体各点布置加速度传感器可以得到雷上各点振动响应。一方面运输工具发动机主频与雷体振动响应存在一定的关联,即发动机转速越快(速度越高),振动能级越大;另一方面路面情况和振动响应存在关联,即路面越不平整,一定速度下振动能级越大。图11-3 为不同路况下雷体响应功率谱密度峰值。通过对图上数据进行频域分析,可以看出,装载运输状态雷体主要的振动频率集中在150Hz以下,以低频振动为主且体现出明显的基频及倍频程关系。同时,由于雷体自身振动传递特性,处于支点处振动与运输工具频率较为贴合,但雷体上长悬臂部位对低频响应较为明显,这在悬臂结构的机械设计上需要特别注意,应避免悬臂结构使低频振动量级被放大,导致结构失效。

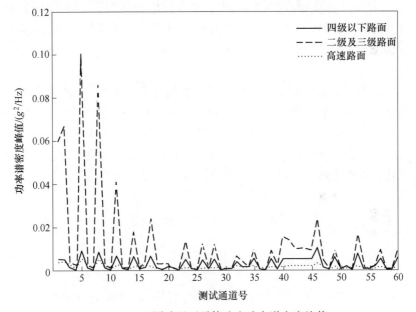

图11-3 不同路况下雷体响应功率谱密度峰值

助飞鱼雷的飞行振动一方面由外部的气动激励引起,另一方面由发动机推力的变化或控制部件等内部激励引起。相比地面振动环境,空中飞行振动量级偏小,但由于空中飞行时雷内机械和电子部件均处于工作状态,尤其对于高精度的导航和控制系统来说微小的振动也会对其造成影响,因此相比之下对飞行环境适应性设计更为重要。

无论是助飞鱼雷非工作状态或是工作状态,振动结构适应性设计与助飞鱼雷模态密切相关:一方面对于助飞鱼雷结构来说,全雷保持良好的刚性对于飞行控制较为有利,若全雷模态频率超出控制系统容差,则雷体飞行振动会干扰控制系统,导致其精度下降或无法操控;另一方面对雷体内部的电子器件和导航部件又需要采取适宜的减振措施,避免高频振动对电路元器件晶阵或焊点造成影响,导致晶阵破坏或焊点脱落。鱼雷入水后,尤其要避免雷体流噪声和动力噪声对鱼雷自导造成影响,对于流噪声和动力噪声的控制在《鱼雷总体技术》一书中有详细叙述,在此不再赘述。

3)冲击环境适应性设计

冲击主要存在于发射和级间分离过程中,虽然其频谱相比振动更为丰富,但是由于冲击持续时间往往为毫秒级,因此具有频带宽、能量集中和衰减迅速的特点,往往采用冲击响应谱的方式对冲击的特性进行分析。由于助飞鱼雷多为非碰撞冲击,能量往往集中在高频段,因此,低频段能量基本可忽略不计,其对结构不会产生破坏。高频段的集中能量往往造成电子元器件瞬间破坏,目前主要采取的方法还是采用冲击隔离方式将结构响应传递到电子元器件上的冲击衰减到其耐受范围内。

对于助飞鱼雷的冲击隔离设计主要采取的方法有两种:一种是将冲击敏感器件布置在远离级间分离或隔振良好的基座上,不与鱼雷壳体直接连接,而是通过单级或多级支架转接并配以减振金属或橡胶垫圈方式隔离冲击;另一种是在壳体上设计不连续截面,阻断冲击纵波的传递。无论采取何种方式,其原理均为采用物理阻断传递路径的方式将冲击响应降到可耐受范围内。

11.4 环境试验

11.4.1 环境试验条件

产品环境适应性设计成功与否,最终要通过环境试验进行验证,科学的、合理的环境试验条件及试验方法对产品环境适应性设计及验证工作具有重要的指导意义。

制定出科学、合理的环境试验条件应关注以下要求。

1. 充分了解产品的研制总要求

根据产品研制总要求充分了解该产品在其使用寿命周期内如何贮存、如何运输、何处贮存、何处运输、何处执行任务、执行任务的方式等,这些事件的地点和方式将决定产品所遇到的环境种类和严酷度。

第11章 环境适应性设计

2. 充分考虑产品寿命期的环境因素

根据产品贮存、运输和使用的方式、地点等要求,分析该产品在寿命期内将会遇到的各种诱发的、自然的环境因素,以及这些环境因素的影响程度,为确定产品寿命期内的环境剖面打下基础。

3. 充分收集环境数据

产品寿命期环境剖面中各环境量值的确定最为困难,因此通过各种渠道获得各环境因素的数据极为重要,可通过环境数据库、相关自然环境因素数据标准、相似产品已有数据及相似产品环境实测数据得到最恶劣预示环境。

4. 充分分析各类数据并考虑设计裕量

一些诱发环境的实测数据需经工程处理后方可使用,并且一个产品环境适应性的设计必须留有一定的裕量。各种环境激励对产品所产生的环境最高极限值不能作为设计环境,设计环境要在最高预示环境基础上加环境设计裕量(为减少产品在工作期间的失效风险所扩大的环境量值范围)。那么充分的数据分析、合理的设计裕量能使制定的环境试验条件更加科学、合理。使用合理的环境试验条件不会出现产品因过试验或欠试验带来的研制经费增加、研制周期拖长、产品可靠性达不到研制要求等后果。

5. 充分验证

产品最初的环境试验条件制定出来时,各个环境量值以经验、借鉴居多,还需要充分的验证、修正,才能更加适合该型号。随着产品研制工作的推进,还应借助该产品各种实航试验及模拟试验对诱发的环境因素进一步的实测、分析,以便更科学地修正各环境量值;另外,收集产品的各种环境故障,分析是否有欠试验或过试验的因素在里面,也能够为修正各环境量值寻找依据。

11.4.2 助飞鱼雷环境试验

助飞鱼雷是鱼雷(战斗载荷)和运载体的组合体,从专业上讲是水中兵器和导弹的组合体。由图11-1可以看出,各部分的环境剖面随任务剖面的变化而有所不同:助飞鱼雷发射出箱,由运载体将战斗载荷带到空中,运载体在与战斗载荷分离后完成使命,战斗载荷继续飞行直至入水,入水后实现对目标的搜索和攻击功能。因此,助飞鱼雷各部分所进行的环境试验项目及量值各有不同,是要经过环境数据测试、影响分析、查阅国内外同类产品与环境相关的标准并结合产品自身特点来确定的。

1. 气候环境试验

从助飞鱼雷的整个使用寿命剖面可以看出,其气候环境试验项目包括高低温贮存、高低温工作、温度冲击、湿热、霉菌、盐雾等项目,但在确定助飞鱼雷的气候环境试验项目及量值时,除要考虑自然气候环境外,还要考虑诱发产生的温度、潮湿环境。

1) 自然界的气候环境

助飞鱼雷的贮存、使用在沿海地区及各海域,无时无刻不受到沿海地区特有的盐雾大气的腐蚀,在交付部队后贮存于有气候防护措施的工房仓库中,一般工房仓库对鱼雷贮存的环境温度要求为 5～30℃,相对湿度不大于 75%。但工房仓库以外的温湿度环境较为严酷。据有关资料报道,世界可航行水域(极区和冰区除外)最低温度为 -30℃,世界可航行水域最高温度为 65℃。我国沿海极端低温在 -23℃ 左右,极端高温在 40℃ 左右;相对湿度在 75% 以上,严酷时,湿度甚至可以达到 98% 以上。同时潮湿的环境还会带来微生物的生长。

2) 诱发出的温湿度环境

助飞鱼雷的诱发温湿度环境主要是产生在装载和发射过程中:备战时,助飞鱼雷放置的密闭舱内,若通风不良,局部潮湿不易散发,相对湿度可以达到 95%～100%,舰船舱室的内部温度可达到 40℃ 以上;发射时,发射箱内点火会产生上千摄氏度的高温。另外,在发射过程中,发射箱内上千摄氏度的高温、出箱升空后高空中每千米较海面温度下降 6℃ 带来的低温以及入水后海水的自然温度(冬季零下 2℃ 左右,夏季最热时 37℃ 左右),这一系列骤冷骤热的温度变化对在短时间内发射、空中飞行、入水的助飞鱼雷带来的影响也不可忽略。

从以上的环境分析中可以确定,高低温贮存、高低温工作、湿热、霉菌、盐雾等项目对助飞鱼雷来说必不可少,但温度骤变到底有多大还要通过测试、分析来确定。因点火发射要产生高温,雷体表面均要进行防热处理,加之从发射、飞行到入水时间短,在温度骤变尚未影响到雷体内部时,助飞鱼雷就已完成了任务使命,如图 11-4 所示。因此,助飞鱼雷内部产生的温度骤变较小,不足以影响到产品的功能,对助飞鱼雷内部组件无须进行针对温度骤变的试验项目——温度冲击的考核。

2. 力学环境试验

对于助飞鱼雷的力学环境试验,最终的要求是制定出的环境试验条件与客观环境相适应:条件定得过高,会增加助飞鱼雷研制的难度,提高产品的成本;条件定得过低,会导致助飞鱼雷在作战任务剖面内失效,最终付出更大的代价。因此,在制定助飞鱼雷力学环境条件时应特别慎重。与气候环境不同,力学环境为诱发环境,诱发环境意味着助飞鱼雷在整个使用寿命中每个阶段、每个部分所经受的力学环境都会存在差异:在运输、装载过程中,助飞鱼雷作为一个整体会遇到来自运输和海浪的颠簸;发射和级间分离时,助飞鱼雷经受爆炸冲击;飞行时,助飞鱼雷经受飞行带来的振动、加速度的影响;分离后,运载体部分完成使命,战

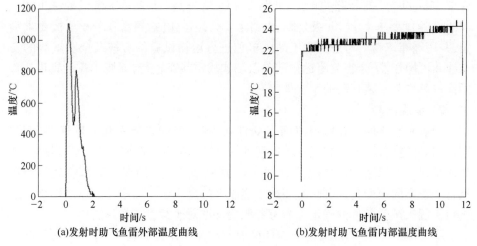

(a)发射时助飞鱼雷外部温度曲线　　(b)发射时助飞鱼雷内部温度曲线

图 11-4　发射时助飞鱼雷内部和外部温度曲线图

斗载荷还要经受入水冲击及搜索目标带来的离心加速度的影响。因此,助飞鱼雷的力学环境试验项目及量值应针对各组成部分及各组成部分所在的各个任务剖面进行设计,不可一概而论。

1) 运输试验

助飞鱼雷完成生产交付时,将从生产厂运往基层部队,主要以铁路和公路运输为主,以运载体装全雷包装箱形式运输。而产品在完成技术准备装舰使用时,一般以战雷装发射箱状态运输,以公路运输为主。因此,助飞鱼雷运输试验的条件需根据不同的运输方式以及运输目的确定,主要考虑铁路、各等级公路路面的行驶时速及里程。另外,还要考虑产品装车的防护,例如,牢靠稳妥、有防雨措施,装卸、运输过程中不允许有强烈撞击等。

铁路运输试验以运载体状态(不含战斗载荷)装全雷包装箱进行,装通用敞车,安全级别为一组八级,一般叠摞不超过两层,包装箱通过钢丝绳等与敞车的支柱紧固,包装箱之间通过栓紧器和花栏连接紧固,装载前在敞车底部铺设一层厚度 5~10mm 橡胶垫,全雷包装箱紧固放置后,需用篷布遮盖。试验里程一般不小于 1000km。

全雷公路运输试验按产品相关规定或参考 QJ 1185.5—1987《海防导弹环境规范　导弹公路运输试验》执行,试验总里程一般不小于 1000km,其中,土路、碎石路面、普通柏油路面和高速公路的比例及速度要求需结合实际使用情况制定。QJ 1185.5—87《海防导弹环境规范　导弹公路运输试验》中要求:公路(含二、三级公路,如水泥路、柏油路、良好的国防公路)路程要求 400~600km,速度要求35km/h三级公路,如水;土路(含四级公路、土路等)路程要求100~200km,速度要求15km/h级公路、土路水。公路运输时,箱雷在卡车上按要求紧固,并用篷布遮盖。考虑到火工品已单独进行运输试验的考核及全雷试验的安全性和可操作性,全雷公路运输试验以制式战雷状态进行,即战斗载荷战斗部和助推器等均为不装真药的制式件状态。

2) 颠震试验

颠震是舰艇航行在风浪海面上,船体受到波浪冲击所引起的重复性、低强度、大脉冲宽度冲击。尽管强度低,但冲击脉冲时间长,又有重复性累积效应,破坏能量很大,且最大波浪冲击加速度值随着舰型、航速、海况及舰艇装载状态和航行姿态不同而变化,因此,对装载于舰艇上的助飞鱼雷需考虑颠震的影响。助飞鱼雷颠震试验条件的确定可参考各舰船标准对舰载设备的颠震要求。

QJ 1184.10—1987《海防导弹环境规范 弹上设备颠震试验》中对安装在水面舰船和潜艇上导弹设备的颠震环境条件的要求:颠震加速度幅值为$6g$,重复频率为30r/min,颠震次数为1000次,颠震脉冲持续时间大于16ms,颠震方向Y轴。

GJB 4000—2000《舰船通用规范》中对除快艇外的舰船的颠震环境要求:颠震加速度幅值为$7g$,颠震次数为3000次,颠震脉冲持续时间为16ms。

GJB 4.8—1983《舰船电子设备环境试验 颠震试验》中安装在除快艇外的舰船及潜艇上的设备的颠震环境要求:颠震加速度幅值为$7g$、重复频率为30r/min、颠震次数为1000次、颠震脉冲持续时间大于16ms。

3) 爆炸冲击试验

助飞鱼雷在点火发射后、雷箭分离时会受到切割索点爆引起的瞬间强大冲击力,该冲击力峰值在爆炸源处接近3×10^4g,如图11-5所示,但具有峰值高、衰减快的特点;如果产品在结构设计时采取隔冲降载措施,随着爆炸冲击源的远离,冲击峰值迅速衰弱,量值可降至$200g$以内,如图11-6所示。爆炸冲击主要对发动机附近的尾段、仪器舱和分离舱附近的组件影响较大,因无合适的试验设备模拟如此巨大的量级,该项试验一般以实爆形式进行。

4) 振动试验

助飞鱼雷的振动试验包括功能振动试验和耐久振动试验。功能振动试验主要考核助飞鱼雷雷上产品在使用振动环境条件下功能是否失灵,性能是否符合要求。耐久振动试验主要考核助飞鱼雷雷上产品在规定的振动条件下结构是否产生残余变形、裂纹和其他机械损伤。

助飞鱼雷以火箭发动机作为动力,舰载发射箱发射,速度因发动机及发射方

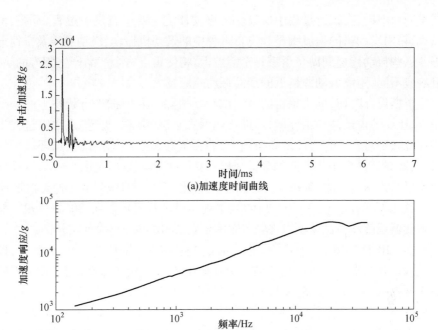

图 11-5 爆炸时爆炸源附近冲击加速度时间曲线和冲击响应谱曲线

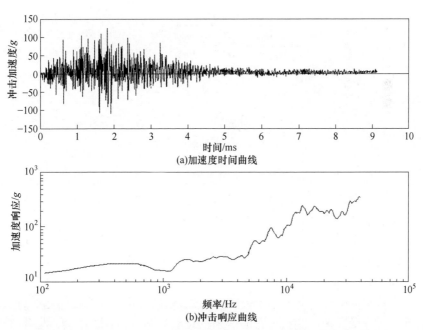

图 11-6 传递到战斗载荷前端的冲击加速度时间曲线和冲击响应谱曲线

式不同而不同,在飞行过程中所经受的振动环境主要来自发射过程中的发动机点火、箱内发动机的喷流噪声和飞行过程中的发动机振动、气动噪声及雷箭分离等。这些振动传递到助飞鱼雷各个部位上,将使雷上每个产品产生相应的响应,且响应不同,距离振动源越近的产品振动响应越大。

根据设计时速,助飞鱼雷的振动试验量值除了要模拟飞行状态下的振动环境外,还要考虑最高预示环境,即助飞鱼雷在运输、装载、飞行、入水等过程中各种环境激励对产品产生的最高极限值,并在最高预示环境基础上加环境设计裕量(为减少产品在工作期间的失效风险所扩大的环境量值范围),一般设计环境要比最高预示环境高6dB。在美国军用标准MIL-STD-1540《航天器试验要求》、我国军用标准GJB 1027—1990《卫星环境试验要求》、QJ 2052—1991《航空导弹武器系统环境试验要求》等标准中均提出6dB的环境设计裕量。

在GJB 150.16A—2009《军用设备实验室环境试验方法 第16部分:振动试验》和QJ 1184.12—1987《海防导弹环境规范 弹上设备振动试验》中都有针对战术导弹(发动机上设备除外)的设备的振动环境给出的两种振动环境来源(发动机噪声对飞行器结构的激励和沿飞行器结构外部的气动扰流)的振动量值。

GJB 150.16A—2009《军用设备实验室环境试验方法 第16部分:振动试验》振动曲线如图11-7所示,对耐久试验量值的要求为功能试验量值的2倍。

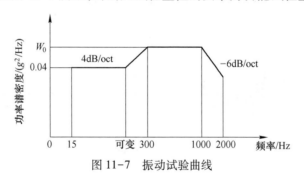

图11-7 振动试验曲线

在QJ 1184.12—1987《海防导弹环境规范 弹上设备振动试验》中,适用于超声速导弹弹上设备的振动能级(含功能试验和耐久试验)分高、中、低三级,根据助飞鱼雷的设计时速,可参考标准中相应的振动能级。

振动功能试验曲线如图11-8所示,其中W_0分别为0.10、0.20、0.30。

振动耐久试验曲线如图11-9所示,其中W_0分别为0.2、0.4、0.6。

5) 加速度试验

助飞鱼雷在执行任务的整个过程中将受到加速、减速和机动引起的过载,其中运载体部分受发射、升空、飞行时带来的过载影响,战斗载荷除受发射、升空、

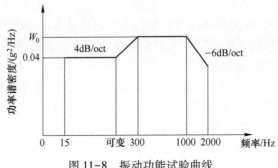

图 11-8 振动功能试验曲线

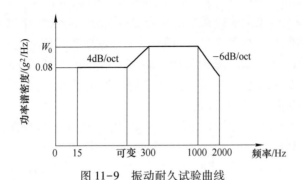

图 11-9 振动耐久试验曲线

飞行时带来的过载影响外,还要受开伞、入水及水下搜索目标带来的过载和离心加速度影响。因此,整个助飞鱼雷的运载体部分和战斗载荷的加速度环境是不同的,在为助飞鱼雷各组部件选择加速度试验量值时应考虑到这一点。

QJ 1184.11—1987《海防导弹环境规范 弹上设备加速度试验》中对导弹设备飞行时加速度环境的量值规定:$+X$ 轴加速度 $1.1A$,$-X$ 轴加速度 $0.33A$,Y 轴加速度 $1.1A'$,Z 轴加速度 $1.1A'$ 其中,A' 为导弹机动飞行的最大加速度值(g),A 为导弹轴向$(X$ 向$)$最大加速度值(g)。可见,加速度环境量值的要求与导弹机动飞行的最大加速度值有关,轴向向前加速度大于轴向向后的加速度,垂直轴与水平轴的加速度相同。

CB 1235—1993《鱼雷环境条件及试验方法》中对火箭助飞鱼雷恒加速度环境条件的规定:垂直轴向上、向下,水平轴向左、向右,试验时间各 1min,加速度为 $15g$。

6）冲击试验

冲击的激励峰值大,但很快就消失,且重复次数少,具有瞬态性的特点。因此,它造成产品的破坏是以峰值破坏为主,疲劳破坏次之。助飞鱼雷在运输、装载、飞行及入水过程中均会遇到冲击激励,进行冲击试验的目的是考核这些环境激励对产品的影响,评定产品的机械结构耐受这些冲击环境的能力。

分析助飞鱼雷在运输、装载、飞行及入水过程中可能会遇到一些冲击环境,可将它们分为机械冲击和爆炸冲击。爆炸冲击在前面已有叙述,在此不再讨论。机械冲击产生于坠落、撞击、入水等,如运输过程中的制动、发射过程中的反冲、入水时产生的入水冲击等,这些冲击量级较爆炸冲击小,但有一定的持续时间,会给产品带来一定的损伤和破坏。相对助飞鱼雷各组成部分而言,战斗载荷较运载体部分相比,除了前面运输、装载过程中所受到的冲击外,还要经受量级更大的入水冲击。因此,在为助飞鱼雷确定冲击试验条件时,一定要考虑各个部分在不同任务剖面的冲击响应,确定出不同的冲击试验量值。

据资料显示,常见运输模式中产品可能承受的最剧烈冲击:飞机在着陆和起飞期间,持续时间小于 0.1s 时大于 $12g$;铁路运输时在颠簸运行期间 $30g \sim 50g$;海运情况下小于 $2g$;公路运输时颠簸量级最大值 $10g$,一般为 $1g \sim 2g$。另外,通过相关试验表明,战斗载荷入水时作用在雷头的冲击峰值接近 $200g$。

相关标准的冲击环境要求如下:

GJB 150.18—1986《军用设备环境试验方法 冲击试验》中对飞行器冲击要求为半正弦波 $15g$,对地面设备冲击要求为半正弦波 $30g$。

QJ 1184.8—1987《海防导弹环境规范 弹上设备冲击试验》中对超声速导弹冲击试验能级的规定:加速度峰值 $24g$,持续时间 11ms,冲击方向 X,冲击次数 3 次,冲击波形为半正弦波。

CB 1235—1993《鱼雷环境条件与试验方法》中对火箭助飞鱼雷战斗载荷的冲击环境条件的规定见表 11-8。

表 11-8 助飞鱼雷战斗载荷冲击条件

序号	峰值加速度 /g	脉冲持续时间 /ms	相对速度变化量 /(m/s)	冲击方向	次数
1	60	8~10	3.06~3.82	X 轴向前、向后	各 3
2	60	8~10	3.06~3.82	Y 轴向上、向下	各 3
3	60	8~10	3.06~3.82	Z 轴向左、向右	各 3
4	45	18~20	5.16~5.73	X 轴向前	3
5	85	0.5~1.5	0.27~0.81	Y 轴向上、向下	各 3
6	85	0.5~1.5	0.27~0.81	Z 轴向左、向右	各 3
7	300	0.5~1.5	0.96~2.87	X 轴向后	3

11.4.3 环境试验产品状态

助飞鱼雷的环境适应性要求指标是鱼雷各部分对考虑的环境因素的适应性要求指标的综合,包括全雷及其系统、组件对寿命期内遇到的各种环境的适应性要求指标。助飞鱼雷在进行环境试验时,从试验目的、产品结构、可实施性等方面考虑,其技术状态可分为材料级、组件级、舱段级(系统级)和全雷级。

1. 材料级

材料级进行环境试验目的是为助飞鱼雷选取能够耐霉菌生长、耐盐雾腐蚀的材料,或确定具有防霉菌生长、防盐雾腐蚀能力的表面处理工艺,试验项目为霉菌、盐雾两项。在助飞鱼雷研制初期,除已确定使用的并经过其他产品验证过的防腐、防霉材料或工艺外,新选取的防腐、防霉材料或工艺均应进行霉菌、盐雾试验。

2. 组件级

组件级产品具有独立功能,可实现独立测试,最能体现出环境适应性设计的优势和缺陷,纠正与改进空间大,易操作,费用小,因此,在助飞鱼雷研制、定型、生产全过程中,以组件级产品的环境试验为主。

3. 舱段级

舱段级产品为多个组件组合,自成体系,可以实现具有级别较高功能的一个系统。因舱段外形尺寸固定,当内部组合的组件数量较少时,产品内部会出现较大的空腔,此时各组件对力学环境的响应会发生变化;当内部组合的组件数量较多时,内部空间较为拥挤,此时将会对产品的散热产生影响。因此,在研制过程中对于助飞鱼雷舱段级产品的环境试验,需根据产品实际情况进行分析,选取具有代表性的、结构空间较为典型的产品进行力学环境试验或高低温下的工作试验,以考核产品的环境适应性。

4. 全雷级

助飞鱼雷在运输、装载、实航的情况下以全雷技术状态存在,运输过程中车辆产生的颠簸、装载时舰船海浪带来的摇摆、发射飞行时带来的气流振动和噪声均会影响全雷状态下助飞鱼雷的力学环境适应性。因此,在研制阶段,助飞鱼雷应以全雷状态进行运输、颠震及飞行振动试验,以验证全雷在运输、装载、实航环境下的适应性。助飞鱼雷在发射升空到雷箭分离前的飞行过程中,运载体部分各组部件均处于工作状态,而战斗载荷则处于准备工作状态,因此在进行全雷级飞行振动试验时,助飞鱼雷各部分的技术状态是不同的。

参 考 文 献

[1] 祝耀昌.产品环境工程概论[M].北京:航空工业出版社,2003.
[2] 王树荣,季凡渝.环境试验技术[M].北京:电子工业出版社,2016.
[3] 中国人民解放军总装备部电子信息基础部.军用装备实验室环境试验方法第16部分振动试验:GJB 150.16A—2009[S].北京:总装备部军标出版发行部,2010.
[4] 国防科学技术工业委员会综合计划部.军用设备环境试验方法 冲击试验:GJB 150.18—1986[S].北京:国防科工委军标出版发行部,1986.
[5] 航天部七〇八所.海防导弹环境规范弹上设备冲击试验:QJ 1184.8—1987[S].北京:中华人民共和国航天工业部,1987.
[6] 航天部七〇八所.海防导弹环境规范弹上设备颠震试验:QJ 1184.10—1987[S].北京:中华人民共和国航天工业部,1987.
[7] 航天部七〇八所.海防导弹环境规范弹上设备加速度试验:QJ 1184.11—1987[S].北京:中华人民共和国航天工业部,1987.
[8] 航天部七〇八所.海防导弹环境规范弹上设备振动试验:QJ 1184.12—1987[S].北京:中华人民共和国航天工业部,1987.
[9] 航天部七〇八所.航空导弹武器系统环境试验要求:QJ 2052—1991[S].北京:中华人民共和国航天工业部,1991.

第12章

助飞鱼雷作战使用方法

作战使用方法研究目标是使助飞鱼雷武器系统对发射平台的体系能力贡献率达到最优。实践表明,作战使用方法是否合理与先进,将直接影响发射平台的生存能力和助飞鱼雷武器系统的作战效果,在助飞鱼雷总体设计中值得重点关注。

助飞鱼雷作战使用方法研究一般包含两方面内容:一是在如何有效、快速地控制助飞鱼雷完成其作战使命,即武器发射控制问题;二是如何评估助飞鱼雷武器系统的作战能力,即效能评估问题。本章主要介绍这两方面内容。

12.1 发射控制技术

12.1.1 发射控制的基本任务

1. 发射控制的作用

发射控制技术是助飞鱼雷研制过程中不可缺少的重要环节,助飞鱼雷攻潜作战的威力及战场生存能力均与装载平台发射控制系统的性能和特点密切相关。世界各国在鱼雷等武器装备的研制过程中,均明确要求武器装备发射控制系统与武器必须同步研制,密切配合,充分协调,统一标准,以实现武器装备与发射控制系统状态匹配。发射控制技术在现代武器研制中已成为一个专门学科,它对助飞鱼雷的研制和使用的重要作用体现在以下方面:

(1) 发射控制技术是助飞鱼雷战术技术性能的重要保证。助飞鱼雷从装舰到实施发射,每一个环节都需要发射控制系统对其工作状态进行检查。高性能的发射控制系统能够迅速、准确勘定助飞鱼雷工作状态,及时、快速地将性能合格的助飞鱼雷发射出去。现代战争将武器快速反应和及时准确打击作为衡量武器的重要战术技术指标。为此,发射控制系统不但应具有高度自动化、高可靠性,还应具有先进的通信手段和战场应急情况处理能力。

(2) 发射控制技术是检验助飞鱼雷性能指标的重要手段。助飞鱼雷从研制技术状态确定后,就面临着与发射控制技术兼容和匹配的问题。研制初期,及早开展与发射控制系统的匹配试验,能够获得助飞鱼雷控制、弹道、电气以及数据通信等试验数据,可作为全雷改进设计的依据,同时也实现了实际装载环境下对助飞鱼雷性能指标的验证。

2. 发射控制的基本任务

现代反潜作战一般运用搜潜兵力,选用可靠的搜潜方法,正确使用搜潜设备,及时、准确地发现目标;根据目标情况合理部署攻击兵力,迅速占领阵位,力争对目标形成包围态势;各个反潜兵力协同,实施密切攻击。海洋作战的特殊性和目标的隐蔽性决定了反潜作战中有效攻击时机稍纵即逝,助飞鱼雷必须为堪用、待发状态,以便快速、高效地攻击目标。而实际无战事状态下,助飞鱼雷完成技术准备、转运装舰后,反潜舰艇工作常态一般为码头系泊值班或执行航线护航、巡逻任务,助飞鱼雷工作状态必须由发射控制系统进行检测,以保证其性能稳定。

助飞鱼雷发射控制的基本任务概括起来有以下方面:

(1) 助飞鱼雷日常维护检查。助飞鱼雷装舰后,与发射控制系统进行电气连接。在载舰平台战备值班期间,为确保鱼雷在装载环境下性能满足发射任务要求,发射控制系统通过对鱼雷的定期检测实现对鱼雷的日常维护。日常维护工作一般分为两类:一是每天的助飞鱼雷发射箱内环境监测,通过发射箱电气接口利用发射控制系统或外部检测设备监测箱内温度、湿度、压力;二是定期的助飞鱼雷通电状态检测,一般为全雷电气、控制、惯导、舵等系统自检,惯导对准等,相对于技术阵地检测,助飞鱼雷维护检测应关注主要、关键功能和性能,测试内容宜少不宜多。

(2) 助飞鱼雷射前检查及发射控制。在接收到作战指挥系统反潜攻击命令后,发射控制系统接收目标指示信息,进行发射控制系统准备,按照发射程序,完成助飞鱼雷发射准备和发射预备操作。其中,发射准备阶段完成鱼雷上电、自检、参数装定以及惯性导航系统初始对准,发射预备阶段完成运载系统和战斗载荷射击诸元装定等。

发射控制系统综合鱼雷发射条件后,方可实施发射任务。收到允许发射命令后,按压发射按钮,进入不可逆发射阶段。不可逆发射阶段主要工作内容有:雷内导航系统转自主导航,雷内电池激活并转电,接通点火电路,发动机点火等。

助飞鱼雷空中飞行时,当目标位置改变较大,发射控制系统择机向鱼雷发出

第12章 助飞鱼雷作战使用方法

指令修正信息,修正目标位置,提高助飞鱼雷捕获目标的概率。

(3)故障和紧急情况处理。发射控制系统既要将助飞鱼雷安全可靠地发射出去,又要保障故障鱼雷安全可靠地撤出发射控制程序。一般有两种处理方式:一是在鱼雷射前检查阶段鱼雷转电之前,发射控制系统断电,视情重新进入发射流程,对鱼雷进行检查;二是在鱼雷转电后,通过紧急断电,直接切断发射控制系统对鱼雷供电。

当助飞鱼雷在舰上值班过程中或鱼雷发射中出现故障,危及本舰安全时,允许实施抛弃式发射。发射控制系统操作控制打开弹舱盖或发射箱盖,固弹机构解锁,鱼雷固体火箭发动机点火出箱,整体坠落入水。

(4)模拟训练。发射控制系统一般具备模拟训练功能,内部存储有不同态势下的训练航路数据,可供部队进行模拟训练和操演;利用鱼雷模拟器,在系泊、航行时进行模拟训练。

(5)记录及复现。发射控制系统一般具备记录和回放数据的功能,可记录作战和训练时的目标数据、武器射击参数等。

3. 发射控制的主要技术指标

发射控制技术是助飞鱼雷武器系统研制过程中的重要环节,其战术技术指标体系是使用方以中远程反潜为作战目的,结合助飞鱼雷技术指标、装载平台探测能力以及总体反潜体系使用而提出的,是为了完成反潜作战任务而必须保证的战术技术性能、技术经济条件和使用维护保障条件的总和,集中体现了武器系统的主要战术技术特征。

1)作战性能指标

(1)发射准备时间及反应时间:发射准备时间是指助飞鱼雷上电到具备发射条件的时间,反应时间是指按下发射按钮到助飞鱼雷出筒的时间。上述两个时间越短越好,其取决于发射控制系统对助飞鱼雷控制流程的优化水平,取决于发射控制系统对外部信息(包括作战指挥命令、目标指示信息、导航信息等)解算、处理、传输能力。

(2)武器控制能力:指单台发射控制系统同时控制的助飞鱼雷的数量。该能力的高低决定了助飞鱼雷连续打击的能力。

(3)解算精度:指对目标指示信息解算、处理,转换为射击诸元落点参数时的偏差。解算精度的高低直接决定了助飞鱼雷的作战效能;

(4)机动性:指陆基发射发射控制系统快速运输、转移的能力。

2)使用性能

(1)可靠性:设备应具有高可靠性,关键电路或整件应设计冗余措施。

(2)环境适应能力:对温度变化的适应性及抗海水和盐雾腐蚀的能力要强,

同时要能适应载舰平台电磁环境。

（3）维修性及测试性：应依据载舰平台或发射装置总体要求，进行简化、集成设计，开展标准化、模块化设计，对重要操作环节设计防差错及识别标志。

（4）人机交互：应能实现全流程自动化检测，对关键环节操作应有提示；交互界面应表征清晰、完整，符合标准规范要求。

12.1.2 发射控制原理

舰艇的反潜作战指挥采用集中指挥、自主指挥，即全舰攻击目标和攻击时机均由舰长统一指挥，鱼雷发射则由部门长实施。反潜作战基本节点如图12-1所示。助飞鱼雷的发射控制一般由发射控制系统完成。发射控制系统作为全舰功能执行系统，接收作战指挥系统指令，同时接收全舰水声系统等相关系统信息，其对助飞鱼雷的发射控制主要包括射前检查、发射等过程。

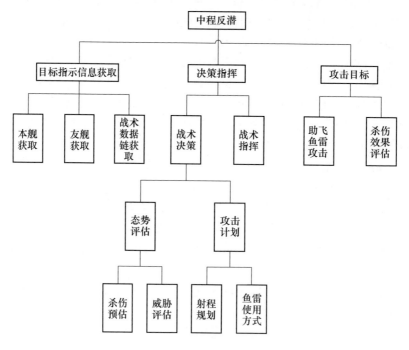

图12-1 反潜作战基本节点

1. 战斗准备阶段

当本舰接收到作战指挥系统的战斗警报或本舰发出战斗警报后，本舰指挥控制系统向反潜系统下达作战准备命令，反潜系统设备开机自检。指挥控制系统的目标信息可来源于本舰目标探测设备或直接从舰队作战指挥中心获得。

本舰指挥员根据敌我综合态势图,进行反潜攻击决策,决定是否要进行攻击,并确定要攻击的目标和发射数量。本舰指挥员决定进行攻击后,下达助飞鱼雷攻击准备命令,指挥控制系统将要攻击的目标、发射数量等相关作战信息传至发射控制系统,实时进行目标参数解算,同时控制对应号位的助飞鱼雷开始通电准备。为缩短助飞鱼雷发射控制系统的反应时间,本舰指挥员在收到战斗警报之前,即可适时对指定号位的助飞鱼雷进行通电准备。

助飞鱼雷上电,启动雷内电子设备,开始设备自检,若雷上采用惯导平台,则进行惯导对准调平。按照射前检查程序进行射前检查。通常为缩短战斗准备时间,一般只进行定性功能检查,不做定量检查。在设备和武器允许的情况下,可进行多线程并行检查。

2. 发射准备阶段

发射准备阶段,水声系统持续不断地探测目标信息,稳定跟踪所需攻击目标,反潜系统解算目标信息,同时进行发射准备工作,包括装定射击诸元、打开发射箱盖、解除点火装置保险等。

3. 发射

发射控制由火控设备和发射控制设备完成。发射控制设备也可作为火控设备的备份设备。

在火控设备或发射控制设备按压"发射"按钮,即进入不可逆发射程序,助飞鱼雷依据发射控制指令完成雷内电源启动、转雷内供电、点火等动作,助飞鱼雷离箱起飞。

4. 发射后阶段

助飞鱼雷起飞后,发射控制系统不需对其进行控制。水声系统持续探测、跟踪目标,发射控制系统持续接收目标位置信息,指挥员根据目标潜艇和鱼雷的位置信息,判断是否需要对助飞鱼雷进行指令修正。

助飞鱼雷入水后,水声系统持续监视目标,观察毁伤效果,作战指挥系统进行毁伤效果评估,并决策是否进行第二轮攻击。若需对同一目标进行攻击,发射控制系统依据指挥员命令,控制其他战位助飞鱼雷实施反潜攻击。

当发射控制系统完成攻潜后,反潜指挥员向系统下达"攻击完毕"命令,系统内各设备恢复初始状态。

12.1.3 发射控制系统组成及功能

助飞鱼雷一般装载于驱逐舰、护卫舰等大中型水面舰艇或陆基发射阵地,与反舰、防空导弹共架发射,其发射方式包括倾斜发射、垂直发射,以及海基、陆基发射等。无论采用何种发射方式,助飞鱼雷发射控制系统设备组成、原理以及工作程序基本相同。发射控制系统一般包括火控台、发射控制台、转接适配器、专用电源、模拟器等,如果助飞鱼雷具备指令修正能力,发射控制系统还应包括指令修正设备(图12-2)。

主要设备功能如下:

(1) 火控台:主要完成目标运动要素解算、武器射击诸元计算、战术辅助决策,以及在火控方式下完成鱼雷的发射控制。

(2) 发射控制台:主要完成接收发射控制命令和诸元参数、导航信息;完成对鱼雷的加电控制、惯导对准、参数装定、发射控制,并发射助飞鱼雷。

(3) 转接适配器:完成鱼雷至发射控制台的电气信号转接、控制信号中继、参数传输等。

(4) 专用电源:提供鱼雷工作用电和关键控制信号用电。

(5) 模拟器:模拟鱼雷在发射控制流程中的所有状态反馈,配合发射控制台进行自检和模拟训练使用。

(6) 指令修正设备:提供并发送指令修正信息。

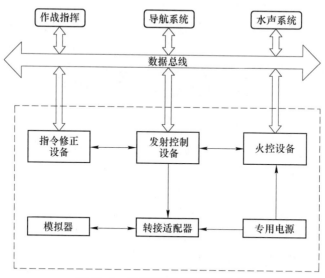

图12-2 发射控制系统基本组成

12.1.4 发射控制流程设计方法

助飞鱼雷发射控制流程基于常规战术导弹发射控制流程,并融入了传统鱼

雷的发射控制流程。因此,发射控制流程设计时,应充分考虑以下几方面因素:

(1) 助飞鱼雷载舰平台各功能系统的隶属关系和协同工作关系;

(2) 发射控制系统与其他系统的接口关系;

(3) 助飞鱼雷运载系统和战斗载荷工作体制,尤其是相关的控制体制;

(4) 助飞鱼雷关于发射控制的战术技术指标实现能力及途径。

基于上述因素考虑,助飞鱼雷发射控制流程设计包括以下要素:

(1) 明确助飞鱼雷数据通信需求,以及与全舰相关功能系统数据接口匹配性,尤其涉及全舰导航系统工作模式。如果不能匹配,需要在发射控制流程开始之前进行切换或适配转换。

(2) 明确助飞鱼雷供电需求以及供电时序关系。发射控制系统应根据助飞鱼雷的需求和时序调配适配器供电逻辑。

(3) 明确助飞鱼雷指令信号执行流程及时延、判据。发射控制系统应根据助飞鱼雷的信号需求进行信号输出与输入及故障诊断设计。

(4) 明确助飞鱼雷射前检查故障模式及处理方式。发射控制系统据此进行发射控制流程故障诊断、容错以及故障处理设计。

综上,助飞鱼雷发射控制流程设计时一般应包括以下环节:

(1) 战斗准备。进行发射控制系统相关设备检查,对外通信状态检查,对助飞鱼雷装载状态、安全状态检查;发射控制系统给助飞鱼雷上电,发送自检、对准等指令。此节点涉及具体战术技术指标的实现,一般而言相关指令多并行处理,如战斗载荷与运载系统同时上电、自检、对准等;同时此节点应考虑故障处理方式,如重复上电、重复自检、重复对准等。

(2) 发射准备。发射控制系统给助飞鱼雷诸元信息,进行诸元装定,进行其他操作如开启弹舱盖等。在完成诸元装定、校核后,其他操作可视情并行进行。

(3) 发射。发射控制系统持续传送诸元信息,待助飞鱼雷完成诸元解算、封装后,进行雷内电源启动、转电和点火操作。由于此环节基本为不可逆过程,应设计为串行工作模式,尤其是进入雷内电源启动前,应持续进行相关数据和状态监控。

12.2 射击方法

为了提高助飞鱼雷作战效能,射击时必须按照一定的射击方法进行瞄准。射击方法就是通过向助飞鱼雷装定合适的射击诸元,以使发射后的鱼雷沿着相应的方向准确地飞达预定的入水点,鱼雷入水工作后,目标位于鱼雷的自导搜索扇面内并能被可靠捕获。因此，选择合适的射击方法是助飞鱼雷反潜作战使用的重要环节，是实现快速高效打击目标的前提。

确定助飞鱼雷射击方法时首先要考虑目标指示精度和运动要素的完备程度，以及助飞鱼雷和战斗载荷的战术技术性能。

根据助飞鱼雷的特点，一般情况下，在对潜攻击时其射击方法可分为现在点射击、前置点射击和指令修正射击三类。当然，在实际作战使用中会根据需求选取适当的射击方法完成助飞鱼雷连射、齐射等战术动作。例如，紧急遭遇高速机动的敌潜艇时，直接按现在点射击方法应急射击一条助飞鱼雷后，延迟一定时间后按前置点射击方法再次射击一条助飞鱼雷，以期取得更高的作战效能。

12.2.1 现在点射击

1. 射击方法描述

助飞鱼雷发射时，如果仅知道目标潜艇的当前位置，且目标运动方向不明时，可以直接瞄准目标现在的位置点射击，该方法叫作现在点射击法。助飞鱼雷对目标现在点射击如图 12-3 所示。

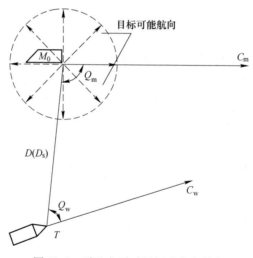

图 12-3　助飞鱼雷对目标现在点射击

图 12-3 中：M_0 为助飞鱼雷发射时目标位置；$D(D_s)$ 为助飞鱼雷发射时目标距离；Q_w 为助飞鱼雷发射时我舰舷角；Q_m 为助飞鱼雷发射时目标舷角；C_w 为我舰航向；C_m 为目标初始航向。

采用现在点射击法，只需要确定目标潜艇的初始位置就可以对其实施攻击，提高了作战的快速反应能力。

一般而言,当目标距离较近时,助飞鱼雷命中概率较高,不必耗时进行目标运动要素解算,可直接瞄准现在点射击;或者仅仅知道目标位置,并有理由推测潜艇可能任意机动时,也可采用该射击方法。

2. 射击诸元计算原理

以我舰发射时刻位置为坐标原点,东西方向为 x 轴,南北方向为 y 轴,建立笛卡儿坐标系,如图 12-4 所示。

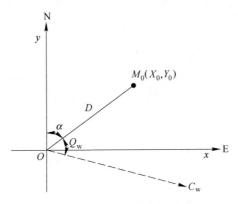

图 12-4 现在点射击法示意

采用现在点射击法时,仅知道目标潜艇的当前位置坐标,目标在助飞鱼雷飞行过程中,可以任意航速、任意航向匀速运动,发射时刻目标的位置点 M_0 为射击瞄准点。发射时刻由声纳探测目标潜艇的距离 D 与舷角 Q_w,可得潜艇真方位 $\alpha = C_w + Q_w$。假设 M_0 点坐标为 (X_0, Y_0),则有

$$\begin{cases} X_0 = D \cdot \sin(C_w + Q_w) \\ Y_0 = D \cdot \cos(C_w + Q_w) \end{cases} \tag{12-1}$$

根据我舰坐标位置进行坐标转换后,即可确定射击诸元。

12.2.2　前置点射击

1. 射击方法描述

助飞鱼雷发射时,如果此前探测设备能够一直对潜艇目标保持稳定跟踪,或者火控设备能够根据接收到的目标位置信息解算出目标的航向、航速,并有理由推测助飞鱼雷发射后潜艇是以直航和不变航速运动时,可以瞄准目标提前位置点射击,该方法叫作前置点射击法。助飞鱼雷对目标前置点射击方法如图 12-5 所示。

图 12-5 中: M_0 为助飞鱼雷发射时目标位置; M_1 为助飞鱼雷入水点(入水

时目标位置);D 为助飞鱼雷发射时目标距离;D_s 为助飞鱼雷空中飞行距离;φ_0 为助飞鱼雷射击提前角;Q_w 为助飞鱼雷发射时我舰舷角;Q_m 为助飞鱼雷发射时目标舷角;C_w 为我舰航向;C_m 为目标航向。

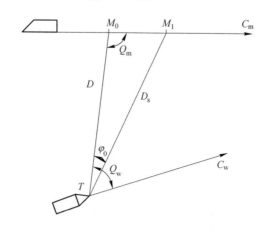

图 12-5 提前点射击方法示意图

在目标不进行规避机动的条件下采用这种射击方法,可修正助飞鱼雷空中飞行时间内目标运动的影响,对保持近似匀速直线运动的潜艇目标,捕获概率、命中概率都较高。该方法的使用时机是主动发现匀速直航潜艇,且有充足时间探测、解算运动要素并不被目标发现。在实际过程中,测定潜艇目标运动要素容易暴露攻击意图,隐蔽性差,易丧失攻击的主动性。当目标距离较远时,助飞鱼雷空中飞行时间较长,目标规避机动(变向、变速)情况复杂,将对助飞鱼雷的攻击效果产生较大的影响,需要针对不同的战场环境进行具体分析研究。

2. 射击诸元计算原理

以我舰发射时刻位置为坐标原点,东西方向为 x 轴,南北方向为 y 轴,建立笛卡儿坐标系,如图 12-6 所示。

采用前置点射击法时,射击瞄点为前置相遇点,即助飞鱼雷发射后,经过空中飞行入水到 M_1 点的时间 t 等于目标潜艇从 M_0 点航行到 M_1 点的时间。对射击瞄准点的解算,可以根据射击命中三角形,建立如下相遇方程:

$$\begin{cases} D \cdot \sin\varphi_0 - V_m \cdot t_f \cdot \sin(\varphi_0 + Q_m) = 0 \\ D \cdot \cos\varphi_0 - D_s + V_m \cdot t_f \cdot \cos(\varphi_0 + Q_m) = 0 \end{cases} \quad (12-2)$$

式中:D_s 为射击距离;t_f 为助飞鱼雷飞行时间。

使用迭代方法即可求出助飞鱼雷的射击提前角和射击距离:

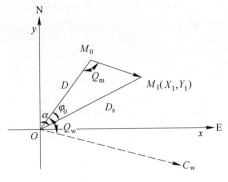

图 12-6　对目标前置点射击坐标系

$$\begin{cases} \varphi_0 = \arcsin(V_m \cdot t_f \cdot \sin Q_m / D_s) \\ D_s = D \cdot \cos\varphi_0 + V_m \cdot t_f \cdot \cos(\varphi_0 + Q_m) \end{cases} \quad (12\text{-}3)$$

探测时发现目标潜艇在我舰左舷,经过 t 时间运动,推算出前置相遇点时刻目标潜艇真方位 $\alpha = C_w + Q_w + f_0$。假设 M_1 点坐标为 (X_1, Y_1),则有

$$\begin{cases} X_1 = D_s \cdot \sin(C_w + Q_w + \varphi_0) \\ Y_1 = D_s \cdot \cos(C_w + Q_w + \varphi_0) \end{cases} \quad (12\text{-}4)$$

根据我舰坐标位置进行坐标系变换,最终确定射击诸元,即可对目标实施攻击。

12.2.3　指令修正射击

1. 射击方法描述

指令修正射击方法有"现在点+指令修正"和"前置点+指令修正"两种射击方法,一般采用"现在点+指令修正"射击方法。

如果目标开始做定向、定速运动,且在鱼雷发射后目标机动引起的提前点位置变化较大,则可采用"前置点+指令修正"射击方法进行攻潜;如果仅知道潜艇位置,为了对目标发起攻击,可尽快对目标现在位置点射击,然后根据目标位置和鱼雷位置实时信息,由武器系统对鱼雷进行一次指令修正。此时一般采用"现在点+指令修正"射击方法。

采用"现在点+指令修正"射击方法对目标发起攻击迅速,但一般要求鱼雷发射后信息源要继续跟踪目标位置并及时发送到武器系统,且一旦发现目标已经偏离鱼雷初始位置点的范围较大,则迅速将目标位置信息通过武器系统的无线电指令修正设备发送给鱼雷,使鱼雷飞向最新目标位置入水。

以"现在点+指令修正"射击为例,其发射时鱼雷的初始瞄准点为 M_0,指令修正后鱼雷的入水点为 M_4。助飞鱼雷对目标指令修正射击方法如图 12-7 所示。

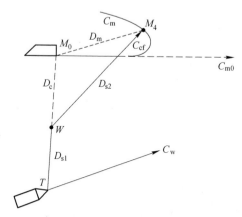

图 12-7　助飞鱼雷对目标指令修正射击方法示意图

图 12-7 中: M_0 为助飞鱼雷发射时刻目标位置(助飞鱼雷的初始瞄点); M_4 为助飞鱼雷最终入水点(指令修正时目标运动位置); W 为指令修正点; D_{s1} 为指令修正前助飞鱼雷飞行距离; D_{s2} 为指令修正后助飞鱼雷飞行距离; D_c 为修正点与初始瞄点的距离; D_m 为目标修正距离(初始瞄点与修正后入水点的距离); C_w 为我舰航向; C_{m0} 为目标初始航向; C_m 为目标运动方向; C_{cf} 为指令修正后鱼雷的飞行方向。

指令修正射击方法实际上就是通过探测设备对目标潜艇进行二次定位,在助飞鱼雷飞行接近目标并达到合适距离时,获取目标最新的位置信息,修正鱼雷的飞行方向和入水点位置,来减小目标运动带来的助飞鱼雷捕获概率下降的问题。这种方法具有攻击隐蔽性强、作战反应速度快、攻击效果好的优点。一方面因为无须火控设备计算目标潜艇的运动要素,从而使舰艇能在第一时间发射鱼雷;另一方面因为指令修正后优化了鱼雷的入水位置,能使其具有较高的捕获概率,确保打击精度。但该方法要依靠探测设备对目标进行再次定位,容易受到探测设备、环境或战场态势变化等因素的影响和限制,对水声探测设备的发现目标能力与探测精度也有较高的要求。

2. 射击诸元计算原理

以"现在点+指令修正"射击方法为例。助飞鱼雷对潜指令修正攻击作战时可通过舰载拖曳声纳或舰载直升机的吊放声纳引导实施。通常情况下,在探测并发现目标后,发射舰艇平台向目标潜艇当前位置发射助飞鱼雷,探测设备对目标进行持续跟踪、定位,并将此时刻目标的位置信息发送给发射舰艇平台。如果目标位置变化较大,影响助飞鱼雷搜索目标的概率时,发射舰艇会将新的目标信息通过指令修正设备处理后的信息发送给助飞鱼雷。鱼雷接到指令后按照新的目标位置信息导向新的目标点,提高助飞鱼雷的作战效能。这就是典型的助飞鱼雷指令修正攻潜过程。这种射击方法无须火控设备计算目标潜艇的运动要素,可以使舰艇能在第一时间发射鱼雷,然后通过空中指令修正调整助飞鱼雷航向,朝着预期入水点飞行,以此提高鱼雷对目标潜艇的捕获概率,确保打击精度。

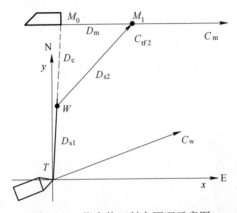

图 12-8　指令修正射击原理示意图

如图 12-8 所示,以舰艇发射时刻位置为原点建立坐标系,y 轴正向为正北方向。舰艇以 C_w 航向航行,在 T 点处发射助飞鱼雷,初始瞄准点为 M_0,当鱼雷飞行 D_{s1} 距离到达 W 点时,根据无线电指令发送的目标当前位置 M_1,助飞鱼雷修正飞行航向至 C_{cf2},此时目标运动的直线距离为 D_m,修正后鱼雷飞行 D_{s2} 距离后在 M_1 点入水,D_c 为修正点与初始瞄准点的距离(简称指令修正距离)。进行指令修正射击时,开始仅知道目标潜艇的当前位置坐标,目标在助飞鱼雷飞行过程中可以任意航速、任意航向运动,与现在位置射击法一样,发射时刻目标的位置点 M_0 点坐标为射击瞄准点。发射时刻由声纳探测目标潜艇的初始距离 D 与舷角 Q_w,可得潜艇初始位置 $M_0(X_0, Y_0)$ 为

$$\begin{cases} X_0 = D \cdot \sin(C_w + Q_w) \\ Y_0 = D \cdot \cos(C_w + Q_w) \end{cases} \tag{12-5}$$

根据我舰坐标位置进行坐标转换后,即可确定射击诸元。

12.3 作战效能评估

12.3.1 助飞鱼雷作战流程

助飞鱼雷作战流程如图12-9所示。一般情况下,对于近距离目标,直接采用舰壳声纳探测目标。对于中远距离目标,舰机协同反潜时先由舰载拖曳线列阵声纳探测目标方位,再派遣舰载直升机飞临距目标数千米的上空悬停,放下吊放声纳,将测得的目标位置信息传至本舰助飞鱼雷火控台,同时直升机的位置也传输至火控台,求解目标相对我舰的距离、方位(乃至航速、航向),计算助飞鱼雷的射击诸元参数。

当满足发射条件时,助推鱼雷点火、出箱,向目标方位飞行;按预定弹道或根据舰面发送的指令按修正的弹道继续飞行;当下落至雷箭分离高度时实现雷箭分离,战斗载荷在减速伞作用下做减速运动直至入水;入水后战斗载荷启控,环形搜索,发现目标后转入跟踪直至命中目标。

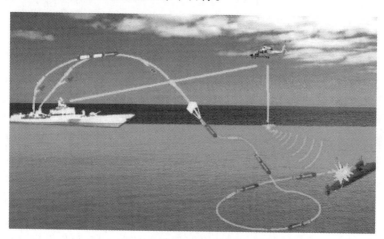

图12-9 助飞鱼雷作战流程示意图

助飞鱼雷作战模式可以分为本舰反潜作战和编队协同反潜作战。目前,各国海军普遍采用舰艇混合编队执行任务,编队协同反潜作战流程一般如下:

(1)海空协同搜索。在作战海域,编队舰艇、反潜直升机按反潜作战队型展开,运用舰壳声纳、拖曳阵声纳、吊放声纳和声纳浮标进行大范围的海空协同搜索,将搜索信息及时上报编队指挥所。

(2)持续精确跟踪。发现疑似潜艇目标后,运用舰壳声纳、拖曳阵声纳和吊放声纳对目标进行精确跟踪,对目标特征进行判别并将跟踪信息上报。

(3)信息综合处理。接收到目标跟踪信息后,对多个来源的目标跟踪数据进行融合,获得水下统一态势,武器系统精确解算水下目标运动要素,给出占位建议并预估打击效果。

(4)火力打击控制。接收到武器打击命令后,武器系统解算助飞鱼雷射击诸元,完成供电、检测、参数设定和发射等控制步骤,控制助飞鱼雷进行远程打击。

(5)修正对抗过程。在助飞鱼雷飞行过程中,持续对目标进行跟踪,发现目标实施机动后对助飞鱼雷进行指令修正,提升机动对抗过程中的打击能力。

(6)毁伤效果评估。攻击完成后,依据攻击过程中助飞鱼雷武器的搜索状况和攻击完成后目标检测情况进行毁伤效果评估。

12.3.2 效能评估

助飞鱼雷的作战效能是反映助飞雷作战能力最重要的指标,它不仅与助飞鱼雷主要战术性能指标有关,而且与作战使用方法、攻击对象属性、发射平台等系统性能,乃至作战海域水文条件等多方面因素有密切关系。作为一种定量分析的主要研究手段,可对助飞鱼雷的助飞方式(弹道式或飞航式)、最大射程、目标探测手段、射击方式、空中段制导方式、系统精度分配、影响作战效果的因素分析等重大技术难题的研究与决策提供较为科学的依据,是研究助飞鱼雷射击方法以及进一步研究其作战使用的主要手段。

武器装备效能评估的常用方法如下:

(1)解析计算法:将武器装备效能总指标表述成单项指标和基础指标的解析公式,并对这些公式进行数值求解,得出武器装备效能指标值,如WSEIAC方法、阶段概率法等。

(2)指标评价法:采用建立指标体系的方式,将武器装备效能总指标逐级分解为各基础指标,并通过各种方法确定指标权重,经加权综合后进行效能评估,如层次分析法、灰色关联分析法等。

(3)仿真模拟法:利用计算机模型的运行来模拟作战行动,从仿真试验中获取关于作战进程和结果的数据。

助飞鱼雷的技术性能指标和可靠性、维修性指标可多达数十项,但基本上都有定量指标或统计数据——表征,所以,很适宜用WSEIAC方法建立助飞鱼雷作战效能评估模型。

WSEIAC对系统效能的定义是装备能够满足(或完成)一组特定任务要求的量度。系统效能由装备的可用性、可信性及能力决定,而这三部分都可用概率表示。对于助飞鱼雷,一般情况下使用最多的模型为 ADC 模型,$E_s = A^T DC$。鱼雷作战效能示意如图 12-10 所示。

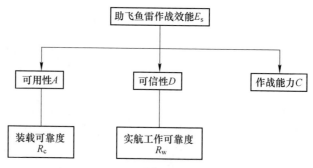

图 12-10 鱼雷作战效能示意图

图 12-10 中:E_s —助飞鱼雷作战效能;A —可用性,以鱼雷装载可靠度为核心指标;D —可信性,以鱼雷实航工作可靠度为核心指标;C —作战能力,对于助飞鱼雷而言,命中/毁伤目标的能力为核心指标。

一般情况下,鱼雷作战能力 C 的基本模型包括 7 个能力要素,分别为:鱼雷发射平台在占领发射阵位过程中的生存能力 C_s、发射平台占领阵位能力 C_1、鱼雷捕获目标能力 C_a、鱼雷追踪目标能力 C_t、鱼雷末弹道命中目标能力 C_e、鱼雷毁伤目标能力 C_d 和鱼雷对抗能力 C_j。

与普通反潜鱼雷相比,助飞鱼雷有如下特点:

(1) 助飞鱼雷反应速度快,面对敌方目标,便于实现先敌打击,一般可以全向射击,对舰艇航行无要求,不需占位,因此 C_s、C_1 较传统反潜鱼雷高。

(2) 助飞鱼雷入水点精度很高,一般在百米,留给对方舰艇的反应时间极短,因此 C_j 较传统反潜鱼雷高。

12.3.3 仿真方法

仿真计算助飞鱼雷作战效能是一个复杂的离散事件,影响其计算结果的因素很多,将其全部因素考虑进去是不现实的,因此在建立助飞鱼雷的作战能力仿真模型时既要保证准确完整,又要考虑到仿真实际,将一些复杂的情况做出合理的假设与简化。一般情况下,助飞鱼雷作战能力仿真流程如图 12-11 所示。

开展作战效能仿真评估,视情使用以下模型的部分组合:

(1) 鱼雷:空中飞行弹道模型;雷伞弹道模型;水下航行动力学、运动学模型;控制模型;鱼雷自噪声模型;反潜自导检测模型;全弹道逻辑模型;命中目标判据模型。

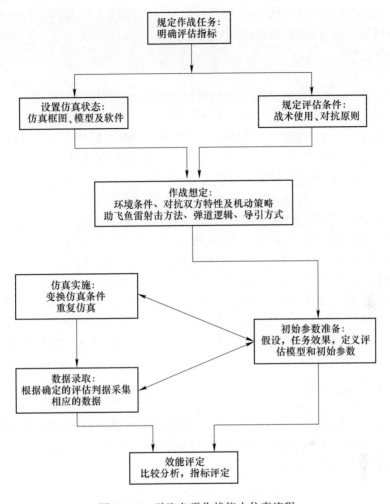

图 12-11 助飞鱼雷作战能力仿真流程

(2) 发射平台:运动和机动模型;测量模型;火控模型。

(3) 目标:目标运动和机动模型;目标声反射特性模型;目标回波模型。

(4) 环境:海洋声传播模型;水声信道模型;海面、海底、体积混响模型。

(5) 对抗器材:气幕弹;宽带噪声干扰器;自航式声诱饵。

(6) 相对运动:多航行体相对运动模型。

作战效能模拟计算是通过对鱼雷各段弹道相关参数值的模拟,并在引入相应的随机误差后,采用蒙特卡洛法进行统计计算,最终求出鱼雷搜索目标的发现概率。即假定对每条航路共计算 N 次,各次的系统误差都是随机的,对于第 k

次攻击,在助飞鱼雷攻击过程中,若判定命中目标,则令 $j=1$,否则令 $j=0$。当 N 次都计算完毕时,目标被发现的总次数为

$$M = \sum_{k=1}^{N} j \qquad (12-6)$$

于是,M 与 N 的比值 P 就可近似认为是鱼雷命中目标的概率,即

$$P = M/N \qquad (12-7)$$

一般工程上采用蒙特卡洛模拟法,利用鱼雷全弹道数学仿真工具在不同战术态势下开展具有统计意义的仿真,对鱼雷作战效能进行评估。以编队协同反潜为例,助飞鱼雷典型使用条件可设定如下:

(1) 对于近距离目标(10km 以内),进行现在点射击;
(2) 对于中等距离目标(10~20km),进行前置点射击;
(3) 对于远距离目标(20~50km、50~100km),由编队其他兵力(如水面舰艇、直升机等)提供目标指示,进行现在点射击;
(4) 当鱼雷处于空中飞行阶段时,持续跟踪目标预估作战效能,当作战效能有比较明显的下降时,火控设备根据当前目标位置重新计算鱼雷落点位置,通过无线电指令修正信息对鱼雷落点进行修正;
(5) 入水后鱼雷经初始过渡段弹道转入环形搜索,发现目标后转入自导航行直至命中目标。

12.3.4 结果分析

由于助飞鱼雷大大缩短了接敌时间,使得其可对远距离、高航速的目标实施攻击。不同射击方法下助飞鱼雷对不同射距、不同航速目标的命中概率如图 12-12 和图 12-13 所示。

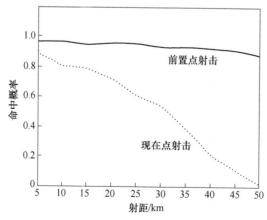

图 12-12 对不同射距目标的命中概率

第12章 助飞鱼雷作战使用方法

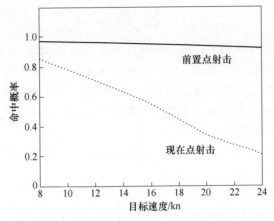

图12-13 对不同航速目标的命中概率

从仿真结果可以看出,在目标航速、射距相同的情况下,对目标前置点射击的命中概率较高,而对目标现在点射击的命中概率较低;在目标航速相同的情况下,对目标前置点射击的命中概率随着射距的增大,下降不大,特别是目标航速较低时,这种影响可以忽略,而对目标现在点射击的命中概率随着射距的增大下降很快,特别是目标航速较高时,命中概率下降趋势更明显。

对目标前置点射击时,由于对目标的运动参数了解比较充分,命中概率最高,且受目标航速、射距的影响较小,对远距离、高速目标仍有很高的命中概率;而对目标现在点射击时,由于对目标的运动情况了解不充分,目标的散布范围随着目标航速、射距的增大迅速扩大,命中概率下降很快,不能保证对中远距离、高速目标的杀伤效果,这时对于远程或高速目标,引入指令修正是一个可取的做法。

参 考 文 献

[1] 本书编写组. 现代舰艇火控系统[M]. 北京:国防工业出版社,2008.
[2] 宋保维. 鱼雷系统工程原理与方法[M]. 北京:哈尔滨工程大学出版社,2010.
[3] 周明. 火箭助飞鱼雷对随机机动目标的射击效率仿真[J]. 火力指挥与控制,2007,32(4):116-119.

内 容 简 介

本书系统地介绍了助飞鱼雷总体设计的基本理论、方法和工程应用技术,主要包括助飞鱼雷总体设计方法、流程、系统方案选择、气动布局设计、弹道设计、结构力学/动力学计算、分离设计、稳定减速设计、入水缓冲设计、内遥测设计、环境适应性设计以及作战使用方法等内容及相关的试验验证方法。本书注重理论和实践相结合,工程实用性强。

本书可供从事助飞鱼雷论证、设计、生产和使用的科技人员和高等院校相关专业师生参考使用。

This book systematically presents the basic theory, methodology and engineering technology for the rocket-assisted torpedo design. The main contents contain the overall design process, subsystem solution selection, aerodynamic design, ballistic design, structural mechanic and dynamic simulation, separation design, stabilization and deceleration design, water-entry impact reduction design, internal measurement and telemetry design, environmental adaptability design, support scheme design and related experiment validation methods. The book focuses on the combination of theory and practice with strong engineering practicability.

The book can be used as a helpful reference for scientific and technical personnel engaged in the demonstration, design, production, and manipulation of rocket-assisted torpedoes, and faculty and students of related majors in colleges and universities.